짧은
지리학
개론
시리즈

영역

TERRITORY : a short introduction

짧은
**지리학
개론**
시리즈

영역

데이비드 딜레니 지음 | 박배균, 황성원 옮김

Σ **시그마프레스**

짧은 지리학 개론 시리즈 : **영역**

발행일 | 2013년 1월 10일 1쇄 발행

저자 | 데이비드 딜레니
역자 | 박배균, 황성원
발행인 | 강학경
발행처 | **(주)시그마프레스**
편집 | 김경임
교정 · 교열 | 안진숙

등록번호 | 제10-2642호
주소 | 서울특별시 영등포구 양평로 22길 21 선유도코오롱디지털타워 A401~403호
전자우편 | sigma@spress.co.kr
홈페이지 | http://www.sigmapress.co.kr
전화 | (02)323-4845, (02)2062-5184~8
팩스 | (02)323-4197

ISBN | 978-89-97927-67-8

Territory : a short introduction

Copyright ⓒ 2005 by David Delaney
All Rights Reserved. Authorised translation from the English language edition published by Blackwell Publishing Limited. Responsibility for the accuracy of the translation rests solely with Sigma Press and is not the responsibility of Blackwell Publishing Limited. No part of this book may be reproduced in any form without the written permission of the original copyright holder, Blackwell Publishing Limited.

Korean language edition ⓒ 2013 by Sigma Press, Inc. published by arrangement with John Wiley & Sons, Ltd.

이 책은 John Wiley & Sons, Ltd.와 **(주)시그마프레스** 간에 한국어판 출판 · 판매권 독점 계약에 의해 발행되었으므로 본사의 허락 없이 어떠한 형태로든 일부 또는 전부를 무단 복제 및 무단전사할 수 없습니다.

＊ 책값은 책 뒤표지에 있습니다.

ㅇ이 책은 블랙웰 출판사가 지리학의 기본 개념들을 쉽게 소개하기 위해 기획한 『짧은 지리학 개론 시리즈Short Introduction to Geography』의 세 번째 책이다. 이 책은 짧은 개론서임에도 불구하고 영역에 대한 매우 깊이 있고 다양한 이론적 논의와 풍부한 예시들을 통해, 영역에 대해 우리가 상상하는 것 이상의 깊은 지적 영감을 제공해준다.

저자인 데이비드 딜레니는 미국 위스콘신대학교의 지리학과에서 박사 학위를 받았고, 현재 미국 애머스트대학의 법학 및 사회사상학과에서 교수로 재직 중이다. 『Race, Place, and the Law: 1836~1948』(1998)과 『Law and Nature』(2003)의 저자이며, 『The Legal Geographies Reader』(Blackwell, 2001)의 공동편집자이다. 이력에서 알 수 있듯이, 저자는 그동안 공간과 지리의 문제를 법적인 관점에서 해석하는 작업을 주로 해왔고, 이러한 지적 배경은 이 책이 국경을 둘러싼

문제를 넘어서, 부동산 소유권, 도시공간의 구획화, 가정과 직장의 공간
적 구성 등과 같이 훨씬 다양한 일상생활과 권력관계의 맥락 속에서 영
역과 영역성을 논할 수 있게 해주는 바탕이 되었다.

　이 책의 가장 큰 장점은 영역에 대해 우리들이 가지고 있던 기존의 오
해와 왜곡된 사고들, 그리고 그에 입각한 잘못된 행동과 결정들을 철저
하게 해부하고 비판하여, 영역의 문제를 비판적으로 재인식할 수 있는
지적 기반을 제공해준다는 점이다. 영역에 대한 일반적인 오해는 크게
세 가지 정도가 있다.

　먼저, 영역의 문제는 일반적으로 국경을 둘러싼 정치적 문제에 국한되
는 경향이 있다. 최근 우리나라에서 중요 이슈가 되는 영역적 문제도 대
부분 독도나 간도의 영유권, NLL의 정의문제 등과 같이 국가의 영토적
주권과 경계와 관련된 사안들이다. 국경이나 영토가 영역성이 표현되는
매우 중요한 형태인 것은 사실이지만, 그것만이 유일한 영역의 형태는
아니다. 영역은 국경이나 영토보다 훨씬 더 추상적인 개념이고, 훨씬 다
양하고 직접적인 모습으로 우리의 일상생활과 밀접히 연관되어 있다.

　정치지리학에서 특정의 개인, 집단 혹은 기관에 의해 점유된 지리적
공간이 가시적이거나 혹은 비가시적인 경계와 울타리를 바탕으로 내부
와 외부를 차별화하고, 배제와 포섭의 권력적 통제를 표출하는 장소가
되었을 때 이를 영역이라 부른다. 즉, 영역의 형성에서 중요한 세 가지
요소는 경계 만들기, 그 경계를 중심으로 안팎을 구분하기, 누구를 내부
로 포섭하고, 다른 누구를 외부로 배제하는 통제행위이다. 이러한 성질
을 지닌 공간은 매우 다양한 모습으로 나타난다. 대표적인 영역의 존재
방식은 근대국민국가를 통해 나타나는 국가의 영토이다. '배타적' 영역

적 주권'개념에 기반을 둔 근대국민국가의 영토는 영역성이 가장 확실하고 강하게, 그리고 제도화되어 나타나는 형태이다. 하지만 영역은 국가를 통해서만 나타나는 것은 아니다. 국가와 직접 관련되지 않고, 비공식적으로 경계 지워진 다양한 형태의 영역들이 존재한다. 예를 들어 부동산 소유권과 관련된 영역, 신체나 가정과 같이 개인의 프라이버시와 관련된 영역, 경찰의 수사관할권과 같은 행정적 경계, 기숙사 방 내부에서 룸메이트 사이에 만들어진 구획화된 공간, 고급아파트단지에서 외부인의 출입을 통제하기 위한 공간 등은 이러한 영역적 형태들의 예이다.* 따라서, 영역에 대한 논의는 국가의 영토나 경계의 문제를 뛰어넘어, 다양한 영역적 형태들을 포괄하는 보다 추상화된 개념을 필요로 한다.

둘째는 영역을 자연적으로 주어진 것으로 당연시하는 경향이다. 특히 자신의 생존과 종족의 보존을 위해 영역을 형성하고 지키는 행위는 인간을 포함한 모든 동물에 내재된 본능으로서 너무나 자연스럽고 당연한 것으로 이해되는 경향이 있다. 이러한 관점에 따르면, 우리 국가와 민족의 생존과 유지를 위해 필요한 영역을 유지하거나 확장하려는 행위는 생물학적 본능에 의해 부과된 너무나 자연스러운 것이기 때문에, 그것이 어떠한 폭력과 비인권적인 행동을 수반한다 할지라도 당연하게 받아들여져야 한다고 이해될 수 있다.

---

* 영역이 국가의 영토로서뿐만 아니라 여러 다양한 형태로도 표출됨을 표현하기 위해, 이 책의 원제목인 territory를 번역할 때도, 통상적으로 많이 사용하는 '영토' 대신에 '영역'이라는 보다 포괄적인 의미의 표현을 사용하였다. '영역' 보다는 '영토' 라는 표현에서 훨씬 더 공간적 뉘앙스가 강하게 나타나기는 하지만, '영토' 라는 표현이 통상 국가의 영토, 국경문제 등과 관련된 것으로 제한적으로 사용되어서, territory의 보다 추상적 의미와 다양한 형태를 담아내기에는 한계가 있다고 판단하여, '영역' 이란 표현을 사용하기로 하였다.

하지만 인간의 영역적 행위를 인간이 아닌 생물들의 영역적 행위와 비슷하게 취급하는 이러한 관점은 많은 비판을 받아왔다. 특히 이 책에서 많이 인용되는 로버트 색의 『인간의 영역성Human Territoriality』**은 인간의 영역적 행위를 다른 동물들의 영역적 행위와 비슷하게 취급하는 이러한 관점을 비판하면서 인간의 영역성이 사회 정치적 과정을 통해 만들어지는 것으로 바라보는 관점을 제시한다. 즉, 인간이 영역을 만들고 경계를 설정하는 것은 특정 권력관계하에서 자신들이 원하는 목적을 달성하기 위한 정치적 전략의 결과라는 것이다. 영역을 이러한 관점에서 보게 되면, 인간의 영역적 행위들은 다양한 비판적 해석에 직면하게 된다. 우리가 속한 가족, 민족, 국가, 집단의 생존과 유지를 위해 어쩔 수 없다고 당연시하고 정당화하던 다양한 영역적 행위들이 비판적 해석과 성찰의 대상이 되어 문제시되는 것이다.

이 책에서 저자 데이비드 딜레니는 자신의 박사 학위 지도교수였던 로버트 색의 논의를 최근 사회이론의 맥락 속에서 비판적으로 재해석하여 확장시킨다. 특히 색이 영역과 영역성을 이론화하면서 보여주었던 합리성과 객관성을 신봉하는 근대주의적 인식론을 비판하면서, 최근 등장하고 있는 여성주의, 문화이론, 경계이론 등 포스트구조주의적 사회이론으로부터 받은 지적 영감을 바탕으로 인간의 영역성을 재해석한다. 즉, 인간이 영역을 만드는 것이 (색이 『인간의 영역성』에서 지적하였듯이) 권력투쟁과 조절 정치의 과정 속에서 인간이 수행하는 전략적 행동의 결과인 것은 맞지만, 그러한 인간의 영역적 행동을 반드시 합리성의

** 이 책의 원제목은 『Human Territoriality: Its Theory and History』로 부제가 있으나, 이 책에서는 간단하게 『인간의 영역성』으로만 표기한다(역주).

결과로만 볼 수는 없다는 것이다. 왜냐하면 인간들의 사고와 행동에 영향을 주는 담론 및 정체성의 문제, 그리고 그를 통해 나타나는 욕망, 두려움, 편견 등의 맥락 속에서도 인간의 영역성을 해석할 수 있기 때문이다.

영역을 둘러싼 세 번째 오해는 영역을 설정하는 것이 이웃 간에 평화를 가져다주고 사회를 보다 질서 있게 만들어준다는 믿음이다. 실제로 영역을 설정하고 경계를 만드는 것은 땅과 공간을 둘러싼 갈등과 그로 인한 혼란과 무질서의 상태를 해결하는 데 긍정적 기능을 하는 경우가 많다. 도시에서 토지이용의 혼란과 난개발을 막기 위해 용도지구를 지정하거나, 주거지역 인근의 공터 이용에서 발생할 수 있는 이웃 간의 갈등을 막기 위해 공터를 구획화하거나, 어업자원을 둘러싼 인접 지역(혹은 국가) 어민들 사이의 충돌을 막기 위해 어로구역을 설정하거나 하는 것들은 튼튼한 울타리를 가진 영역을 설정하는 것이 이웃들 간의 불필요한 충돌을 막아 사회를 보다 안정되고 질서 있게 만드는 방식이라는 믿음에서 비롯된 것이다. 하지만 영역은 항상 그것을 만든 사람들이 의도한 바대로, 혹은 영역화에 대한 그들의 정당화 논리대로 작동하지는 않는다.

실제로 영역은 표면적으로 드러난 의도와는 다른 방식으로 잘못 작동하는 경우가 너무나 많다. 데이비드 딜레니는 근대국가의 영역성이 어떻게 현실에서 제대로 작동하지 않는가에 대한 설명으로 이 책을 시작한다. 특히 평화와 안정을 보장해줄 것이라는 근대국가의 영역적 약속이 현실에서는 오히려 수많은 사람들의 죽음과 고통을 초래하는 파괴적 폭력을 야기하였음을 미국의 이라크 침공, 미국과 멕시코 간의 국경 통제 등의 사례를 통해 보여주면서, 영역의 본질이 반드시 평화와 안전, 질서를 보장하는 것이 아닐 수 있음을 지적한다. 평화, 안전, 질서를 가져다준다고 정당화되는 영역화 과정은 실제로는 영역을 통제함으로써 권력관계를 유지하고자 하는 정치적 기획의 산물일 가능성이 크다. 따라서 영역화 과정은 영역화 배후의 불평등한 권력관계에 대한 저항과 그러한 저항에 대한 폭력적 억압을 수반할 가능성이 크고, 그로 인해 끊임없는 갈등, 긴장의 상황에 놓일 수밖에 없다. 따라서 영역에 대한 깊이 있는 이해는 영역화가 제공해주는 긍정적 기능뿐만 아니라, 영역화의 부정적 영향과 그로 인한 갈등과 긴장에 대한 비판적 이해를 전제한다.

영역에 대한 국내 지적 논의의 수준은 매우 열악하다. 영역에 대한 대부분의 논의는 독도나 간도 영유권과 같은 국가 영토에 대한 문제로 국한되어 있고, 그마저도 민족주의나 국가주의적 관점에 과도하게 경도된 채 영역성에 대한 비판적 고민 없이 우리의 영토를 어떻게 지키고 보전할 것인지에 치중하는 정책지향적이고 실용주의적 입장에 머물고 있는 실정이다. 즉, 영역에 대한 국내의 대부분 논의에서는 앞에서 언급한 영역에 대한 세 가지 오해가 그대로 나타난다. 이런 상황에서 영역에 대한 철학적이고 비판적인 독해를 가능하게 해주는 이 책은 국내 독자들에게 매우 신선한 지적 자극을 던져줄 것이다.

이와 더불어 정치지리학의 기본 개념인 영역을 간략하게 소개하는 이 책은 지리학을 공부하고 있거나 지리학에 관심을 가진 독자들에게는, 인문지리학 논의의 최근 경향을 알 수 있는 좋은 기회를 제공해준다. 최근 인문지리학의 연구들은 공간을 자연 및 사회적 사건과 현상을 담아내는 그릇이나 물리적 환경 정도로 인식하던 절대적 공간관에 입각하여 공간과 사회를 분리하여 이해하는 인식론을 비판하면서, 상대적이고 관계적 공간의 개념을 바탕으로 사회와 공간 사이의 내재적 연관성을 강조하고 있다. 특히 공간은 사회적 과정의 산물이고, 동시에 사회는 공간을 통해 매개되는 것으로 바라본다. 이러한 사회 공간론적 관점에서 보았을 때 영역과 영역성은 공간과 사회의 상호규정성이 매우 잘 드러나는 현상이다. 권력관계에 기반을 둔 사회 정치적 과정은 영역을 구성하고, 영역적으로 구성된 공간적 조직은 권력과 사회관계에 매우 큰 영향을 미친다. 따라서 영역에 대한 이해는 사회 공간론적 관점을 바탕으로 발전하고 있는 최근 인문지리학 연구의 흐름을 이해하는 데 큰 도움을 줄 것이다.

영역은 인류의 문명에서 무시하기 힘든 중요한 공간조직의 한 형태이지만, 인간의 해방적 실천을 방해하고 저지하는 중요한 공간적 조절방식이기도 하다. 영역을 만들고 장소를 영역화하는 과정들은 인류의 역사에서 수많은 불행한 사건들을 만들어왔다. 제국주의적 침략, 전쟁, 국경분쟁, 지역갈등, 부동산 개발과 강제철거 등과 같이 인류의 평화로운 삶을 방해해온 수많은 일들이 영역을 만들고 지키려는 정치적 과정 속에서 나타났다. 사람들이 각자의 삶의 터전을 만들고 그러한 삶터들이 평화롭게 공존할 수 있는 사회를 건설함에 있어서 이 책이 제공하는 영역에 대한 비판적 독해가 조금이나마 기여할 수 있기를 바란다.

2012년 12월

역자 대표 박배균

『짧은 지리학 개론Short Introductions to Geography』은 지리학을 공부하는 학생과 관심 있는 다른 분야의 독자에게 지리학의 핵심 개념을 소개하기 위한 목적으로 기획된 것으로 학계를 선도하는 학자들이 참여해 이해하기 쉽게 썼다. 저자들은 전통적인 하위 분과학문을 개관하는 데서 출발하여 지리학과 공간학의 중심 개념을 설명하고 탐색하고자 했다. 이 간략한 개론서들은 지적 생동감, 다양한 관점, 각 개념을 둘러싸고 진전된 핵심 논쟁을 전하고 있다. 독자들은 지리학 연구의 중심 개념에 대해 새롭고 비판적인 방식으로 사고하게 될 것이다. 이 시리즈는 중요한 교육적 기능을 할 것인데, 이를 통해 학생은 개념과 경험적 분석이 서로 어떻게 관련을 맺으며 발전했는지 알게 될 것이다. 또한 강의자는 학생들이 필수적인 개념적 기준을 갖게 되고, 학생들 스스로 사례와 토론으로 이를 보완할 수 있게 되었음을 확인하게 될 것이다. 이 시리즈를 짧은 모듈식의 책자로 구성한 이유는 강의자가 한 개의 강좌에서 이 시리즈 중 여러 개의 책자를 함께 사용하거나, 여러 개의 강좌에서 특정 하위분과에 초점에 맞춘 책자를 선택해 사용할 수 있도록 하기 위함이다.

제럴딘 프랫Geraldin Pratt

니컬러스 브롬리Nicholas Blomley

감사의 글

이 짧은 지리학 개론 시리즈에 나를 초대해준 닉 블롬니Nick Blomley와 게리 프랫Gerry Pratt에게 감사를 표한다. 또한 이 글을 쓰는 데 도움을 주고 지적 영감을 준 사이먼 알렉산더Simon Alexander, 팀 크레스웰Tim Cresswell, 미셸 에머네티안Michele Emanatian, 바루치 키멀링Baruch Kimmerling, 켈빈 매슈스Kelvin Matthews, 재닛 모스Janet Moth, 앤시 파씨Anssi Paasi, 밥 색 Bob Sack, 드미트리 시도로브Dmitri Sidorov, 스티브 실번Steve Silvern, 카렌 언더 우드Karen Underwood, 저스틴 본Justin Vaughan에게도 감사의 마음을 드린다.

다음 자료들을 이 책에서 사용할 수 있도록 허락을 해준 편집자와 출판사에도 감사를 표한다.

Anderson, E., "The Sykes-Picot partition," from 『The Middle East: Geography and Geopolitics, 8th edn』(London, Routledge, 2000, p.

104).

Bornstein A., "The Armistice line of 1949" and "Interim Israeli-Palestinian agreement, 1994," from 『Crossing the Green Line Between the West Bank and Israel 』(Philadelphia, University of Pennsylvania Press, 2002, pp. 31~32).

Bregman A., "Israeli conquests, 1967," from 『Israel's Wars: A History Since 1947』 (London, Routledge, 2000, p. 94).

Kimmerling B., and Migdal J., "Palestine under Ottoman rule," and "United Nations Recommendation for a two-states solution in Palestine, 1947," from 『The Palestinian People: A History』 (Cambridge, MA, Harvard University Press; Cartography Department, Hebrew University, 2003, p. 33, 139).

차례

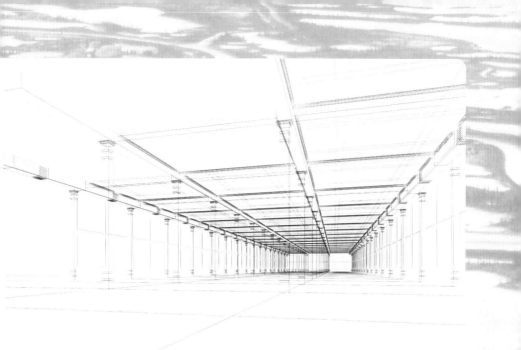

제1장

영역의 영역 안으로
들어가기

서론

어떤 것이 제대로 작동하지 않는 순간이 그것이 어떻게 작동해야 하는지 보여주는 가장 좋은 때이다. 영역도 마찬가지이다. 통상적인 이해방식에 따르면, 영역은 권력이 작동하는 방식을 규정하고 또 그것의 윤곽을 그려보임으로써 안정적으로 평화를 보장하는 기능을 수행한다. 이런 관점에서 국제관계를 보면, 우리는 경계의 이쪽 편에서 자주적인 주권을 지니고 있고, 그들은 경계의 저쪽 편에서 자주적인 주권을 지니고 있다는 식으로 이해될 수 있다. 토지나 부동산의 소유권과 관련해서 보면, 영역은 나는 울타리 이쪽 편에서 옥수수를 기르고, 당신은 울타리의 저쪽 편에서 목축을 하는 독자적인 권리를 지니도록 보장해주는 기능을 수행하는 것으로 이해된다. 프라이버시와 관련된 맥락에서 보면, 내가 방의 문을 닫고 바비 인형과 놀고 있을 때, 모든 다른 세계는 방의 바깥에서 존재하도록 규정된다. 뚜렷한 경계가 있을 때는 어떤 오해가 있다 하더라도 그것이 쉽사리 논쟁과 갈등으로 번지지 않는다. 우리 모두가 잘 알다시피, 좋은 울타리는 좋은 이웃을 만들어준다.

2003년의 늦은 겨울과 이른 봄 즈음에 10만 명 이상의 미군과 영국군이 소총, 전투기 및 각종 보급품과 함께 언론인들을 대동하고 이라크와 쿠웨이트의 국경에 집결하여 이라크에 대한 침공을 준비했다. 이 침공은 결과적으로 사담 후세인을 권좌에서 몰아내고 이라크에 대한 장기간의 점령을 이끌어냈다. 그런데 미국이 쿠웨이트와 카타르, 그리고 다른 국민국가의 영역적 공간을 이러한 군사적 침공을 개시하는 장소로 이용하는 것을 (어떤 국민국가가) 승인하거나, 혹은 거부하는 것은 그 자체로 해당 국가의 주권적 권한에 속한다. 그런데 실제로 애초에 기획된 전쟁 계획은 이라크를 북쪽에서부터 동시에 침공하는 것이었다. 하지만 마지막 순간에 터키 의회가 터키의 영토를 그러한 목적으로 사용하는 것을 거부했다(Purdum et al. 2003). 사우디아라비아도 최소한 형식적으로는 자신의 영토를 이라크 침공을 위해 사용하는 것을 거부했다. 이처럼 영토 보전의 원칙은 국제법의 가장 근본적 원칙 중의 하나이다. 그런데 잘 알려져 있듯이, 이 원칙이 항상 제대로 지켜지는 것은 아니다. 영토 보전의 원칙은 다양한 방식으로 타협되지만, 가장 명백하고 파괴적인 것은 현대전에서 사용되는 살상의 도구와 관련하여 일어나는 것이다. 미국이 이라크에 가했던 '충격과 공포Shock and Awe' 작전의 이미지가 전 세계에 방송되면서 사람들이 그러한 영토 침공에 대해 어떻게 느끼던 간에, 그리고 그러한 영토 침공의 행위가 어떻게 수사적으로 정당화되든 간에, 이라크에 대한 침공과 점령은 영역(혹은 특정한 종류의 영역)이 어떻게 제대로 작동하지 않는지 보여주는 좋은 예라 할 수 있다.

그러나 다음과 같은 논리를 펼치는 이도 있을 수 있다. 2003년의 이라크 침공은 12년 전 이라크군이 쿠웨이트를 침공한 것에서 비롯된 피할 수 없는 결과였다. 첫 번째 걸프전에서 미국은 침략자들을 응징했다. 그 전쟁의 결과로 이라크 정부는 대량살상무기의 존재를 검사할 권한을 지닌 유엔의 무기사찰단을 받아들여야 했다(Sifry and Cerf 2003). 매우 호된 경제적 제재도 이라크에(달리 말하면, 이라크 국민들에게) 가해졌고, 이로 인해 수천 명 이상의 이라크 국민들(대부분은 어린이)이 목숨을 잃었다(Hiro 2001; Research Unit for Political Economy 2003). 또한, 첫 번째 걸프전쟁의 승리자들은 이라크의 북부와 남부 지역에 '비행금지구역'을 설정하고, 이러한 영역적 금지사항을 어긴 이라크의 항공기들을 주기적으로 격추시켰다. 2003년에 벌어진 이라크 전쟁의 초반부에 이라크는 전형적인 주권국가라고 보기는 힘들었고, 영토 보전의 원칙은 단지 이론적인 수준에서만 존재했다.

사담 후세인은 영국이 20세기 초에 '이라크'와 '쿠웨이트'를 만들면서 바스라의 오토만 구역을 분할한 것이 정당하지 못하다고 주장하면서, 1991년에 이라크가 쿠웨이트를 침공한 것을 수사적으로 정당화하려 했다(Dodge 2003; Finnie 1992). 사실 이제까지 소개된 영역형성의 에피소드들은 (20세기 초에) 세계의 열강들이 펼친 지정학적 게임의 부산물이다. 이 지정학적 게임은 제1차 세계대전의 후유증, 제국을 유지하려는 노력, 그리고 산업 활동에서 점차 중요해지고 있던 석유의 통제권을 둘러싸고 등장한 국가 간의 경쟁 등에 수반하여 불거졌다. 쿠웨이트를 침공하기 전에 이라크는 이란과 끔찍한 전쟁을 치렀는데, 그 당시 이라크는 쿠웨이트를 침공하던 때와는 달리 미국의 지원을 받았었다. 따라서 2003년 미국의 이라크 침공은 단지 모래 위에 그려진 국경선을 뛰어넘어 이루어진 것이 아니라, 석유에 대한 통제, 그 통제를 통해 얻을 수 있는 부와 권력, 그리고 이러한 자원과 권력의 통제와 관련하여 나타난 일련의 영역화territorialization와 재영역화re-territorialization의 역사적 맥락 속에서 일어난 사건이었다. 보다 큰 역사적 깊이를 가지고 사건들을 바라보게 되면 (비록 그것이 그 사건들을 결코 정당화해주지는 않지만) 영역성이란 것이 장소 위에서, 그리고 시간을 통해서, 펼쳐지는 사회적(그리고 정치, 경제, 문화적) 과정이라고 이해하는 데 도움을 받을 수 있다. 이를 통해 우리는 영역이란 것이 사회적 생산물임을 보다 쉽게 이해할 수 있다. 영역을 통해 세상을 보는 법을 배우게 되면, 세상을 보다 잘 이해할 수 있게 되는데, 특히 하나의 전체로서의 세상을, 그리고 우리의 삶이 이루어지는 곳으로서의 세상을 바라보는 데 매우 유용하다.

영역(혹은 최소한 영역국가)에 대한 통상적인 설명들 중의 하나는 영역이란 것이 (영역의) '내부'에 있는 사람들에게 '외부'에 위치하고 있는 위험으로부터 안전을 제공하는 수단이라는 것이다. 영역은 의심의 여지없이 이러한 목적에 봉사한다. 그러나 우리가 지난 30년 동안 영토 보전이라는 원칙에 뿌리를 둔 주장들 때문에 폭력적으로 생명을 빼앗긴 수십만 명 사람들의 경험들을 고려하고(여기에는 1980년부터 1988년까지 이어진 이란-이라크 전쟁에서 발생한 수십만 명의 사상자와 이라크 정부에 의해 자행된 집단학살에 의해 희생된 쿠르드 족 사람들도 포함된다), 또한 여기에 비슷한 정당화의 논리로 죽임을 당한 수백만 명 사람

들의 경험까지 포함하여 생각하면, 이러한 통상적 설명들을 의심하지
않을 수 없게 된다. 만약 이것이 '안전'이라면 도대체 안전하지 않은 것
은 어떤 것인지 궁금하지 않을 수 없다. 영역적인 국민국가가 유일하게
'정당성을 얻은' 정치적 제도로서 글로벌한 차원에서 헤게모니적 지위
를 얻은 20세기에 100만 명 이상의 사람들이 전쟁에서 목숨을 잃었고,
이 전쟁은 많은 경우 영역과 직접 관련되거나, 혹은 최소한 영역에 대한
언급을 통해 수사적으로 정당화되었다.

  (앞에서 언급한 쿠웨이트와 이라크 간의 경계 말고) 또 다른 경계에서
일어나는 일을 살펴보자. 이 경계는 미국과 멕시코의 주권적 영토를 나
누는 경계이다. 이 경계와 영토들도 매우 복잡한 역사를 가지고 있다. 미
국과 멕시코 사이의 현재 국경 대부분은 1848년에 체결된 과달루페 이
달고 협정을 통해 형식적인 법적 지위를 부여받았다(Frazier 1998). 이
협정을 통해 아메리카인들이 멕시코 전쟁이라 부르는 전쟁은 종결되었
다. 150여 년 전에 벌어진 이 전쟁은 이라크의 쿠웨이트 침공에서와 마
찬가지로 어떤 한 국민국가의 정부가 다른 국민국가의 영토를 합병하려
는 의도에 의한 것으로, 더이상의 정당화 노력은 필요없었다. 하지만 최
근의 사건과는 달리, 이 경우에는 침공 받은 국가(멕시코)가 세계적 열강
의 도움을 받지 못했고, 게다가 침공 국가(미국)는 전쟁을 지배했다. 미
국이 지닌 명백한 운명manifest destiny[1]과 의심할 여지없는 우월성은 전장
에서 증명되었고, 그 결과로 주권의 지도는 새롭게 작성되었다. 국경은
수백 마일 남쪽으로 이동하였고, 그 동안 멕시코 '안에' 있었던 사람과

---

1) 미국이 북미대륙 전체를 지배해야 한다는 운명론적 믿음과 그에 기반을 둔 영토확장정책
  을 미화한 용어(역주)

사물들은 이제 미합중국 '안에' 자신이 속해 있음을 알게 되었다. 수천 명의 멕시코인이 미국에 속하게 되었다. 최근의 치카노[2] 활동가들이 주장하듯이, "우리가 국경을 건넌 것이 아니라, 국경이 우리를 건너갔다(Acuna 1996, 109)." 또한 아파치, 호피, 나바호, 쇼숀과 같은 수십 개의 아메리카인디언 부족들도 단지 국경이 이동하여 그들의 위치가 미국 영역에 속하게 됨에 따라, 본의 아니게 미국 주권의 영향력하에 놓이게 되었다. 또한 캘리포니아의 금, 목재, 부동산도 국경의 이동에 따라 미국에 속하게 된 사례들이다.

현대의 경계와 관련해서 우리는 많은 사람들이 은밀한 '침략'이라고 일컫는 것에 대해 생각할 필요가 있다. (보수적 입헌주의 성행의 미국 언론인인) 윌리엄 그릭스William Griggs는 다음과 같이 썼다. "미국 군대가 저 멀리 아시아의 전장에서 알카에다의 테러조직과 조우하고 있고 우리의 군사지도자들이 이라크와의 두 번째 전쟁을 준비하고 있는 동안, 남쪽에 있는 우리의 '친구'이자 '이웃'은 끊임없이 우리의 조국을 침략하고 있다(2002, 21)." 그의 입장에서는 "멕시코 정부, 급진적인 치카노 분리주의자들, 그리고 부시 행정부 모두, 어떤 하나에 대해 동의하였는데, 그것은 멕시코와 우리나라를 가르는 경계를 마치 그것이 존재하지 않는 것처럼 취급하는 것"이었다(2002, 21). 남에서 북으로 매주 수십만 명의 노동자들이 국경을 가로질러 넘어가는데, 이러한 이동은 공식적으로는 금지되었으나 실제로는 용인되며, 심지어 장려되고 있는 측면도 있다. 그러나 이러한 이동은 국경을 몰래 건너거나, 땅 밑으로 터널을 파서 넘

---

2) Chicano, 멕시코 미국인들을 말함(역주)

어가는 등 비밀스럽게 이루어져야 한다(Martinez 2001). 셀 수 없이 많
은 이들이 국경을 넘어 직업을 찾고 가족과 다시 만나는 데 성공하지만
동시에 수많은 사람들이 경찰에 체포되어 다시 국경 너머로 되돌려 보
내진다. 그리고 이렇게 실패한 사람들은 또 다시 국경을 넘는 시도를 한
다. 많은 수의 남성, 여성, 아이들이 사막에서 굶주림과 추위 속에 죽거
나, 몰래 타고 가던 트럭과 기차 속에서 질식사했다(Egan 2004). 실제
로 2002년부터 2003년까지, 이라크 전에서 미국이 승리를 선언하기 이
전까지 전사하였던 미군들의 수와 거의 맞먹는 수의 멕시코 노동자들이
국경을 넘으려다 숨졌다(US Department of State 2004). 인도적인 국
경지대Humane Borders와 같은 종교단체들은 멕시코와 중미의 유숙자들이
쉽게 찾을 수 있는 장소에 물을 남겨두는 프로그램을 만들기도 했다
(www.humaneborders.org). 하지만 그와 동시에 랜치 레스큐Ranch
Rescue와 같은 단체들은 무장한 자경단을 조직하여 재산과 주권을 방어
하기 위해 국경을 순찰하는 준군사적인 활동을 하기도 한다(www.
ranchrescue.com). 국경은 지도 위에 그어진 단순한 선이 아니다. 국경
과, 국경이 표시하고 구분하는 영토는 삶과 죽음의 조건인 것이다.

　물론 이제까지 제시한 사례들이 다소 극단적인 것은 사실이다. 지구
상에는 항상 전쟁과 국경 분쟁이 있었지만, 이라크에서의 대규모 전쟁
과 같은 군사적 침공은 상대적으로 드문 사건이었다. 마찬가지로 매우
극소수의 국경지대만이 미국-멕시코 국경지대에서 나타나는 불안한 요
소들을 지니고 있다. 하지만 이러한 상황들이 극단적일 수는 있지만, 이
들은 최소한 근대 세계에서 영토의 중요성을 과소평가할 수 없다는 것
을 잘 보여주는 사례들이다. 동시에 이 사례들은 사회적 관계들이 지구

적 스케일에서 조직되고, 셀 수 없이 많은 개인들의 삶이 근대적 영역성
의 역동성에 어떤 식으로든 발목 잡혀 있다는 사실을 보여줌으로써 우
리에게 영역의 중요성을 일깨워준다.

그런데 이들 두 사례들은 단지 표면만을 건드리는 것이다. 이 사례들
은 단지 한 유형의 영역만을 다루는데, 그것은 근대국민국가의 정치적
제도와 관련된 영역이다. 근대국민국가와 관련된 영역의 특징을 알기
쉽게 해주는 핵심적 담론들은 국제관계, 국제법, 지정학 등과 같은 것들
이다. 그러나 국가들의 국제적 체계를 구성하는 200여개의 영역적 공간
들이 근대 세계에서 영역이 차지하는 형태들을 모두 다 보여주지는 않
는다. 실제로 이론적 관점과 분석의 세밀도에 따라 엄청나게 많은 다양
한 종류의, 클 수도 있고 작을 수도 있는 영역들이 존재한다. 인간의 사
회생활, 사회관계, 그리고 사회적 상호작용을 형성하는 수없이 많은 복
잡한 영역적 배열과 조합들이 존재한다. 국가의 '내부'에는 매우 많은
정치, 행정적인 구역, 지역, 지구 등이 존재한다. 또한 무수히 많은 필지,
아파트, 방, 사무실, 캠프 등이 있다. 이처럼 영역의 목록은 끝이 없다.
국민국가의 영역성을 아우르고 포괄하기 위해서는 유럽연합이나 북미
자유무역지대 등과 같은 협약과 조약에 의해 만들어진 수많은 초국가적
이고, 다국적이며, 국제적인 영역들까지 아울러야 한다. 나토 회원국을
포괄하는 공간, 식료품점 앞에 있는 주차금지구역, 그리고 다국적 기업
조직 등에서도 영역은 나타난다. 이 모든 것들에서 당신이 '안'에 있는
지, 혹은 '밖'에 있는지는 중요한 문제가 된다. 아마 대부분의 사람들에
게는 일상생활에서 나타나는 미시적 영역들이 글로벌 정치에서 나타나
는 거시적 영역보다 더 중요하거나, 혹은 최소한 더 두드러지게 보일 것

이다.

우선 작은 것들부터 생각해보자. 당신이 어디에 있는지부터 시작해보자. 당신이 차지하고 있는 사회적 공간이 당신의 일상을 어떻게 구성하는지 찬찬히 살펴보자. 당신이 접근 가능한 방과 당신이 배제되는 방, 혹은 허가가 있어야만 들어갈 수 있는 방을 생각해보자. 사적 소유가 근본적 특성인 사회적 질서 속에서 일상적 경험이 이루어지는 대부분의 세계는 당신에게 닫혀 있는 곳이다. 이러한 세계는 공적 공간이냐 사적 공간이냐에 따라 영역화가 다른 방식으로 이루어져 있다. 공적 혹은 사적인 배열이 어떻게 당신의 일상생활에 영향을 주는지 상상해보자. 예를 들어, 당신의 일상적 경로들이 펼쳐지는 많은 '공적' 공간들이 '사유화되어' 있어서 당신이 그곳에 접근할 수 있는지의 여부가 당신이 입장료를 낼 수 있는 능력을 가지고 있는지, 혹은 (그러한 공적 공간에 대한) 새로운 '소유자'가 결정한 입장의 조건에 의해 결정된다는 사실을 생각해보자. (이러한 사고적 실험을 구체화하는 데 도움을 받기 원한다면, 전형적인 소도시의 중심 거리와 현대적 쇼핑몰의 차이를 생각해보자.) 더 나아가 그러한 장소에 당신이 들어갈 수 있는지 없는지가 백인, 여성, 젊음 등과 같은 겉으로 드러나는 모습에 의해 영향을 받는 상황을 상상해보자. 이러한 상황이 영역성이 작동하는 모습이다. 이와 반대로 개인 공간, 집, 침실 등과 같이 당신의 사적인 공간이라 생각되는 곳이 정부의 지속적인 감시와 통제, 혹은 텔레비전 방송에서 생산된 이미지에 개방되어 있는 상황을 상상해보자. 이 또한 영역성이 수정되는 중요한 한 방식이다. '공적'이거나 '사적'인 사회질서 모두가 더 이상 사회생활을 영역화하는 근본적 방식이 아닌 상황을 상상해보자.

레이 올리버Ray Oliver는 켄터키 주의 제임스타운 근처에 있는 농장을 하나 소유하고 있었다. 미국연방대법원 판사 루이스 파월Lewis Powell에 따르면 "그는 일정한 간격으로 '불법침입금지'라는 표시를 붙여놓고 농장 가운데로 들어가는 출입구를 폐쇄했다(466 U. S. 170 1983, 173)." 어느 날 2명의 켄터키 주 경찰이 비밀정보에 따라 올리버의 땅으로 차를 몰고 가서, 그의 집을 통과하고 폐쇄된 출입구까지 도달했다. '불법침입금지'라는 표시뿐만 아니라 먼 거리에서 누군가가 "썩 꺼져."라고 외치는 소리도 무시한 채 그들은 출입구를 돌아서 올리버가 소유한 땅의 숲이 우거진 구역으로 걸어갔다. 올리버의 집에서 1마일 정도 떨어진 곳에 사방이 나무로 둘러싸인 곳이 있었고, 그곳에서 그들은 마리화나가 재배되는 것을 발견했다. 경찰들은 그곳을 떠나 시내로 돌아가서 판사에게 가택수색영장을 발부받고, 다시 그 장소로 돌아와 올리버를 체포했다. 미국의 법에 따르면 이 경찰들은 불법침입을 했을 뿐만 아니라 올리버가 지닌 사생활보호에 대한 헌법적 권리를 침해했다. 이 사실이 공식적으로 인정된 것은 아니지만, 법정에서 올리버의 변호사가 주장한 것이다. 미국헌법 수정조항 4조에 따르면 정부의 대리인이 영장 없이 수색을 하는 것은 금지되어 있다. 혹은 최소한 그런 것처럼 보인다. 대법원의 수많은 판례들은 불법적으로 입수된 증거들(즉, 수정조항 4조를 침해하여 입수된 범죄의 증거들)은 형사재판에서 배제하도록 판시했다. 이를 '독수의 과실론fruit of the poison tree doctrine'이라 부른다. 법정은 올리버의 변호사가 한 주장에 동의했다. 올리버는 수색된 농장의 지역에서 자신의 사생활을 보호하기 위해 할 수 있는 모든 것을 하였고(p. 173), 경찰은 수색을 먼저하고 그 수색이 성공적이라 판명한 다음에야 판사의 영장을 얻었기 때문에 불법을 자행한 것이다. 따라서 이 소송은 아무 문제 없이 취하되었다.

하지만 정부는 재심을 청구하였고, 상위 법원은 하위 법원의 기존 결정을 뒤집었다. 미국연방대법원이 이 사건의 심리를 맡고는 그 문제가 되었던 나무가 결국 독이 든 것은 아니었다고 결정했다. 다수의 판사들이 헌법 수정조항 4조는 어떤 사람의 집과 그 집을 둘러싸는 좁은 지역('대지curtilage'라고 불리는 공간)에만 한하여 적용된다고 결정했다. 그들은 "특정의 고립된 구역만이 자의적인 정부의 간섭으로부터 자유롭다"고 주장했다(p. 178). 그 외의 구역에서는 열쇠로 잠그는 표시를 하던 상관없이 땅의 소유주가 정부의 자의적 간섭에 대항할 수 없고, 이들 장소에서의 수색은 어떤 인가도 필요 없다. 이러한 구역들은 'open field'로 불린다. 물론 루이스 파월 판사가 설명했듯이, open field라는 것이 일상대화에서 의미하는 바와 같이 '개방open'되거나 '들판field'일 필요는 없다(p. 180). 그리고 나무에 의해 둘러싸인 그 은둔된 장소는 'open field'이기 때문에, 대중의 시야로부터 가로막혀 있어서는 안 되고 그 부동산의 소유자는 그곳에서 사생활을 보호받으리라고 기대할 수도 없다. 이러한 이유로 범죄의 증거를 배제할 수 없고 그 소송 또한 취하할 수 없었다.

하지만 대법원의 다른 판사들은 이 사건을 이런 식으로 보지 않았다. 그들의 견해에 따르면 올리버의 공간은 (그리고 그의 권리는) 정부에 의해 침해되었고 경찰은 불법적인 침입이라는 죄를 범했다. 다른 사건에 대한 파월 판사의 소견을 인용하면서, 써굿 마셜Thurgood Marshall 판사는 다음과 같이 기술했다.

자산에 부여된 주요 권리들 중의 하나는 다른 사람들을 배제하는 권리이다. 자산에 대한 소유권 행사의 의지를 가지고 있는 사람은 배제의 권리와 관련하여 사생활 보호에 대한 정당한 기대를 가진다. 영장이 없는 정부의 대리인이 — 위급하지 않은 상황에서는 — 다른 어느 누구보다 덜 배제된다 말할 수 없다. 이러한 권리와 기대는 표시와 잠금장치에 의해 더욱더 강화된다. 공공이 개입할 수 없다는 경고를 하여 자기 땅의 경계를 표시함을 통해 그 소유자는 자신의 욕망에 대한 어떠한 애매모호함도 불식시켜버렸다(p. 195).

반대론자에게든 심리의 판사에게든 '접근금지Keep Out'는 말 그대로 접근하지 말라는 것을 의미한다. 하지만 레이 올리버와 더불어 자신의 소유지가 이제 영장 없는 수색에 취약해진 수많은 사람들에게는 불행히도 마셜 판사의 견해는 다수의 의견이 아니라, 단지 하나의 반대 의견일 뿐이다.

우리는 뒤에서 올리버의 사건을 다시 한 번 언급할 것이다. 지금 여기서 강조하고자 하는 것은 영역과 영역성이 국가 간 경계와 국제관계에 관한 이슈만이 아니라는 점이다. 올리버의 사례에서는 수많은 영역들이 작동한다. 그 사건을 바라보는 한 가지 방식은 공공과 민간의 (재)영역화에 관한 것이다. 또 다른 방식은 미국에서 부동산과 헌법적 연방주의 사이의 관계를 (재)영역화하는 것과 관련된다. 이 사건을 보다 자세히 들여다보면 그것은 '가정', '대지curtilage', 'open field' 사이의 영역적 관계를 재구성하는 것, 혹은 이러한 개념들을 이용하여 영역, 권력, 그리고 경험 사이의 관계를 재구조화하는 것과 관련된다. 하지만 우리가 이것을 좀 더 자세히 들여다보면, 영역을 (부동산 소유자, 경찰, 그리고 판사에 의해) 이해하는 방식은 중요한 결과를 초래한다. 즉, 올리버에게 이 문제는 결과적으로 영역을 어떻게 이해하는가의 문제가 아니라 감방에 가느냐 아니냐 하는 차이를 만들어낸다는 것이다.

부동산과 관련된 다른 사건을 하나 더 살펴보자. 월리스 메이슨Wallace Mason은 자신의 뒷마당에서 전서구를 새장에 키우고 있었다. 그러나 누군가가 새장을 열고는 비둘기를 훔쳐가 버렸다. 그런데 그는 어느 '어둡고, 비오는 밤에' 어두운 물체를 정원에서 보고는 그 침입자를 향해 총을 발사했다(159 So. 2d 700 1964, 701). 총에 맞은 사람들은 14세의 마이클 맥켈러Michael McKellar와 그의 친구인 13세의 레오 슈넬Leo Schnell이었다. 맥켈러는 등에 총을 맞고 평생 불구로 살게 되었다. 메이슨은 체포되지 않았고 범죄혐의를 받지도 않았다. 하지만 맥켈러의 아버지는 소송을 제기했다. 예심법정은 그 소송을 취하하였는데 맥켈러의 아버지는 루이지애나 주 대법원에 항소했다. 대법원에서 다수는 다음과 같이 선언했다.

> 2명의 도둑을 총으로 쏜 메이슨의 행동에 대해, 비록 그것이 변명의 여지가 없다고 완전히 정당화되지는 않지만, 우리는 그것이 자신의 소유지를 지킬 수 있는 권리를 과도하게 넘어선 행위라고 말할 수 없다. 미합중국과 루이지애나 주의 헌법은 우리에게 무기를 소유할 권리를 보장한다. 무기소지의 권리를 허용하는 것은 논리적으로 무기를 제조할 때 의도된 목적에 따라 그것을 사용할 권리도 우리에게 부여하는 것을 의미한다. 전통적으로 어떤 사람의 집은 그의 성과 같이 취급되고, 흉악한 의도를 가지고 그곳을 침입하는 사람은 자신의 목숨을 걸고 그렇게 하는 것으로 이해되어야 한다(pp. 703~704).

메이슨은 단지 자신의 부동산을 보호하려 했을 뿐이다. 따라서 '그의 부동산에 대해 이전에 침입의 역사' 가 있었음을 고려할 때(p. 703), 그가 침입자들을 총으로 쏘는 것은 충분히 정당화된다. 하지만 올리버의 사건과 마찬가지로 여기에서도 일부 다른 판사들은 사건을 다르게 보았고, 위의 결정을 반대했다. 반대 의견의 판사는 그 일과 관련된 다른 사실들에 주목했다. 메이슨은 경험 많은 사냥꾼이었고, 그가 숨어서 침입자를 기다린 증거가 있었다. 가장 중요한 것은 '그 두 소년이 총을 맞을 때 도망치려 했다는 엄연한 사실' 이었다. 두 소년 모두 등에 총을 맞았다. 메이슨은 그들이 집에서 멀어지는 방향으로 가고, 심지어 뛰고 있었다는 것을 알고 있었다. 그리고 슈넬은 "총에 맞았을 때 담을 넘고 있었다(p. 706)."

올리버의 사건에서 'open field' 와 '대지curtilage' 와 같은 법적 개념에 의해 영역에 의미가 부여되었듯이, 이 사건도 '캐슬 독트린castle doctrine(자신의 성을 보호하는 데 있어서는 폭력의 사용이 정당화된다는 원칙)' 이나 도피해야 할 의무duty to retreat와 같은 법률적 개념에 의해 의미가 부여되었다. 어떤 사람이 공개적으로 폭력에 의해 위협받을 때, 그 사람은 자기 방어를 위해 폭력으로 대응하기 전에 뒤로 물러날 의무를 지닌다. 하지만 그 사람이 자신의 소유지에 있을 때는 캐슬 독트린이 도피해야 할 의무보다 더 중요하게 적용된다. 만약 메이슨이 소년들이 자기 집의 담장을 넘어오기 전에 소년들에게 총을 쏘았다면 그는 신체상해, 혹은 그보다 더 심한 죄를 저지른 것이 된다. 하지만 담이라는 경계를 넘은 것은 이 사건의 법률적 의미를 변화시켰다. 동시에 그것은 이 사건의 현실적 의미를 변화시키는데, 특히 아이들과 메이슨, 그리고 (법률적) 권위를 가지고 (이 사건의) 영역적 의미를 해석하는 사람들에게 이 사건이 현실적으로 무엇을 의미하는지가 변화하게 되는 것이다. 다시 말하는데, 이것이 영역이 만드는 차이이다. 앞서 제시한 사례들에서도 보이듯이, 그 차이는 자못 극적이다. 하지만 이와 같은 사건들이 꽤나 일반적인 것이라 하더라도, 그것들이 대부분의 사람들에게 일상적으로 일어나는 것은 아니다. 영역이 지닌 보편적인 의미는 (이러한 다소 극적이고 덜 일반적인 사건들에서뿐만 아니라) 아주 평범한 퇴거나 구금, 혹은 비퇴거와 비구금과 같은 훨씬 더 일반적인 사건들에도 적용된다. 위에서 논의된 부동산과 관련된 두 사건들은 경험세계에서 영역이 작동하는 방식의 중요한 요소들을 잘 보여준다.

일상생활을 경험하는 데 있어서 영역의 현실적 중요성을 보여주는 사례들은 무한히 늘어날 수 있다. 이러한 사실은 이 짧은 개론서 시리즈가 다루려는 목적과 관련하여 몇 가지 질문을 제기한다. 우선 한 가지 질문이 즉각적으로 제기될 수 있다. 이제까지 제시되었던 사례들에서 보이듯이, 영역이 매우 다양한 형태로 나타날 수 있다면, 영역과 영역성이 나타나는 셀 수 없을 정도로 다양한 형태와 이러한 영역들의 사용을 통해 달성하려는 수많은 목적들에 대해 언급하지 않고, 영역과 영역성에 대해 뭔가 의미 있는 어떤 것을 이야기하는 것이 가능한가? 다른 식으로 말하면, 영역성과 관련된 수많은 다양한 사회적 실천들, 예를 들면 국민국가들 사이의 전쟁, 토지소유자의 프라이버시와 관련된 권리, 스위스에서 작은 정원토지의 분배행위, 대학교 기숙사 방의 접근권과 관련된 규칙 등과 같은 여러 다양한 형태의 행위들이 모두 같은 현상의 다양한 사례들이라면, 이들을 아우르는 일반화가 가능할까? 그리고 이러한 일반화된 설명이 다양한 맥락들을 가로질러 쉽사리 적용될 수 있을까? 그렇지 않다면 (하나의 일반화된 논리로 설명할 수 없는) 매우 다른 종류의 사물과 사건들에 단지 (영역 혹은 영역성이라는) 같은 단어가 사용되는 것에 불과한 것인가? 만약 후자의 경우라면, 이 다양한 사건들을 같은 종류의 것이라고 취급하는 것은 부적절하고 생산적이지 못한 추상화일 것이다. 다음에 이어지는 논의에서 나는 이 질문에 답을 제시하지 않고 열어둔 채(그리고 이라크 침공과 관련된 영역과 10대 청소년의 침실과 관련된 영역은 같은 단어를 사용함에도 불구하고 공유하는 것이 훨씬 적다는 것을 인정하고), 하지만 그럼에도 불구하고 영역 그 **자체**에 대해서 논하는 것이 유용하다고 전제하면서, 계속 논의를 진행할 것이다. 이러한 접근법을 택하는 이유 중의 하나는 단지 몇 가지 주목할만한 예외를 제외하고는 영역의 상이한 형태와 표현물들이 마치 서로 관련되지 않은 것처럼 이해되면서 영역이 논의되고 이론화된 경향이 너무나 강하기 때문이다. 거시적이고 미시적인 영역의 구조와 배열, 그리고 거시와 미시의 중간적 범위에 있는 영역의 작동방식에 대한 연구들이 서로 잘 알려지지 않은 채 진행된 경향이 있다.

제2장에서 보다 자세히 다루겠지만, 최근까지 영역은 상이한 분과학문에서 각각 따로 그들 분과의 중심적 고려대상과의 관련 속에서만 주로 다루어져온 경향이 있었다. 예를 들어, 국제관계이론에서 영역은 주권의 한 요소로, 인류학에서는 집단적 정체성의 표현으로, 환경심리학에서는 프라이버시의 증진과 정서적 안정감을 위한 수단으로 취급되어 왔다. 영역이 그 자신의 고유한 의미를 가진 현상으로 보다 잘 다뤄질 수 있으리라 기대되는 인문지리학에서도 영역은 정치지리학이라는 하위

분과학문에서만 주로 연구되었고 따라서 주로 국민국가의 활동과 관련된 질문들로 축소되어 취급되었다. 영역이라는 주제를 '영역화' 하여 각 분과학문의 실재적 중심 주제들에 종속시키는 학문적 경향은 자신의 고유한 의미를 지닌 주제인 영역을 주변화시키는 역설적 결과를 초래한다. 그런데 영역이란 주제에 대한 학문적 영역화(그리고 주변화)는 나름대로 이해할만한 것이기도 하다. 하지만 이러한 경향은 어떤 중요한 질문들이 제기되기도 전에 폐기되고, 보다 포괄적인 접근을 통해 관심을 끌 수 있는 여러 가지 연결점들을 불확실하게 하는 결과를 초래한다. 보다 핵심적으로 이야기하면, 대부분의 분과학문들이 영역을 취급하는 방식은 영역에 대한 질문들이 이미 끝난 것이라 단순히, 혹은 적극적으로 전제하고, 따라서 영역을 충분히 문제시하지 않게 만든다. 이어지는 절에서 영역과 관련하여 더 논의해야 하는 어떤 일반적이고 유용한 것들이 있음을 주장할 것이다. 가장 중요한 것은 다음과 같은 것이다. 영역은 정치적 권위, 문화적 정체성, 개별적 자율성 혹은 권리 등과 같은 것들을 단순화하고 명확히 하는 데 도움을 주는 수단으로 널리 이해된다. 이러한 효과를 지니기 위해서 영역 그 자체는 상대적으로 단순하고 명확한 현상으로 취급되어야 했다. 하지만 내가 이 책 전체를 통해 제시하겠지만, 영역은 결코 단순하거나 명확한 것이 아니다. 내가 이제까지 아주 간단히 소개했듯이 영역은 사회생활과 사회적 관계, 그리고 사회적 상호작용이 매우 복잡하고 애매모호하게 얽혀 있는 부분이다. 따라서 영역성이 현실에서 작동하는 방식을 보다 명확히 보여주기 위해서 우리는 일차적으로 우리가 그것에 대해 가지는 상식적 이해를 보다 복잡하게 만들 필요가 있다.

영역의 사회생활

영역은 인간의 사회적 창조물이다. 매우 일반적인 차원에서 보았을 때 영역성은 언어와 마찬가지로 인류의 보편적 특성이다. 하지만 동시에 언어와 마찬가지로 그것이 지니는 구체적인 형태는 엄청 다양하다. 영역성은 인간의 연합들이 ─ 즉 문화, 사회, 소규모 집합체 등과 제도들이 ─ 그 자신들을 공간상에서 조직하는 과정의 한 부분이다. 이는 구체화된 존재로서의 개별인간들이 사회적이고 물질적인 세계와의 관련 속에서 그들 자신을 조직하는 한 방식이다. 따라서 영역은 다소 특별한 종류의 중요한 문화적 가공물이다. (전리품, 의례 등을 위해 사용되는) '줄어든 사람 머리shrunken head', (제왕의 상징인) 권장scepter, 볼링공, 집속폭탄cluster bomb 등과 같은 다른 인공 가공물들과 마찬가지로 영역은 그것을 창조하는 사회적 질서의 특성을 반영하고 포괄한다. 석기시대에 영역성을 드러내는 방식은 전기를 사용하는 시대에 영역성을 표출하는 방식과는 분명히 다르다. 문자를 사용하는 사회의 영역은 구어로 주로 소통하던 사회의 영역과는 차이가 나는데, 이는 각 사회에서 사회생활과 의사소통적 행위의 유형이 다른 형태로 나타나기 때문이다. 주로 국지화된 차원에서 경제활동을 하면서 사냥과 채집에 기반을 두고 있는 사람들 사이에 영역이 표출되는 방식은 농경활동을 하던 사람들 사이에서 영역이 표출되던 것과는 다를 것이고, 또한 농경시대의 영역성은 글로벌한 자본주의 시대의 산업적인 사회적 질서 속에서 영역성이 표출되는 방식과는 차이가 날 것이다. 정치적 자유주의는 파시스트 경찰국가와는 다른 방식으로 영역화될 것이다. 여기서 말하고자 하는 것은 영역이 결코 단순한 인공적 가공품이 아니라는 것이다. 오히려 영역은 그것이 표현하는 사회적 질서를 (단순히 반영하는 것이 아니라) 근본적으로 구성하는 역할을 하기도 한다. 누군가는 심지어 다음과 같이 말할지도 모른다. 어떠한 문화적 구성체나 사회적 질서도 그것이 어떻게 영역적으로 표현되는지를 (단지 암묵적이라 하더라도) 모르고는 제대로 이해할 수 없다. 따라서 (공적이거나 사적인 것과 관련된) 영역화의 규칙들을 바꾸는 행위는 그만큼이나 중요한 사회적 변화를 유발하는 것이다. 물론 사회적 변화가 영역화의 규칙을 바꾸는 역할을 하기도 한다.

　이러한 일반적 논지는 근대적 형태의 영역이 등장하여 지속적으로 변화하고 전 지구적으로 확산되는 것과 관련된 세계적인 역사적 과정을 고찰함으로써 이해할 수 있다. 전 지구적 차원에서 보았을 때, 유럽 봉건주의의 장기간에 걸친 불균등한 몰락, 유럽인들에 의해 추동된 제국주의와 식민주의의 과정, 그리고 탈식민화와 그와 관련된 민족주의의 과정, 영역적 국민국가의 전 지구적 확산, 국가사회주의의 등장과 몰락, 이러한 과정들에 물질적 힘을 부여한 전쟁과 저항의 역사 등, 이 모든 것들은 사회적 삶의 (불균등하지만) 지속적인 재영역화 과정을 보여주는 것이다. 그리고 이러한 추상적인 '과정'과 '힘'은 모두 다 평범한 사람들의 (생활의) 리듬과 경험, 관계, 그리고 의식을 심원에서 형성하는 데 있어 근본적인 역할을 수행해왔다. 가장 확실하게 근대적인 특징을 보여주는 정체성과 존재방식이 끊임없는 영역성의 작동과 직접적으로 연결된다. 시민, 정착자, 외지인, 원주민, 소유자, 임대인, 죄수, 관리인, 난민, 불법거주자, 그 외에 수없이 많은 다른 예들은 우리의 세계에 깃들어 있는 영역화된 사회적 역할과 모습들의 일부이다. 그리고 이들은 우리

의 현재 사회적 역할과 모습의 일부이기도 하다. 이러한 모습들이 관계
적이기 때문에, 즉 이들은 다른 것들과의 관계 속에서 현재의 모습을 지
니고 있기 때문에, 그들은 사회적 관계의 네트워크가 복잡하게 영역화
되었음을 보여준다. 따라서 누군가는 영역 그 자체에 대해서만 일반화를
할 수 있을지 모르지만, 최소한 사회적인 것이 영역화의 과정을 부분적
으로라도 설명하는 한, 영역을 사회적인 것의 역사와 구분하여 이해해
서는 안 된다. 만약 문화가 영역을 창조하고 '생산한다'고 말하는 것이
타당하게 들린다면, 문화는 그 자체를 재생산하고 재창조하는 과정을
통해서 영역을 창조하고 생산하는 것이다. (물론 타인들에 의해 새로운
형태의 영역이 부여되면 문화가 변형될 수도 있다.)

　이미 언급하였듯이, 영역이 일반적으로 작동하는 중요한 방식 중의
하나는 영역이란 것이 마치 거의 자연적인 현상인 것처럼 너무나 당연
한 것으로 받아들여지게 하는 것이다. 영역을 (예를 들어, 국가적 영토든
사적 소유의 부동산이든) 자명하고, 필연적이고 의심할 여지도 없는 것
으로 보게 되면, 영역이 — 형태와 그것이 유지되는 방식을 통해 — 권력
과 정치가 작동하는 방식을 불명확하게 만든다는 사실을 제대로 이해하
기 힘들다. 영역에 기반하고 영역화를 촉진하는 행위들은 '공동체에 기
반을 둔 집단주의적' 주장이나 차이를 무시하고 보편화시키는 논리에
의해 쉽사리 정당화된다. 그러나 영역이나 혹은 그것의 특정한 표출방
식이 우발적이거나 사회적으로 구성되고, 이데올로기적으로 영향을 받
았으며, 물리적 폭력에 의해 강제되는 것이란 사실을 알게 되면, 우리는
영역과 내재적으로 연결된 권력의 형태들을 보다 잘 볼 수 있게 되고,
(영역에 대한) 정당화가 명백히 편파적이거나 당파적이란 사실을 이해

할 수 있게 된다.

물론 특정한 형태의 영역화가 논란을 불러일으키는 경우는 많이 있다. 국제적인 국경분쟁, 어떤 행위가 무단침입인지 혹은 특정의 퇴거조치가 법에 의해 정당화되는지와 관련된 논쟁, 주민들 사이에 정원의 작은 구역을 배분하는 과정에서 벌어지는 다툼 등은 일상적으로 일어나는 일이다. 그러나 영역이 효율적으로 작동하는 경우에는 영역성의 **기본적 원칙들**이 심각하게 문제시되지는 않는다. 토지의 사적 소유권이 의문시되고, 식민권력이 원주민들을 쫓아내며, 기존의 정치 공동체가 분리될 때, 그리고 짐 크로Jim Crow 법[3]이나 아파르트헤이트에 의해 만들어진 인종주의적 영역들이 공격받는 경우에서처럼, 영역성의 기본 원칙들이 문제시될 때에야, 영역의 우발성이 명백히 드러나며, 또한 영역화가 우리가 사는 세계에서 필연적이거나 자연스러운 특징이라는 주장이 보다 쉽사리 무력화될 수 있다. 따라서 영역적 배열은 단지 문화적 창조물에 불과한 것이 아니라, 오히려 정치적 성과물이다.

결국 영역성은 공간의 통제를 위한 전략을 뛰어넘는 그보다 훨씬 큰 어떤 것이다. 영역성이란 사고하고, 행동하며, 세상에서 존재하는 방식, 다시 말해 믿음과 욕망, 그리고 문화적이고 역사적 과정을 통해 우발적으로 형성된 인지의 방법에 의해 영향을 받아 이루어진 세상 만들기 world-making 방식과 연관되는 것으로 이해하는 편이 낫다. 그것은 물질적인 것만큼이나 형이상학적인 현상이다. 따라서 영역은 집합적이고 개별적인 정체성의 주요 요소들에 영향을 준다. 영역은 집합적인 사회의식

---

3) 1876년~1965년 사이 미국 남부의 지방정부에서 시행된 인종차별법안으로 모든 공공장소에서 흑인들의 이용을 제한했다(역주).

과 자의식을 형성하고, 동시에 그들에 의해 형성된다. 갈등과 모순에 바탕을 두고 꽤 많은 정도의 성찰적 사고에 의해 특징지어지는 사회질서에서 갈등과 모순은 그 사회의 영역적 구조에 반영될 뿐 아니라, 동시에 영역에 대한 매우 다양한 상상적 다시 그리기와 다면적인 영역의 정치에 의해 영향을 받는다. 일부 영역정치는 영역국가와 그 세부적 구획에 관한 문제를 직접적으로 다루기도 한다. 하지만 많은 다른 유형의 영역정치는 이 문제를 고려하지 않거나, 혹은 덜 직접적으로 다룬다. 이러한 영역정치에는 인종, 성, 연령 등과 관련된 '개인적 삶'에서 나타나는 영역적 갈등, 혹은 가족, 지역공동체, 조직, 작업장 등에서 일어나는 영역적 갈등 등이 포함된다.

영역을 간단히 소개하는 이 책의 목적 중 하나는 영역의 복잡성을 개관하고, 동시에 영역이 지니는 우발적 특성에 더 많은 주의를 기울이는 것이다. 이상적으로 보면, 이는 4단계의 과정을 거칠 필요가 있다. 첫째, 우리는 영역을 이해하고see, 우리 모두의 주변에서 영역성이 어떻게 일반적으로 작동하는지 인식할 필요가 있다. 둘째, 우리는 영역의 주위를 둘러보면서see around, 그것을 맥락화하고 그것이 다른 사회적 현상과 어떻게 연결되는지 추적할 필요가 있다. 셋째, 우리는 영역을 통해 (세상을) 바라보면서see through, 주권, 관할권, 부동산 등과 같이 기존의 영역성을 자연시하는 담론들에 의해 무엇이 숨겨지는지를 밝힐 필요가 있다. 마지막으로 네 번째 단계는 현존하는 영역적 형태를 지나쳐서 바라보면서see past, 이 지구상에 다른 대안적인, 아마도 더 나은 — 또는 훨씬 더 나쁠 수도 있지만 — 방식으로 사회적 삶을 영역화하는 가능성을 상상하는 것이다.

　이러한 목적을 위해 이 장은 영역의 개념을 더 소개하고, 영역에 대한 전통적인 이해방식에 의해 일반적으로 숨겨진 영역의 특징이 무엇인지 논할 것이다. 이 책의 나머지 부분에서는 먼저 **영역의 문법**이라고 명칭하는 것에 대해 논할 것이다. 이 논의를 통해 우리는 영역이 정적이고 수동적인 것이 아니란 점, 그리고 역동적인 사회적 과정과 실천을 통해서 영역적 형태가 등장하고 변형된다는 것을 이해할 수 있다. 이어서 영역에 어떠한 기능이 부여되는지, 즉 영역이 무엇을 하는지 그리고 영역이 무엇을 이룰 것이라 기대되는지에 대해 간단히 논의할 것이다. 주요 목적은 영역에 대해 단순히 몇 개의 준-자연적 기능을 부여하고 그것을 바탕으로 영역을 실용적 관점으로 이해하려는 접근들을 비판적으로 사고하려는 것이다. 영역은 결코 인간의 사회적 존재에 대한 영구적이고 보편적인 특징이 아니며, 여러 가지 방식으로 깊이 역사적(그리고 역사적으로 우연적)이다. 그래서 이어지는 절에서는 영역과 근대라는 역사적 시대 사이의 관계로 논의를 좁힐 것이다. 여기서는 근대성의 역동적 성격과 그것이 지니는 지속적 변형의 성격을 강조할 것이다. 하나의 관련된 요소로서 근대성의 주요 특징인 (사람, 물자, 사고의) 이동성 증가에 대해서도 논할 것이다. 그다음으로 영역의 해석 가능성에 대해 언급할 것이다. 영역은 필연적으로 의미들을 지니고, 이 의미들은 종종 다양한 해석들에 열려 있다. 특히, 근대적 영역은 종종 (올리버와 맥켈러의 사례에 대한 논의에서 보였듯이) 텍스트로 재현되고, (접근금지, 백인 외 출입금지와 같이) 가장 명백한 의미마저도 법규와 헌법과 같은 통제적 텍스트에 맞추어, 혹은 그것과 반대되는 경쟁적 해석의 프레임에 의거하여 재해석될 수 있다. 근대 영역이 지니는 역동성의 상당 부분은 이러한 텍스트성textuality과 해석 가능성과 관련된다. 마지막으로 나는 근대 영역의 '수직성', 혹은 중첩되는 영역적 실체들 사이의 복잡한 관계에 대해 간단히 논할 것이다. 수직성의 은유는 우리로 하여금 동시에 존재하는 차별적인 영역들이(예를 들어, 방, 건물, 지역사회, 지역, 국민국가 등) 큰 것이 작은 것을 포섭하는 식으로 다중적으로 겹쳐져 있다고 상상하도록 만든다. 그런데 종종 한 영역적 요소의 '의미'가 다른 영역적 요소의 의미와 갈등적 상황에 놓이면, 우리들은 이들 영역적 요소들을 서로 구별하는 경계가 무엇인지, 그리고 갈등의 상황에서 어떤 영역적 의미가 더 중요한가와 같은 논란에 직면하게 된다. 이와 같이 수직적으로 관계되는 공간들 사이의 은유적 '경계 논란'이 작동하는 방식 또한 근대적 영역의 정치를 구성하는 매우 중요한 한 측면이다.

영역에 대한 실용적 정의들과 영역의 문법

영역을 통해 바라보는 법을 배우기 위한 유용한 연습은 영역의 문법, 즉 '영역'을 중심으로 한 단어들의 꾸러미에 대한 구문론, 의미론, 화용론을 살펴보는 것이다. 물론 영역은 명사이다. 하지만 영역을 단어로만 국한시켜 바라보면 그것의 겉으로 드러나는 '물질적 속성'만을 과도하게 강조하게 되고, 따라서 영역이 여러 다양한 다른 사회적 현상들(특히 영역의 생산과 변형과 관련된 사회적 활동, 실천, 과정들)과 맺는 관계를 무시하게 된다. 문법적 연습은 이러한 일반화된 불균형을 바로잡기 위한 것이다. 하지만 그렇게 하기 전에 영역이란 단어의 어원에 대해 논할 필요가 있다. 영역의 어원에 대한 일반적 설명 중의 하나는 '마을 주위의 땅'이라는 의미의 라틴어 *territorium*과 땅을 의미하는 *terra*에서 기원했다고 보는 것이다. 그러나 윌리엄 코널리William Connolly(1996)는 '영역'의 뿌리에 대해 보다 흥미로운 설명을 제시한다.

> terra는 땅, 지구, 자양분, 생명을 유지시켜주는 물질 등을 의미한다. 따라서 이 단어는 어떤 것을 유지시켜주는 매개체이고 견고하며, 무한정 잔상을 남긴다는 의미를 담고 있다. 하지만 옥스퍼드 영어사전에 따르면, 그 단어의 형태를 고려하면 그것이 겁먹게 하고 위협한다는 의미의 *terrere*에서 유래했다고 유추할 수 있다. 그리고 *territorium*은 '사람들이 접근하지 말도록 경고를 받는 장소'이다. 아마도 이 두 가지 경합의 기원이 오늘날에도 territory라는 단어를 계속적으로 점거하고 있는 것 같다. 어떤 영역을 점거한다는 것은 자양분을 공급받으면서 동시에 폭력을 행사하는 것을 의미한다. 따라서 영역은 폭력에 의해 점유된 땅이다 (p. 144).

이 설명은 영역이 그 단어의 기원에서부터 갈등과 논란을 수반하고 있음을 잘 보여준다.

영역에 대한 첫 번째 근접한 설명은 영역을 ― 그것의 정의에서 종종 나타나는 경우인데, 고립된 것으로 바라보면서 ― 울타리 쳐진 사회적 공간으로 이해하는 것이다. 그리고 이 사회적 공간은 물질적 세계의 확정된 구역에 특정한 종류의 의미를 각인시킨다. 단순하게 이해할 경우에 영역은 '내부'와 '외부'를 차별화하는 표시로 기능한다. 영역이 이러한 의미를 지니는 것은 우선 내부나 외부에 존재하는 것, 혹은 이쪽과 저쪽을 구분하는 경계를 가로지르는 행위가 지니는 현실적 중요성에 기인한다. 여기서 경계는 통행인을 불법침입자로부터, 혹은 외부인을 그곳의 시민으로부터 구분해내는 역할을 한다. 따라서 영역의 기본 요소들은 꽤나 간단한데, 공간, 경계, 어떤 의미, 어떤 상황 등이 해당된다. 그러나 이렇게 말하고 나서 보니, 수없이 많은 변수들이 등장한다. 어떤 영역들은 다소 오랫동안 지속되고, 어떤 것들은 매우 짧은 기간 동안만 유지된다. 어떤 것들은 공식적이고, 어떤 것들은 비공식적이다. 영역적 국민국가와 같은 영역들은 '내부'라는 것에 대해 거의 완전한 준거와 연결성을 가지기를 원하는 반면, 스포츠용품 회사의 영업 구역과 같은 영역은 다소 소수의 사람들에게 제한적인 연관성과 중요성을 지닐 뿐이다. 로마 가톨릭 교회의 소교구–교구–대교구라는 구조는 주교, 사제, 교구 주민들에게는 매우 중요할지 모르지만, 가톨릭 신자가 아닌 사람들에게는 관련성이 거의 없다.

영역의 경계는 담장, 벽, 정문, 문과 같은 물리적 구조로 표현된다. 또는 경계가 '퀘벡에 오신 것을 환영합니다', '관계자 외 출입금지', '남성용', '잔디밭 출입금지' 등과 같은 언어적 기호로 표시되기도 한다. 그러나 이러한 물리적이거나 언어적 표시들이 반드시 필요한 것은 아니다. 사실 비공식적이거나 잠시 동안만 지속되는 영역의 경우에 이러한 것들을 만드는 것이 거의 불가능하거나 혹은 비실용적이다. 여기서 강조하고 싶은 것은 영역과 그 경계는 **의미**를 **지닌다**는 것이다. 그들이 의미를 나타내는 한 그들은 중요성을 지닌다. 특정의 영역이 의미하는 바(영역과 경계를 둘러싼 차이, 한계, 접근, 배제, 경계를 가로지르는 행위의 결과 등이 표시하는 것)는 그 영역을 둘러싼 사회적 관계가 어떠한지에 달려 있다. 예를 들어, 국가 간의 국경선은 부동산 소유권과 관련된 경계선, 혹은 사무실 칸막이 방의 문지방, 영업 구역의 경계 등과는 (비록 이들의 경계가 물리적으로 같은 위치에서 발생한다 하더라도) 전혀 다른 의미를 지닌다. 직장 동료의 사무실에 허가 없이 들어가는 것은 징계사유가 될 수는 있겠지만, 군사적 보복의 근거가 되지는 못한다. 물론 모든 구체적인 경계선들은 고유한 의미들을 지닌다. 시리아와 이스라엘 사이의 국경은 노르웨이와 스웨덴 간의 국경이 지니지 않은 의미를 가지고 있다. 여기서의 초점은 영역이 무엇을 의미하는지, 혹은 영역이 어떻게 의미를 지니는지 논하기에 앞서, 영역은 의미를 지닌다는 사실을 강조할 필요가 있다는 것이다. 따라서 영역이 사물이고 인공물이라는 소리는 영역이 의미를 지닌 사물이고 또한 여러 종류의 의미를 '담지하고' 또 '전달하는' 인공물이라는 의미이다. 즉, 영역은 공간적 실체일 뿐만 아니라 의사전달의 수단이기도 하다.

　영역은 그것이 중국으로 불리든, 아파트 단지의 공용구역으로 불리든, 알바니 교구라 불리든, 울타리 쳐진 의미를 지닌 공간이다. 영역성 territoriality은 영역과 **어떤 다른 사회적 현상들** 간의 관계를 지칭한다. 영역성은 다른 사회적 현상들의 영역적 속성, 조건, 함의들과 관련된다. 따라서 국가 권위의 영역성은 공식적 정치권력의 공간적 속성에 초점을 둔다. 아파르트헤이트apartheid나 여러 현대적 도시 상황에서 표출되는 것과 같은 인종주의의 영역성에 관심을 두게 되면, 영역적 구조가 인종주의가 작동하고 체험되는 방식에 어떻게 구성적으로 관여하는지 파악할 수 있다. 노동과 작업의 영역성을 탐구함을 통해 우리는 영역적 재배치의 수단이 노동을 어떻게 분할하고 통합하는지 파악할 수 있다. 이러한 관계론적relational 견지에서 바라보았을 때, 영역성은 영역을 비활성적인

'사물'로 보기보다는 사회생활의 다양한 차원들의 한 요소로써 보도록 한다. 이는 또한 우리의 관심을 흥미로운 사회적 현상들로 돌릴 수 있게 해준다. 따라서 우리는 (학교, 감옥, 병원과 같은) 기관의 영역성, (기업, 군대, 종교 등과 같은) 조직의 영역성, (아이들의 놀이, 돈세탁, 마약 복용 등과 같은) 활동의 영역성, 그리고 정체성이나 사회적 존재의 영역성을 분석할 수 있다. 더구나, **영역성**이라는 용어는 아이들 놀이에서 나타나는 성화된gendered 영역성, 정치적 대의의 과정에서 나타나는 인종주의적 영역성 등과 같은 보다 구체적인 관계와 과정에 초점을 두도록 수정될 수 있다. 이를 통해 우리는 영역성이 어떻게 이러한 종류의 관계들에 함축되는지를 탐구할 수 있다. 예를 들어, 어떻게 영역이 성별과 나이, 혹은 인종과 정치권력 사이의 상호작용을 매개하는지를 영역성의 개념을 통해 살펴볼 수 있는 것이다.

영역에서 **영역성**으로의 전환이 상이한 관계들을 보다 명확히 보이게 하는 것처럼, 명사에서 영역에서 유래한 여러 가지 동사적 형태로의 전환은 사회적 실천과 과정을 보다 명확하게 보이도록 해준다. 최근 들어 많은 학자들이 세계화의 조건하에서 벌어지는 국가권력의 **탈영역화**deterritorialization와 **재영역화**re-territorialization에 대해 논했다. 여기서 '~화ization'라는 용어 또한 명사이다. 하지만 이는 '**영역화하다**territorialize' 또는 '**세계화하다**globalize'와 같은 과정을 표현하는 동사에서 비롯된 것이다. 다소 다루기 힘들기는 하지만 이러한 동사적 형태의 단어들은 영역성을 활동으로, 그리고 영역을 사회적 실천과 과정의 **산물**로 이해하도록 해준다. 더구나 이들은 (목적어가 필요한) 타동사이기 때문에 단어들이 지칭하는 행위들은 목적을 지니고 있다. 따라서 우리는 19세기 미국에서 짐 크로 법이 등장한 것은 인종을 특정한 방식으로 영역화한 것(또는 보다 정확히 말하면 인종에 기반을 두어 권력을 영역화한 것)이고, 1950년대와 1970년대의 인종차별철폐는 인종에 기반을 둔 권력의 상대적 탈영역화로 이해할 수 있다.

이 동사들은 종종 주체, 즉 타인들과의 관계에서 영역적 실천을 행하는 개인이나 집합적인 주체를 암시하기도 한다. 이러한 행위들은 종종 심사숙고, 의도성, 혹은 전략에 기반을 둔 것이지만, 그러한 의도성이 반드시 필수적이지는 않다. 왜냐하면 영역적 배열의 어떤 방식들은 다른 사회적 힘과 과정들의 의도하지 않고 예측하지 못한 결과이거나 혹은 여러 가지 특정한 영역화 과정들의 집합적 효과일 수 있기 때문이다. 어떤 경우에서든 '영역화한다'는 것은 특정한 맥락에서 영역을 활용한다는 것, 즉 어떤 현상과 실체를 울타리 치고 의미를 지닌 공간에 연결시킨다는 것을 의미한다. 예를 들어, 정치적 대의의 방식은 선거구의 구획을 통해 영역화될 수도 있지만, 비례대표제나 전국구 선거제도를 통해 탈영역화될 수도 있다. 그러나 영역화나 탈영역화의 차이는 단지 정도의 문제일 수도 있다. 왜냐하면 어떤 스케일에서의 탈영역화는 다른 스케일에서의 재영역화를 수반할 수 있기 때문이다. (예를 들어, 지역구에 기반을 둔 정치적 대표의 방식을 전국적 배분을 통한 대표의 방식으로 전환한다 하더라도 국민국가 스케일의 영역적 이해로부터 자유로울 수 없다는 점에서 이것은 여전히 영역적이다.) 이처럼 영역화시키는 실천적 **행위**들을 강조하는 것은 영역을 사회적 활동의 맥락 속에서 이해할 수 있게 해준다. 단지 극소수의 인간 영역들만이 일반적 사회과정과 특정한 사회적 실천의 작동과 상관없이 존재한다고 볼 수 있다. 영역적 국민국가들은 그냥 등장하고 사라지는 것이 아니다. 노동의 지속적인 재영역화는 진화나 계절적 변동과 같은 자연적 과정이 아니다. 만약 영역이 인공물이라면 그것은 특정한 역사적·사회적 조건하에서 생산되는 것이다. 이러한 명백한 사실은 우리의 분석을 '영역' 그 자체에만 국한할 경우 아주 쉽게 모호해진다.

영역을 둘러싼 개념들에 대한 이러한 문법적 탐구는 우리가 다루려는 주제의 복잡성을 이해하는 데 도움을 준다. 여기서 우리가 영역의 주위를 둘러보고, 영역을 통해서 바라보고, 영역을 지나쳐서 바라보려는 시도에서 계속 강조하려는 것은 영역이 인간적 사회존재의 두 가지 근본적 요소(의미와 권력, 그리고 이들 간의 관계가 초래하는 우발적 효과)로부터 분리해서 이해될 수 없다는 것이다. 이에 대해서 그 외에 어떤 것을 이야기하든, 영역은 어떠한 사회 권력의 작동과 필연적으로 관련된다. 물론 권력 그 자체는 꽤나 복잡한 사회적 현상이다(Lukes 1986). 권력은 억압적이고, 강압적이며, 비대칭적이고, 제약적이기도 하지만 해방적이기도 하며, 순종을 강요하기도 하지만 권능을 부여하기도 한다. 권력은 대인관계에서 표시되기도 하고, 매우 로컬하거나 글로벌하게 표시되기도 하며, 비인간적인 방식으로 표시되기도 한다. 권력이 활용되는 근거는 악의적이기도 하고, 이타적이기도 하며, 중립적이기도 하다. 그 것은 모순적이고 갈등을 수반하기도 하지만 협력적일 수도 있다. 요점은 우리가 영역을 **통해서** 바라보게 되면 우리는 사회관계적 권력의 배열을 항상 바라볼 수 있다는 것이다. 영역은 권력, 통제, 자결 혹은 연대의 작동을 촉진시킬 수도 있고 방해할 수도 있다. 영역화는 권력의 표현이고, 또한 권력이 물질세계에서 어떻게 나타나는지를 보여준다. 이처럼 영역이 사회 권력에 대해 지니는 근본적 관계는 영역을 다른 형태의 사회적 공간과 구별 짓는 특징이다. 이 책을 통해서 영역과 권력 간의 불가분적이지만 동시에 복잡하고 역동적인 연결성이 자명하게 보일 것이다.

영역성은 의미를 창조하고 유포하며 해석하는 행위와도 관련된다. 이 장의 후반부에서 이 주제에 대해 다시 언급하겠지만, 여기서는 영역이 항상 의미를 표시한다고 말하는 것으로 충분하다. 물론 '의미' 는 권력만큼이나 복잡한 사회현상이다. 권력, 의미, 공간을 연결해서 이해하는 것은 가장 단순한 영역마저도 복잡성을 지닌다는 것을 이해하게 해준다. 영역이 의미에 대해 가지는 이러한 구성적 관계는 영역을 다른 공간적 형태와 구별 짓는다. 울타리가 쳐져 있다고 해서 모두 영역인 것은 아니다. 울타리 쳐진 공간을 영역으로 만들기 위해서는 첫 번째, 그 공간이 의미를 표시해야 하고, 두 번째, 그 공간이 담지하고 전달하려는 의미가 사회적 권력을 보여주고 암시해야 한다. 그러나 의미와 권력은 서로에게 독립적이지 않다. 공간에 ─ 혹은 공간을 규정하고 그것을 다른 공간과 차별화하는 경계선에 ─ 새겨진 의미를 이해하기 위해서는 먼저 그 의미를 만들어내고 그것을 배정한 권력에 대해 탐구해야 한다. 예를 들어, 출입문 위에 붙은 '백인 외 출입금지' 라는 표시는 매우 명확한 의미를 담지하고, 이러한 의미를 묵살하려는 사람들에게는 중요한 결과가 초래됨을 암시한다. 미국에서 몇 세대 동안 그 표시를 묵살한 사람들은 육체적 고통을 주는 형벌, 수치, 그리고 분노와 같은 결과들을 겪어야 했다. 1950년대와 1960년대에 일어난 민권운동을 이해하는 한 방식은 인종주의적 영역들의 의미뿐만 아니라 사회적 공간과 관계들에 그러한 의미들을 부가한 권위에 대해 도전하기 위해 노력하는 것이다.

영역과 관련된 권력과 의미 사이의 관계를 이해하기 위해서는 영역과 담론 간의 관계를 보다 일반적으로 고찰할 필요가 있다. 이에 대해서는 다음 장에서 주로 다룰 것이다. 여기서는 이런 논의에서의 초점이 어떤 공간에 특정한 영역적 의미를 부여하는 이데올로기적 · 은유적 · 형이상학적 세계관 혹은 가정이 무엇인지, 그리고 이러한 재현이 권력의 작동을 정당화하기 위해서 (혹은 비판하기 위해서) 이용되는 방식에 관한 것이라는 점만 밝히려고 한다. 제3장에서 보다 깊이 논의될 예는 지정학의 담론이다. 이것은 국제관계의 맥락에서 공간과 권력 사이의 관계를 이해하고 논의하는 특정한 방식이다. 이러한 종류의 영역적 모자이크를 특정한 방식으로 의미를 지니게 만드는 것은 이데올로기적–형이상학적 담론의 복합체이다. '국제관계'와 '지정학'이라는 개념이 의미를 가지는 데 있어 중요한 것은 '주권국가'를 마치 통일적이고 자율적인 주체인 것처럼 취급하는 일련의 이미지와 상상적 추정(혹은 의미)이다. 그리고 주권이라는 담론이 의미 있게 되는 것은 국가가 인간적 특성과 권리를 지닐 수 있다는 상상적 이미지에 상당한 정도로 근거한다. 부동산에 대한 자유주의적 형태의 사적소유권이 상식적인 것으로 받아들여지게 만드는 담론들은 그와 비슷한 의미를 사회적 공간에 투영한다. 또한 인종적 종속의 영역화는 백인우월주의와 인종적 순수성에 대한 담론들로부터 분리될 수 없다. 작업장이 영역화되는 방식은 효율성, 자산, 노동, 성 등과 같은 이데올로기로부터 자유로울 수 없다. 제4장에서 우리는 영역성과 이스라엘, 팔레스타인의 민족주의와 시오니즘 담론 사이의 관계에 대해 자세하게 살펴볼 것이다. 여기서 말하고자 하는 바는 어떤 공간의 영역적 과정과 실천의 바다에 놓여있는 정당화(혹은 비판) 담론은, '잔

디에 들어가지 마시오', '관계자 외 출입금지', '퀘벡에 오신 것을 환영
합니다' 그 공간이 명시적으로 천명하는 의사표현만큼이나 중요한 의미
를 지닌다는 것이다. 영역, 영역성, 영역화 등과 관련된 문법적 탐색은
이 주제를 사회적 관계와 과정 속에 위치지우고, 또한 영역을 사회-역
사-정치적 현상의 하나로 이해하도록 하는 데 도움을 준다.

이 간략한 개론서에서 나는 '영역'이 공간-권력-의미(그리고 경험)
의 연계와 배열이라는 것만 말할 수 있다. 반복해서 강조하는 것은 이러
한 공간, 권력, 의미의 수렴과 상호관계가 영역을 고려하지 않고는 이루
어질 수 없고, 또한 사회적 공간 안에서, 그리고 그것을 통해서 이루어지
는 권력과 의미의 작동은 단순히 주어진 것으로 가정할 수도 없으며, 논
외의 것으로 무시하고 넘겨버릴 수도 없다는 점이다. 왜냐하면 영역은 일
반적으로 권력과 의미, 그리고 이들 간의 관계가 확실히 드러나지 않아서 문제
삼을 수 없도록 하는 경향을 지닌 채 작동하기 때문이다. 이런 식으로 영역
은 구체화되고 상대적으로 단순하고 명확한 것으로 구현된다. 그리고
영역은 우리의 사고를 지배하여, 권력과 의미, 이데올로기와 정당성, 권
위와 의무, 그리고 어떻게 경험의 세계가 지속적으로 창조되고 재창조
되는지에 대한 질문들을 봉쇄하거나 모호하게 만든다.

영역은 무엇을 위한 것인가?

영역에 대해 일반적으로 주어지는 질문들은 다음과 같다. 영역은 무엇
을 위한 것인가? 영역의 기능은 무엇인가? 영역은 무엇을 하는가? 이러
한 질문들에 대한 통상적인 대답은 인간의 영역성은 자연스러운 것이

고, 생물적 요구에 의해 발생한다는 가정에 기반을 두고 있다. 이러한 관점에 따르면 파랑새나 말벌이나 인간들에 의해 표출되는 영역성 사이에는 차이점보다는 유사성이 훨씬 많다는 것이다. 이는 성행위의 기능이 종에 따라 다르다 할지라도 기본적으로 재생산과 유전적 전달인 것처럼, 영역성도 단순히 기본적이고 보편적인 필요를 충족시키기 위한 것이라는 주장이다. 종종 그 필요라는 것은 자원에 대한 접근을 통제하는 것인데, 여기서 자원은 도토리일 수도 있고, 둥지를 만들기 위한 자리일 수도 있으며, 유전일 수도 있고, 짝짓기 상대일 수도 있다. 영역에 대한 이러한 기능주의적 견해에 입각해서 영역을 필요로 하는 또 다른 이유로 지배(생식적인 필요에서나 다른 필요에 의해)나 자기보전 같은 것을 제시할 수도 있다. 그러나 우리의 관점에서 이러한 접근은 별로 도움이 안 되는데, 이는 이러한 사고방식이 (영역에 대해 우리들이 지니는) 엄청 다양한 현상과 경험들을 매우 제한된 몇 개의 단언된 기능들로 축소시키기 때문이다. 이를 통해 이 접근은 의미와 권력에 대한 중심적 질문들을 주변화시킨다. 또한 영역성에 대한 이러한 과도한 일반화의 태도는 역사적으로, 그리고 여러 문화를 가로질러 보았을 때, 영역성이 보여주었던, 특히나 근대성이라는 조건하에서 보여주었던, 매우 다양한 형태들을 설명하기에 많은 어려움을 지닌다. 영역은 인간의 문화적 보편성 중 하나이지만, 성, 노동, 가족, 음악과 같은 인간의 다른 보편성과 마찬가지로 상이한 문화적 질서와 역사적 시기에 영역이 보여주는 형태는 어마어마하게 다양하다.

　이와는 다르지만, 그래도 어느 정도 기능주의적 성향을 지닌 설명방식이 있는데, 이것은 인간의 영역성이 비인간적인 발현물과는 근본적으로 다르다는 것을 받아들인다. 영역은 단순히 그 자체의 논리에 따라 사물들을 공간상에 분류하는 역할만을 하는 것이 아니라, 항상 다른 어떤 목적을 위한 수단으로서의 역할을 하기도 한다. 그리고 이 목적들은 결코 보편적인 필요에 국한되지 않는다. 영역은 어떤 문제에 대한 해결책으로 기능할 수 있고, 일종의 전략으로 사용될 수도 있다. 영역은 항상 어떤 종류의 의미를 전달하고 본질적으로 분류를 하는 역할을 하기 때문에 정체성과 차이를 구체화하는 기능을 가질 수도 있다. 그리고 영역은 타자들의 접근을 제한하거나 배제함으로써 무엇이 '내부자'인지를 통제하는 수단이 되기도 한다. 다른 통제의 수단들과 비교해보았을 때, 영역은 명확함과 단순함, 확실함과 예측 가능성, 그리고 평화, 안정, 질서, 더 나아가 효율성과 진보를 증진시키는 데 도움이 되기도 한다. 이 주제들의 일부는 제3장에서 좀 더 깊이 다룰 것이다.

영역의 기능적 장점을 고려하는 것이 유용하기는 하지만 권력이 지닌 역동성을 좀 더 민감하게 바라보게 되면 상황이 그렇게 단순하지는 않다. 사회적 실재의 몇몇 측면들은 영역화를 통해, 오히려 비효율성을 늘리고, 분노를 야기하며, 의존과 복종의 경향을 만들어내기도 한다. 보다 일반적으로 보아, 많은 경우에 영역의 가장 확실한 효과는 분할하여 지배하고, 제한하여 움직임을 약화시키고, 배제하고, 의존성을 만들고, 권력을 약화시키고, 해체하여 개별화시키는 과정을 통해 타자들을 무력화시키는 것이다. 따라서 다음과 같은 결론에 도달할 수 있다. 많은 경우에 영역의 기능은 그 자체의 논리에 의해서이거나, 혹은 갈등과 억압을 통해 더 많은 이익을 얻는 사람들을 위해, 갈등을 조장하거나 권력의 비대칭성을 증진시키는 것이다. 인종차별주의가 과도하게 영역화되면 ─ 물론 그러한 영역화가 토지, 노동과 같은 자원의 통제라는 측면에서 타당한 이유를 가지지 않는 것은 아니지만 — 정체성의 차별화된 상황을 강화시켜서 '인종'이라는 범주가 훨씬 구체적으로 표현될 수 있게 해준다. 짐 크로 법이나 아파르트헤이트의 공간적 체계에서 '백인'으로 존재하는 것은 '백인 외 출입금지'라고 주장할 수 있으며, 이러한 통제가 국가의 폭력에 의해 뒷받침된다고 믿을 수 있는 권력을 가진다는 것을 의미한다. 따라서 영역화의 긍정적 효과만을 강조하는 기능주의적 견해들은 영역이 지닌 가장 중요한 효과들의 일부를 (특히, 부정적인 결과들을) 모호하게 만든다.

따라서 영역 그 자체에 대해 기능적으로 접근하는 것은 여러 어려움을 가지고 있다. 아마도 기능적 접근으로 그나마 의미 있게 할 수 있는 일은 특정의 관점에 입각해서 특정 유형의 영역성이 지닌 기능들(혹은 여러 가지 효과들)을 평가하는 것에 불과할 것이다. 그러나 영역을 둘러싼 누적적 효과, 혹은 영역이 담당하는 많은 일들은 어느 특정 행위자에 의해 의도된 것은 아닐 것이다. 어떤 특정의 관점에서 '기능적'으로 보이는 것이 다른 관점에서는 제대로 기능하지 않거나, 혹은 오히려 의도했던 바와는 다른 부정적인 결과를 초래할 수도 있다. 또한, 국민국가와 같은 형태의 영역은 지나치게 전면적인 지배력을 갖기를 원하기 때문에, 그 영역의 기능으로 상정된 것들은 지나치게 추상 수준이 높은 경향이 있고 그로 인해 큰 의미를 가지지 못하는 경우가 많다. 이 주제에 대해서는 제3장에서 좀 더 다루겠지만, 여기서는 효과와 결과의 측면에서 영역을 논하는 것은 — 그러한 효과와 결과들이 의도한 것이든 전략적인 것이든 상관없이 — 영역에 대한 여러 전통적 관점들이 차단해버렸던 의문들을 개방시키는 효과를 만들어낼 수 있다고 언급하는 것만으로 충분할 것이다.

영역의 주위에서 둘러보고, 영역을 통해서 바라보기

영역과 근대성

이제까지 나는 역사적이고 문화적인 맥락에 대한 고려를 거의 하지 않은 채 다소 일반적인 관점에서 영역에 대해 논의했다. 그러나 영역을 통해서 바라본다는 것은 영역의 표출을 역사적 구체성 속에서 이해해야 함을 의미한다. 여기서 유용한 것은 근대성과 전근대성(혹은 탈근대성) 사이에 나타나는 일단의 차이를 이해하는 것이다. 물론 근대성을 '근대적'이게 만드는 차이가 무엇인지를 둘러싼 논쟁이 있기 때문에, 이러한 논의는 또 다른 층위의 복잡성을 던져줄 것이다(Bauman 2004). 그러나 이렇게 추가된 복잡성이 우리의 삶이 펼쳐져 있는 영역적 배열을 통해, 그리고 그것을 지나쳐서, 세상을 바라보는 데 도움을 줄 수 있다면 생산적인 것이다. 첫 번째 사항으로 우리는 근대성과 전근대성의 구분이 보통은 시간적인 측면에서 취급된다는 사실에 대해 고민할 필요가 있다. 전근대적인 것은 일반적으로 현대 시기 이전의 것으로 이해된다. 반면에 근대는 일종의 지속되는, 그리고 지속적으로 변화하는 '현재'를 의미한다. 따라서 전근대적인 것들이 고립된 섬들 속에 계속 존재하고 있을 수도 있지만, 궁극적으로 그런 전근대의 잔재들은 그 수가 점차 줄어들고, 그 중요성도 축소되고 있다고 사람들은 통상적으로 이야기한다. 이러한 전근대성에 반해, 근대성은 피할 수 없는 미래인 것처럼 보인다. 하지만 이러한 이해방식에서 종종 무시되는 것은 '전근대적' 문화가 지니는 급진적 이질성이다. 어떤 것들을 전근대적인 것으로 만드는 것은 그것들이 근대적인 것이 아니라는 이유밖에 없다. 즉, 전근대적이라 불리는 것들이 공유하는 것은 그들이 근대적이지 않다는 것뿐이다. 하지만 우리가 만약 근대성을 시간적인 조건이나 계기가 아니라 특정한 종류의 문화적 형태라고 본다면, 우리는 매우 근대적인 것으로 보이는 영역을 다른 관점에서 이해할 수 있을 것이다.

　우리의 삶에 엄청난 영향을 주는 근대성이라는 문화적 형태와 행위를 이해하고, 나아가 그것들을 통해서, 그리고 그것들을 지나쳐서 바라보는 법을 배우기 위해, '근대성' 이란 것이 여기서는 특정한 삶의 방식(특정한 '인식의 체계episteme' 혹은 어떤 문화적으로 독특한 사고, 느낌, 그리고 존재의 양식)을 — 특히 기원 후 두 번째 1,000년의 중간쯤에 위치한 세기에 서부 유럽에서 다소 국지적인 차원의 문화적 변형으로 등장하기 시작한 바로 그 삶의 양식을 — 의미하는 것이라고 상정해보자. 그리고 이러한 국지적인 삶의 양식은 제국주의, 식민주의, 전 세계적인 자본주의, 그리고 식자문화의 보편화와 같은 복잡한 과정을 통해, 20세기의 중반부에 지구 전체를 불균등하지만 완전하게 아우르게 되었다. 이러한 과정은 국가들(그리고 그와 관련된 관료제적 국가 실천들)의 국제적 체계가 등장하고 지구적으로 확산되는 과정, 자유주의적 정치 철학, 그리고 이러한 자유주의에 대항하여 등장한 여러 다양한 철학과 이데올로기들과 많은 관련이 있다. 또한, 이러한 근대화의 과정은 독특한 근대적 유형의 자아(개인), 지구적인 생산, 유통, 소비의 시스템으로 자리 잡은 자본주의, 그리고 자연과학에 매우 크게 영향을 받은 지식생산의 방

식 등과도 관련된다. 근대성이라는 이러한 독특한 복합적 문화구성체가
지닌 또 다른 특성은 정보통신, 교통, 경제적 생산, 소비, 전쟁 등과 관련
된 급속하면서도 지속적인 기술적 변화이다.

'근대화'라는 주제에 대해 지난 수십 년 동안 엄청나게 많은 학문적
연구와 논쟁이 있었다(Deutsch et al. 2002; Latham 2000). 20세기의
상당한 기간 동안에, 그리고 21세기로 넘어와서도, 이러한 학문적 연구
와 논쟁의 핵심은 근대화의 과정과 이와 관련된 '발전'과 같은 개념에 관
한 것이었다. 그리고 발전은 흔히들 식민지의 경험을 가졌던 지역의, 혹
은 흔히 '제3세계'라 불리는 곳의, 사람과 문화가 이미 산업화(혹은 '선
진화')된 서구를 따라잡을 수 있는 역사적 과정으로 이해되어왔다. 근대
화는 영역성과 관련하여 엄청난 영향을 미쳐왔다. 가장 일반적인 수준
에서 보면 근대화는 정치적 정체성과 권위의 유일하고 정당한 표현이라
고 할 수 있는 영역적인 국민국가의 급증과 확산을 가져왔다. 또한, 자본
주의적 정치-경제 구조의 침투와 사적 소유권 체제의 확립과 관련된 토
지 소유의 자유화는 일상적 경험세계의 상당 부분을 재영역화하는 결과
를 초래했다. 일반적으로 널리 받아들여지는 한 견해에 따르면, 전근대
적이거나 비근대적인 세계가 근대화하려면 서구와 비슷하게 변해야 했
다. 이는 다른 무엇보다도 주권 및 부동산과 관련하여 영역화라고 하는
독특한 근대적 형태에 참여하거나 묵인해야 함을 의미한다. 이는 주권
적 공간(일차적으로는 식민지 국가, 그리고 나서는 후기식민지 국가)의
수립, 그리고 (이러한 주권적 국가들의 억압적 기관들에 의해 강요된) 토
지권에 대한 시장친화적 시스템의 확립 이상을 의미한다. 이는 또한 전
근대적 자아와는 매우 다른 근대적 유형의 자아가 등장하기 쉽도록 하

는 사회적 재영역화와 관련되기도 한다. 이것은 공동체적이고 종족적인 소속에 상대적으로 덜 지장을 받는다고 알려진 (근대적) 자아이다 (Giddens 1991; Taylor 1989). 예를 들어, 미국의 원주민과 관련된 인종의 영역화에 대한 가장 중요한 에피소드 중의 하나는 토지배분 정책이었다(Greenwald 2002; Royster 1995). 이 정책은 원주민('부족')을 위해 따로 떼어놓았던 토지를 개별적 소구역으로 쪼개어 남성이 가장인 가족들로 배분하는 프로그램이었다. 이 정책의 공식적 목적은 원주민들이 주변의 백인 공동체가 지닌 준거와 관습을 받아들이게 하여, 그들을 지배 문화에 보다 쉽게 동화되는 근대적 개인으로 바꾸는 것이었다. 그리고 원주민들만이 지닌 특이성은 사라질 것이라 기대되었다. 즉, 시간이 지나서 원주민들의 문화가 약화되면 원주민들이 지닌 주권의 영역적 표현이라 할 수 있는 원주민 보호구역이 사라질 것이라는 나름의 공인된 기대가 있었던 것이다(McDonnell 1991).

일반적으로 보았을 때, 근대적 자아라는 개념은 선택의 폭이 아주 제한적인 자유를 열망하고 그것에 의해 번창하는 매우 개인주의적이고 원자화된 자아를 의미한다. 전형적인 이해방식에 따르면, 이러한 자유주의적이고 근대적인 자아는 권리를 담지한rights-bearing 개인으로서, 이들 삶의 경험은 '지위'보다는 '계약'에 의해, 그리고 물려받은 위계보다는 선택에 의해 형성되는 것으로 이해된다. 영역과 개인주의(혹은 개인화라는 역사적 과정) 사이에 나타나는 관계는 사적 소유의 부동산이 지닌 효과에 국한되지 않고, 사생활, 시민권, 시민적 자유, 보다 크게는 인권이라는 개념이 공간적으로 표현되는 방식에서도 명백히 드러난다. 이와 관련하여, 일단 겉으로 보기에 명백한 진실로 받아들여지는 인체의 불가침성을 근대적 자아의 핵심적 영역성이라 생각하고, 이런 식으로 전제된 불가침성이 침해되었을 경우에 수반되는 고통을 고려해보자. 그리고 근대적 영역성이 전 세계를 관통하면서 발명되었다는 사실은 상대적으로 근대적 자아가 (확고하거나 안정적이지 않고) 상대적으로 이동성이 높은 자아라는 함의를 지닌다.

최근 들어 근대화라는 개념에 비판적이지는 않지만 최소한 그 개념에 (이전과는) 상이한 특성과 가치를 부여하려는 사람들이 근대성이란 주제를 많이 논의해왔다. 몇몇 학자들은 해방적인 탈근대 시대의 도래를 열정적으로 기대하기도 하지만 어떤 사람들은 근대성이 몰락하고 있다는 상상 속에서, 근대성의 진보적 발전을 촉진시켰다고 평가받는 계몽적 이상이 사람들에게 외면당하는 상황을 두려움과 공포 속에서 논하기도 한다. 근대성에 대한 이러한 관점에 따르면 근대성의 몰락과 계몽적 이상에 대한 외면은 필연적으로 전근대적 어둠과 혼돈, 자유의 부재 상태라는 퇴보로 이어질 것이다. 근대성이라는 주제는 우리가 추구하는 큰 목적을 달성하는 데 있어 중요한데, 이는 근대성(그리고 그것이 유발한 반근대적 흐름들)과 관련한 독특한 이데올로기, 담론, 실천, 과정들이 (오늘날 지구상에 살고 있는 거의 모든 사람들의 인간적 경험의 수준에서) 역사적으로 전례가 없었던 사회생활의 변화를 초래하였기 때문이다. 근대성이 지니는 역사적 우발성을 인식하게 되면, 영역성의 근대적 형태와 실천의 우발성을 이해하는 데 필요한 중요한 질문들을 할 수 있게 된다.

어떤 이는 근대성의 **영역**territories of modernity과 — 즉, 근대성의 모든 요소들이 표현되는 여러 가지 참신한 영역적 형태들 — **근대적 영역성**modern territoriality을 구분하기도 한다. 근대성의 영역이란 예를 들자면 최첨단시설을 갖춘 감방, 난민수용소, 공장, 공항탑승구의 대기실, 이동식 차량용 주차장 등과 같은 곳이다. 근대적 영역성은 근대적 세계의 사고와 행동 방식에서 도출되는 영역적 과정과 실천을 지칭한다. 아마도 이에 대한 가장 명확한 예는 지구 전체가 상호배타적이고 주권을 지닌 것으로 추정되는 ― 그리고 '국제적인 것the international'을 구성하는 기본 단위인 것으로 추정되는 ― 것으로 쪼개져서 분할되어 있다는 사고방식이다. 근대적 영역성은 자아, 사회, 지식, 권력과 같은 개념들과 이것들 간의 모순적이지만 불확정적인 관계를 반영하고, 동시에 그것들을 강화시켜준다. 새로운 것의 지속적인 생산이라는 차원에서 근대성과 근대적 영역성을 바라보게 되면 기존에 존재하던 영역적 배열과 새롭게 만들어져가는 영역적 배열의 역사성을 이해하는 데 도움이 된다. (사실 영역은 근대성의 조건하에서만 '생성되는becoming' 것으로 인식될 수 있다.) 돌이켜보면, 우리는 다양한 분석의 스케일에서 이러한 논의들을 추적해볼 수 있다. 예를 들어 '발견', 정복, 식민화라는 지구적 과정은 땅 위의 상이한 위치에서 다른 방식으로 펼쳐졌다. 17세기 북미, 19세기 동남아시아, 21세기 아마존의 사람과 장소들은 모두 유럽 중심적 혹은 유럽에서 기원한 식민주의의 파괴적 힘에 시달렸고, 크게 보아 비슷한 방식으로 영역화되었다. 하지만 이데올로기, 기술, 지구적 맥락, 권력의 비대칭성, 저항의 형태 등에 있어서 이들 사이에는 놀라울 정도의 차이가 존재하기도 한다. '근대성'은 결코 모든 사물과 현상을 다 손쉽게 설명할 수 있는 개념은 아니다. 다양한 조건하에서 영역성이 어떻게 펼쳐지는지는 단순히 근대성 개념만을 가지고 설명하기에는 너무 복잡하다.

주권의 가장자리 : 캐나다(퀘벡)와 미국(버몬트)의 국경

행정구역의 가장자리 : 매사추세츠 주와 뉴욕 주의 경계

지방정부의 가장자리 : 뉴욕의 샌드레이크 타운

출입 조건 : 뉴욕 워터블리트에 있는 미국 연방정부 무기고

'개 따위엔 신경 쓰지 마세요' : 캘리포니아 산타바바라에 있는 개인 소유 주거지

작업장의 영역성

영역과 이동성

영역과 근대성 간의 관계에 더 큰 관심을 기울이게 되면 영역적 배치가 이루어지는 과정의 역동성을 — 특히 영역적 배치 과정의 역사성과 불균등하지만 지속적으로 이루어지는 영역적 재배치의 경향에 대해 — 좀 더 잘 이해할 수 있다. 이와 밀접히 연결된 또 다른 주제는 영역과 다양한 형태의 이동성 사이의 관계에 대한 것이다. 부연하면, 영역적 복합체 그 자체가 말 그대로 '움직이고' 있고, 근대적 영역이 '작동(또는 기능)하는' 방식은 대부분 영역적 공간을 규정하는 경계를 가로질러 일어나는 운동과의 관계 속에서 이루어진다. 비록 영역을 표시하는 지도가 지난 수백 년 동안 변하지 않고 그대로라고 하더라도, 그 기간 동안에 일어난 정보통신, 교통, 국가 행위에서의 엄청난 변화는 경계뿐만 아니라 영역 그 자체의 실천적 중요성을 변화시켜왔다. 영역성을 비롯하여 영역화가 실현되는 방식, 그리고 영역화가 일어나는 과정 또한 극적으로 변화했다. 이와 관련한 쉬운 예로 여권과 항공여행의 역사에 대해 생각해볼 수 있다(Torpey 2000). 영역을 공간적 범주화를 위한 고정된 용기로 단순히 이해해서는 안 된다. 영역적 생활은 이러한 (영역이라는) 의미를 지닌 공간의 안으로 향하거나 혹은 그러한 공간에서 밖으로 나오는 교차지점을 중심으로 이해할 필요가 있다. 이는 국가의 가장자리나 혹은 국제항공 이동과 관련하여 나타나는 분산된 '경계'와 같은 국제적 경계를 생각하면 보다 쉽게 이해할 수 있다. 이러한 장소에서는 움직이는 사람들이 영역적 활동, 지위, 의도 등에 따라 상이한 범주로 유형화될 수 있다. 이민자, '이주노동자', 여행객, 외국인 전문가, 인도주의단체의 활동가, 외교관, 군인, 밀수꾼, 사업가, 강제추방자, 난민, 순회공연 음악가, 운동

선수 등을 비롯하여, 수백만 명에 이르는 접경지역의 거주자들이 여권, 비자, 취업서류, 출생증명 등과 같은 근대적 의미의 영역적 서류들을 가지고 (혹은 가지지 않은 채) 국경을 넘어가고 넘어온다. 이처럼 멈추지 않는 움직임 속에서 영역성이 가장 활발하게 나타난다. 서류들을 검사하고, 뇌물을 쓰고 관세를 지불하며, 밀수품을 찾아내고, 군대를 이동시키며, 이방인을 이동할 수 없게 만드는 과정 속에서 영역은 삶의 구조 속에 각인된다.

사람들만 이동하는 것은 아니다. 국제 '무역'이라는 개념 그 자체는 (국내적 '교환'에 대비하여) 국경이라는 경계를 가로지르는 것을 전제로 한다. 상업화된 물자들과 (미사일부터 패스트푸드점의 해피밀 장난감, 열대견목과 장미, 헤로인과 골동품 등에 이르기까지의 모든 것과 관련된) 여러 부분으로 나뉘어 분할된 상품체인들이 끊임없이 경계를 가로지르는 순환의 과정 속에 놓여 있다. 사람, 물자, 자본, 이미지, 사고의 순환이 급속히 증가하게 되면서, 국경의 침투성이 증가하고 있으며, 국민국가가 탈영역화되고, 주권이 '침식'된다는 주장이 등장하고 있다 (Cusimano 2000; Hudson 1999). 제2장에서 이러한 주장에 대해 보다 깊이 다루겠지만, 요점은 우리가 현대적 영역을 단순히 고정된 박스로 보지 말고 움직임과 흐름 속에서 바라보면, 그것을 보다 완전히 이해할 수 있다는 것이다.

그리고 이는 국제적 영역화의 맥락에서만 그러한 것은 아니다. 근대성 그 자체는 이동성, 움직임, 순환에 의해 다른 사회적 형태와 구분된다. 주거지 변화로 인해 국가 내부에서 일어나는 도시 간의 인구 이동, 그리고 사람들의 일상생활이 다수의 정치적 행정단위들 사이에서 나누어서 이루어지도록 만드는 일/가정/소비의 (공간적) 분할과 같은 상황으로 인해, (현대의) 사람들이 영역에 대해 지니는 관계는 과거의 덜 복잡하고, 덜 분할된 영역적 구조 내에서 삶을 영위하던 사람들이 영역에 대해 지니는 관계와는 매우 다른 특성을 지닌다. 사회적 분화, 영역적 파편화, 기술적 변화가 결합되면서 '초이동성hyper-mobility'의 양식이 등장하게 되었고, 이는 영역에 대해 근본적으로 상이한 관계를 초래했다. 많은 경우에 사람들은 그들의 매일 혹은 매주 삶의 순간들이 펼쳐지는 여러 영역적 단위들 중 극히 일부에서만 투표할 권리를 지닌다. 그런데 문제는 이런 권리가 인정되는 영역들이(그들의 삶을 결정하는 데 있어) 가장 중요한 곳이 아닐 수 있다는 것이다. 예를 들어, 수백만 명의 미국인들이 사는 주와 일하는 주가 서로 다르며, 많은 소도시들에서는 그곳에 사는 사람보다 그곳에서 일하고 쇼핑하는 사람들이 훨씬 더 많다. 이와 동시에 지역 차원에서 형성된 영역적 행정조직들은 그 경계 내에서 일어나는 것들에 대해 권위와 통제를 행사하기가 점점 어려워지는 것을 경험하고 있다. 고속도로가 가로지르는 시골의 소도시와 카운티 같은 경우, 그곳에 사는 사람보다 훨씬 더 많은 사람들이 그 장소의 위치도 모른 채 그 '안'을 오간다.

영역과 해석

앞에서 이야기했듯이, 영역성은 필연적으로 울타리 쳐진 공간, 가장자리, 경계, 그리고 경계선을 가로지르는 행위 등에 (다양한 종류의) 의미를 부여하게 된다. 이런 의미는 많은 경우 명백하게 표시할 필요없이 암묵적으로 전제되기도 한다. 우리는 아파트 출입문에 '출입금지'라는 표시를 해놓을 필요는 없는데, 이는 낯선 사람들은 — 혹은 아는 사람이라 하더라도 대부분의 경우는 — 초대받지 않은 채로는 들어오지 않을 것이라는 합리적 기대를 가지고 있기 때문이다. 개인 간 관계의 차원에서 [사회학자나 환경심리학자들의 감각에 따른(제2장 참조)] 영역의 의미는 대화를 통하거나, 혹은 신체적 자세에 의해 의사소통이 가능할 수 있다. 그러나 여러 다양한 형태로 나타나는 근대적 영역의 의미는 여전히 텍스트에 기반을 두고 있는 경우가 많다. 식자문화와 법률문화로 대표되는 근대문화는 많은 경우 '신호체계'의 문화이다. 일반적 경험에 의해 잘 확인되듯이, 사람들이 마주치는 비상업적인 신호의 상당수가 영역적 표시이다. 다음과 같은 신호는 우리들의 사회—문화적 환경을 구성하는 셀 수 없을 정도로 많은 공간에서 우리가 무엇을 할 수 있고, 해야 하고, 혹은 해서는 안 되는지에 대한 권위 있는 지시를 전달한다.

무단출입금지(No Trespassing)

주차견인지역(Tow-Away Zone)

머드빌로 진입 중(Entering Mudville) : 판매인 허가 필요(Vendor's License Required)

스쿨존(School Zone) : 담배 관련 제품 사용 금지(Use of Tabacco Products Prohibited)

셔츠와 신발 미착용 시 서비스를 받을 수 없음(No Shirt, No Shoes, No Service)

때로는 이러한 신호들을 무시했을 경우에 발생하는 결과에 대해('50달러 벌금부과'와 같이) 명시해놓기도 한다. 그리고 어떤 경우에는 이러한 지시의 공식적 허가가 어디에 기인했는지가('매사추세츠 주 일반법, 256조, 120항' 과 같이) 밝혀지기도 한다. 무엇이 이보다 더 분명할 수 있을까? '접근금지' 는 접근하게 되면 유쾌하지 않은 결과를 겪게 될 것이라는 것을 의미한다. '관계자 외 출입금지' 라는 표시는 당신이 '관계자' 가 아닐 경우에는 그 경계선을 넘어서는 안 된다고 알려준다. '백인 외 출입금지' 나 '미국으로 진입 중' 이라는 신호의 의미와 실천적 중요성은 전혀 불가사의한 것이 아니다. 만약 영역의 기능이라 단정된 것 중 하나가 공간의 사회적 의미를 명확하게 하고 단순하게 하는 것이라면, 이러한 예들은 이에 꼭 들어맞는 것이다.

　근대적 영역과 관련된 의미들 중 상당수가 다른 텍스트들을 근거로 해석되기도 한다. 영역에 대한 많은 의미들이 여러 종류의 법률문서에 기반하고 있고, 따라서 이러한 의미들은 궁극적으로는 **법률적** 텍스트가 해석되는 데 기반이 되는 여러 상이한 법칙들을 참조하게 된다. 또한, 이는 법률적 텍스트이기 때문에 국가와 국가가 지닌 강압적 능력에 의지하게 된다. 영역의, 혹은 특정한 영역들이 지닌 의미는 조약, 국제협약, 헌법, 법령, 규제, 조례, 계약, 증서, 작업규칙과 그 외에 수없이 많은 다른 텍스트에 기초를 두고 있다. 어떤 영역이든 그것이 지닌 의미의 일부를 이러한 종류의 텍스트에서 뽑아낼 수 있다. 보다 정확히 말하면 어떤 특정한 근대적 영역 혹은 영역적 복합체가 지닌 의미는 다수의 텍스트에서 기인한 것일 수 있다. 20세기 중반에 미국에서는 백인 부동산 소유자들이 사적인 계약을 이용하여 인종적으로 배타적인 구역을 만드는 것이 일반적이었다. 이 과정에 참여하는 사람들은 그들의 부동산을 특정한 기간 동안 — 일반적으로 25년에서 50년 동안 — '검둥이' 에게는 임대하거나 팔지 않는 데 동의했다(Delaney 1998). 이러한 배제의 (그리고 축출의) 영역들은 각 부동산 소유자에게 그 영역에 있는 다른 부동산에 대한 '권리'를 부여했다. 이러한 인종차별적인 공간에 도전하거나 혹은 그것을 지키기 위해 수십 건의 법률 송사가 벌어졌다. 이 과정에서 영역에 법률적 의미를 부여한 이전의 사건, 서류, 헌법조항, 정책설명문 등을 둘러싸고 서로 상반되는 해석이 제시되기도 했다. 이런 대립되는 해석들 중에서 승리한(물론 대부분 백인 판사들 사이에서 벌어진 논란이지만) 것이 무엇인지에 따라 영역은 해석적 차원에서 재강화되거나, 변형되었고, 혹은 사라지기도 했다. 미국에서는 부동산법, 환경법, 수색과 압수에 관한 법, 인디언에 대한 법, 범죄자에 대한 법, 망명에 대한 법, 감옥에 대한 법 등이 영역을 해석하는 데 매일 셀 수도 없이 많이 인용된다. 다른 국민국가들도 영역이 해석되는 데 영향을 주는 비슷한 제도와 실천적 맥락을 지닌다. 이처럼 겉보기에 단순한 영역이라도 극도로 복잡하게 얽혀 있는 텍스트 기반의 의미들이 공간적으로 드러난 것이다. 이러한 복잡성 때문에 전달하려는 의미가 가장 명확하게 보이는 영역마저도 다양한 해석과 재해석의 가능성에 열려 있을 수 있다. 즉, 영역이 전달하는 의미는 '독해' 되어야 된다. 보다 중요한 것은 여러 근대사회적 맥락에서 영역에 각인되어 있는 의미들을 전략적으로 재해석하거나 재독해하는 것이 권력의 작동을 재구조화하기 위해 매우 중요한 전략이라는 점이다. 이 장의 앞부분에서 올리버 사건에 대해 언급하였는데, 여기서 미국연방대법원의 다수 판사들은 경찰의 영장 없는 수색에 권한을 부여하기 위해 개인 소유 부동산의 고립된 지역을 'open field'로 재해석했다. 이 사례는 '법질서' 옹호자와 시민적 자유주의자

사이의 투쟁에 기인하는 것으로 이해할 수 있다. 법원의 판결 때문에 사생활의 영역성은 약화된 반면 치안유지의 공간적 범위는 확대되었다. (올리버 사건에서) 해당 부동산의 소유자가 구속되어야 하는지 아닌지를 결정한 것은 (이러한 투쟁의 과정에서 발생한) 권력의 재분배였다.

　법률적 텍스트와 의미에 기댄다는 것은 문제가 되는 공간을 특정한 권력의 형태(특히, 국가와의 관련 속에서 제도화되어 영역적 형태를 띠는 권력)와 연결시키는 것을 의미한다. 근대적 사회생활이 이루어지는 수많은 텍스트화된 영역들은 — 예를 들어, 지구상의 절반을 차지하는 자유무역지대에서부터 국립공원의 캠핑장, 차량견인지역에 이르기까지 — 직접적으로 국가 행위자에 의해 만들어진다. 다른 많은 영역들은 — 특히, 개인 소유 부동산이 지니는 특권에 뿌리를 둔 영역들은 — 비록 그것이 부동산 소유자나 관리인과 같이 '사적'인 것으로 추정되는 행위자들에 의해 만들어진 것이기는 하지만 국가 행위자들에 의해 권한이 부여되고, 승인되며, 집행되어야 한다. 따라서 '무단침입금지'라는 표시는 단순히 출입을 금한다는 말보다 훨씬 더 큰 의미를 지닌다. 이는 누군가가 그 메시지를 따르지 않으면 그 영역의 소유자나 관리자가 국가 폭력에 대한 자신의 접근권을 이용하여 원하지 않는 누군가를 그 영역으로부터 배제하려는 자신의 요구를 실행할 것임을 필연적으로 암시한다. 이와 같이 거의 모든 근대적 영역은 어떤 식으로든 복잡한 권력관계와 연루되어 있다. 그런데 이 권력관계는 (지역, 광역, 국가적 차원에서의) 근대 관료적 국가와 관련되어 있거나, 혹은 어느 순간에는 관련될 수 있다고 재해석할 수 있다. 그리고 거의 모든 영역은 그것을 '의미 있게' 만드는 수많은 법률적 텍스트들이 교차하는 지점에서 어떤 위치를 차지하고 있다. 따라서 어떤 근대적 영역이든 해석이 가능하고, 매우 다양한 해석에 잠재적으로 개방되어 있다. 물론 이 모든 해석들이 권위를 부여받은 해석자들에게 똑같이 타당하고 용인될 수 있는 것은 아니다. 하지만 이 또한 권력의 배분이 어떻게 되느냐에 따라 결정되는 문제이다.

영역과 수직성

충분한 관심을 받지는 못하지만 영역의 복잡성을 보다 뚜렷하게 보여주는 영역의 마지막 한 차원이 '수직성'이다. 영역은 2차원의 울타리 쳐진 공간, 그리고 비슷한 성질을 지닌 공간(예를 들어, 국가의 국제적 체계, 국지적인 부동산 보유의 패턴, 작업장 내부의 구획화 등을 구성하는 기본적 공간단위)들이 구성하는 모자이크에서 보이는 것처럼 '수평적으로'만 주로 다루어졌다. 이러한 맥락에서 보면, 영역은 국내/국외, 민간/공공, 허용/금지, 우리/그들, 나의 것/남의 것 등과 같은 상호배제적인 '내부'와 '외부'를 구분하는 방식만 주로 관련되는 것으로 이해된다. 하지만 영역의 해석 가능성에 대한 앞의 논의에서 제시되었듯이, 국가주권의 포괄적인 글로벌 체제(그리고 토지 소유와 부동산의 시스템)를 특징으로 하는 근대적 사회질서에서 모든 물리적 위치는 — 예를 들어, 당신이 이 단어들을 읽을 때 앉아 있는 곳 또한 — 다중적이고, 중첩되는 영역들과 영역적 배열의 조밀한 매트릭스 내에 자리 잡고 있다. 이들 각 영역의 의미(그리고 이들 의미가 암시하는 권력관계)는 이질적인 '수준들'을 가로지르는 여러 상이한 영역들과의 관계 속에서 설정된다.

'수직성'은 사회적 공간의 몇몇 독립적 부분들을 개념적으로 차별화함을 통해 구성된 개체들 사이에서 나타나는 영역화된 권력배분에 관한 것이다. 따라서 중앙 정부(혹은 연방국가 시스템)나 연방을 구성하는 주, 도, 지역 등의 범위와 한계에 대한 논의와 논쟁은 영역의 수직성과 관련된다. '더 높은' 수준의 정부나 그 외의 다른 위계적인 조직에 상대해서 이루어지는 '지방자치'에 대한 주장들도 영역의 수직성과 관련된다. 아무래도 여기서 '수직성'이나 영역의 '더 높은' 혹은 '더 낮은' 수준 등과 같은 표현들이 은유적인 것이란 점을 밝힐 필요가 있을 것 같다. 이러한 은유들은 이질적 유형의 영역들(그리고 이들이 암시하는 권력관계) 사이의 관계에 대해 논하는 전형적 방식이다. 미합중국과 유럽공동체와 같은 여러 다양한 연방체제가 작동하는 구체적 모습이 어떠하던 상관없이 이들 연방체제를 구성하는 '하위' 단위들에 비해서 말뜻 그대로 '더 높은' 무언가가 있는 게 결코 아니다. '캐나다'라 불리는 것이 '프린스에드워드 섬'[4]보다 태양에 더 가까이 있지는 않다. 수직성 개념과 '수준'에 대한 일반적 담론들은 개념적이고 은유적인 조절의 '경계'에 대해 사람들이 관심을 가지도록 한다. 여기서 조절의 경계는 그것과 관련된 개별적 영역들을 나누고 차별화한다. 만약 어떤 영역의 의미와 실천적 중요성이 (그것이 방이든지, 아파트든지, 아파트 단지든지, 시나 도든지, 혹은 국민국가든지 상관없이) 다양한 해석에 잠재적으로 개방되어 있다면, 그리고 만약 같은 유형의 영역들 사이에 존재하는 물리적으로 구획 지워진 경계에 대한 의미가 논쟁적이라면, 상이한 유형의 영역을 구분하는 다중적이고 비유적인 '경계선'이 그보다 덜 논쟁적일 수는 없다. 정말로 이런 맥락에서 나타나는 영역성의 정치는 보다 일반적

---

4) 캐나다에서 가장 작은 주(역주)

으로 인식되는 '수평적이고' 동질적인 영역의 정치만큼이나 중요하다. 수직성에 대한 논란들은 '수평적' 영역을 이해하는 데 사용되는 '침입'과 '침해' 같은 은유의 사용을 공유할 수 있다.

많은 경우에 주권과 자산, 혹은 통치와 소유를 구분하는 개념적 경계가 중요한데, 이는 주권이나 자산, 혹은 통치와 소유가 각기 서로 구분되는 상이한 유형의 영역적 체제와 공간에 관련되기 때문이다. 자유주의적 법질서에서 부동산 관련 법률의 상당수가 서로 인접한 토지소유자들 사이의 문제와 같은 수평적인 관계를 주로 다룬다. 하지만 이와 동시에 상당수의 법률은 자산 소유권의 영역화, 그리고 자산이 뿌리내리고 있는 지방 혹은 중앙 정부의 영역화에 의해 구조화된 관계에 초점을 두고 있다. 다시 한 번 미국의 올리버 사건을 생각해보자. 여기서 미국의 연방대법원은 경찰의 개인 소유 부동산에 대한 영장 없는 수색을 승인했다. 어떤 한 방식으로 이 사건을 바라보면, 이는 수평적 차원으로 영역성이 재배치된 것으로 이해될 수 있다. 이 경우에 문제가 되는 것은 부동산 소유자의 집에서 상대적으로 멀리 떨어진 곳에 위치한 지점이 '사적'인 곳(따라서 사생활 보호를 위해 영장 없는 수색은 허용될 수 없는 곳)으로 간주되어야 하는가, 아니면 소유권에 상관없이 '공적'인 곳으로 간주되어야 하는 것인가 라는 질문이다. 그러나 이 사건은 수직성의 측면에서 이해할 수도 있는데, 이 사건을 통해 어떤 종류의 영역(부동산 소유권)과 관련된 권력(권리)은 약화되고, 이와 개념적으로 구분되면서도 어떤 면에서 중첩되는 영역(국가)과 관련된 권력(경찰의 권위)은 증강되었다고 볼 수 있기 때문이다. 더구나 이 사건은 주정부의 권한(이 경우는 켄터키 주의 권한)과 연방헌법(특히, 수정조항 4조는 역사적으로 주정부에도 적용되는 것으로 해석되어옴) 사이의 관계를 어떻게 이해하는가를 바탕으로 결정되었다. 부동산 소유의 영역화된 체제와 정부의 영역화된 체제를 구분하는 경계는 주택 건설 및 관리 법규, 언론 자유, 섹슈얼리티에 대한 규제, 가족법, 환경보호 등과 같은 셀 수 없이 많고 다양한 상황속에 연관되어 존재한다. 제4장에서 이스라엘과 팔레스타인의 영역적 계보학과 연관시켜 살펴보겠지만, '주권'과 '부동산' 사이의 은유적 경계, 그리고 그것을 명문화하고 수정하려는 정치적 행위는 영역성이 가장 중요한 의미를 지니고 활발하게 나타나는 부분 중의 하나이다. 식민지나 탈공산화된 사회에서 일어나는 사유화와 탈집단화 혹은 이들을 비롯한 다른 여러 나라에서 나타나는 규제완화 등과 같은 상황에 대해서도 이와 비슷한 주장을 제기할 수 있다. 이러한 과정을 통한 권력의 재분배가 '위를 향하든' 혹은 '아래를 향하든', 이러한 과정은 영역적이다. 이는 이 과정에 의미 있게 참여하는 이들이 그 자체로 영역화되어 있기 때문이다. 영역의 수직성은 국민국가와 지방자치단체 사이의 관계를 결정하는 영역적 구조에 대해서도 중요한 이슈가 된다. 북미자유무역지대와 같은 무역지대, 북대서양조약기구와 같은 영역적으로 규정된 군사협력체, 그리고 그 외에도 수없이 많은 다자적 국제체제와 조직들은 회원국들의 '주권적 침식erosion of sovereignty'이 일어난다는 주장이 등장하게 되는 조건을 제공해주었다. 수직성을 무시하는 영역에 대한 일반적 논의들은 영역과 관련된 가장 중요한 차원에 대해 눈을 감아버리는데, 안타깝게도 근대적 영역은 어떤 것이든 차별적이지만 상호구성적인 공간들이 복잡하게 얽혀 있는 틀 속에 뿌리내려져 있고, 이 틀 속에서 권력은 분배되고 재분배된다. 이것이 일단 인정되고 나면 영역을 '내부'와 '외부' 의 틀 속에서 단순화시켜 바라보는 것은 더 이상 받아들이기 어렵게 된다.

결론

이 장의 목적은 그동안 주변화되고 배제되었던 (사회, 역사, 문화, 정치, 개념적 현상으로써의) 영역의 여러 측면들을 특별히 강조하여 영역이라는 주제를 개봉하려는 것이다. 앞서 반복적으로 언급되었듯이, 영역은 일반적으로 사회관계에서 권력의 작동을 단순하고 명확하게 만드는 수단으로 이해되었다. 그리고 실제로 영역이 이러한 효과를 종종 보인 것도 사실이다. '접근금지' 는 일반적으로 가까이 오지 말라는 것을 의미한다. 그러나 보다 생산적인 과제는 이러한 순수한 시각을 뛰어넘어, 영역이 단순히 겉으로 드러내는 의미 이면에 감추고 있는 것이 무엇인지 밝혀내는 것이다. 제2장에서는 다소 다른 방식으로 우리의 목적을 향해 나아갈 것이다. 특히, 영역이 다양한 분과학문에서 어떻게 연구되었는지를 살펴볼 것이다.

제2장

분과학문 속의 영역, 분과학문을 넘어선 영역

서론

인간의 영역적 실천은 시간적으로 보았을 때 아주 오래 전부터 존재했다고 볼 수 있다. 실제로 영역성은 생물학적 요구(Ardley 1966)나 원초적 충동(Grosby 1995), 혹은 다른 영장류와 모든 동물 종들이 보여주는 영역성과 본질적으로 동일선상에 놓여 있는 본성(Talyor 1988) 등과 같은 방식으로 묘사되고, 너무나 자연스러운 것으로 받아들여져 왔다. 또한 서양의 역사적 기록을 살펴보면 플라톤에서 몽테스키외로 이어지는 철학적 유산들이 영역성의 본질적인 의미 중에서 변치 않는 핵심 개념을 뒷받침하고 있음을 확인할 수 있다[Kasperson과 Minghi(1969)의 글들을 참고할 것]. 하지만 영역과 영역화에 대한 본격적인 이론화 작업이 활기를 띤 것은 특수한 (지)정치적 조건과 역사적 조건하에서 이루어진 비교적 최근의 일이다. 게다가 영역성이 본질적으로 이론의 여지가 있는 (비본질적인) 개념이자, 아주 문제적이고 이론적 탐색이 필요한 개념, 이미지, 실천들의 복합체라는 인식은 지난 30년간 진전된 논의의 산물이다.

영역이라는 주제는 여러 분과학문에서 핵심적인 관심사라 할만한 지위에 놓여 있다. 국제관계학과 인문지리학 같은 일부 분과학문에서는 상당히 중요한 위치를 점해왔고, 인류학, 사회학, 심리학 같은 분야에서는 정치인류학, 도시사회학, 환경심리학 같은 하위 분야의 특화된 관심사였다. 각각의 분과학문에서 영역의 의미와 중요성은 각 연구 영역의 특정 전제, 예를 들어 국제관계학의 경우는 주권, 인류학의 경우는 문화, 심리학의 경우는 프라이버시를 통해 조건화되는 경향이 강하다. 따라서 그냥 얼핏 보면 여러 분과학문의 담론에서 영역이 하는 역할은 서로 관련이 없어 보일 수 있다. 하지만 이런 광범위한 담론들을 두루두루 살펴보면 영역에 대한 각양각색의 개념들이 공통된 몇 가지 핵심 전제에 근거하고 있음을 알게 된다.

이 장은 두 부분으로 구성되어 있다. 첫 번째 부분에서는 여러 학문담론에서 영역을 어떻게 다뤄왔는지를 살펴볼 것이다. 분과학문의 수는 많지만 이 짧은 개론서가 가진 지면상의 제약 때문에 모두 포괄하지는 못했다. 당연하게 포함되어야 했던 많은 부분들이 어쩔 수 없이 생략되었기 때문에 다소 피상적으로 접근하는 감이 없지 않다. 첫 번째 부분에서는 각 분과학문들이 우리가 영역과 영역성을 이해하는 데 기여하는 핵심적인 지점을 밝혀내고, 영역이라는 개념이 분과학문의 주요 관심사를 다루는 데 있어서 어떤 역할을 하고 있는가를 파악하고자 했다. 또한 분과학문의 접근법에서 특징적으로 나타나는 중요한 공백과 단절 역시 다룰 것이다. 여러 분과학문들이 관례적으로 영역 개념을 이용하여 좀 더 중요한 다른 관심사를 드러내는 한편, 스스로를 다른 분과학문들과 차별화하고자 했다는 점을 감안했을 때 사실 이 부분은 영역에 대한 학문적 영역화의 탐구라고 보는 것이 가장 적합한지도 모른다.

두 번째 부분에서는 이 같은 영역의 영역화를 분명하게 거부하고, 개별 분과학문의 관례적인 담론들이 제대로 보여주지 못한 부분을 조명하고자 하는 간학문적 프로젝트들(Klien 1990)을 탐구한다. 실제로 이런 간학문적 프로젝트들은 그 자체로 세계화와 탈식민주의 등의 영역적 재편에 대한 고찰의 산물이라는 주장 또한 가능할 것이다.

분과학문 속의 영역

국제관계학

분명 이 지구를 뒤덮고 있는 영역국가, 국가들의 집합, 그와 관련된 경계는 근대사회에서 영역성의 가장 중요한 표현이라 할 수 있다. 이 같은 공간매트릭스는 여러 방식으로 분과학문에 개념적 기틀을 제공해주거나 관심의 초점이 된다(Agnew 1993). 보통 '사회'를 담는 준準자연적인 '용기容器'로 이해되는 국가는 "영역성을 통해 사회적 관계를 빨아들여 주조하는 소용돌이와 같다(Taylor 1994, 152)."

영역에 주로 관심을 가지는 분과학문에는 국제관계학이 있다. 하지만 러기Ruggie의 주장처럼 국제관계학에서마저 "국제정치를 공부하는 학생들이 영역성 개념을 거의 공부하지 않는다는 사실은 실로 충격적이다.

이런 무시는 마치 우리가 발 딛고 있는 땅을 보지 않는 것과 다를 바 없다(1993, 174)." 다시 말해서 국제관계학에서는 영역이 주요 관심사이긴 하지만 영역성이 무엇이며 어떻게 작동하는지에 대해서는 비판적으로든 어떤 식으로든 깊이 있게 연구되지 않고 그저 이미 주어져 있는 것으로 여긴다는 것이다. 영역은 국가의 결정적인 구성요소라 할 수 있는 '내부'와 '외부'를 구분하고, 내국과 외국을 나누며, 국가적인 것과 국제적인 것을 차별화하는 역할을 한다. 하지만 이런 구분은 정치학과의 관계에서 국제관계학의 정체성을 확립시켜주는 역할을 하기도 한다. 애그뉴Agnew의 표현처럼 "세상을 지리적으로 구분하여 상호배타적인 영역국가가 확립된 이후 분과학문 또한 그에 따라 정의되었다(Agnew and Corbridge 1995, 78)." 엄밀히 말해서 '정치학'은 영역적으로 정의된 정치공동체 내에서만 가능하다는 이야기를 심심치 않게 접할 수 있는 것도 이 때문이다. 이런 입장에서는 독립국가의 (공간을 넘나드는) 각양각색의 '관계'는 '정치'가 아니라 외교술statecraft이라는 말로 표현하는 것이 더 정확하다고 주장하기도 한다. 쉽게 말해서 "국경 내의 질서는 우리의 연구 분야가 아닌 것이다(Agnew and Corbridge 1995, 81)." 이는 (국제관계학 내에서) 영역이라는 특정 개념이 학문적 관심의 중심대상임과 동시에, 국제관계학이라는 자율적인 학문 분야를 구성하고 있음을 단적으로 보여준다.

영역국가와 전 지구적으로 이런 국가들을 포괄하는 '시스템'은 비교적 최근에 발달했다. 모태가 될만한 것이 아주 없는 것은 아니지만 근대적인 영역국가시스템이 처음으로 나타난 시점은 보통 초기 근대 유럽이라고 꼽힌다. 영역국가시스템은 봉건제에서 자본주의로 넘어가던 기나

긴 이행기동안 나타났던 수많은 국지적이고, 혹은 역사적으로 우연적인 문제들에 대한 실용적인 해법의 일부였다. 배타적인 주권 개념의 공간적 표현이라 할 수 있는 영역성은 베스트팔렌조약(1648)과 위트레흐트 조약(1703) 같은 여러 조약들을 통해 처음으로 공식화되었다(Krasner 2001; Tesche 2003). 하지만 이것이 전 지구적 차원에서 유일무이한 공간조직수단으로 자리 잡는 데는 300년이 넘게 걸렸다. 제국주의, 식민주의, 탈식민화, 민족해방으로 이어지는 세계사적 과정은 비유럽인들을 대상으로 한 영역화된 국가구조의 점진적, 선택적 시행과 이에 대한 저항과 협상, 혹은 민족화된 계승자들에 의한 선택적 수용으로 이해할 수 있다. 여하 간에 중요한 것은 주권을 가진 영역국가가 전 지구적 현상으로 자리 잡은 것은 아직 60년도 되지 않은 일이라는 사실이다.

　이런 사고체계 속에서 영역은 특수한 권력 형태라 할 수 있는 '주권' 개념과 긴밀하게 연결되어 있다(Krasner 1999; Walker and Mendlovitz 1990). 사실 근대적 개념의 주권은 근대적인 영역과 불가분의 관계에 있다. 공식적으로 '주권'을 가진다는 것은 영역공간 내에서 절대적인 권한을 가지고 있으며, 이 공간 바깥에 있는 이들은 누구도 그 영역공간 내의 일에 대해서는 성가시게 개입할 수 없다는 것을 의미한다. 여기서 공간의 경계는 권한이 뻗어나가는 한계지점을 구분해준다. 이에 대한 개입은 이러한 (주권적) 완결성을 손상시키고, 따라서 국가의 존속을 침해하는 것으로 받아들여진다. 그러므로 누구든 주권영역에 개입하거나 침입할 경우 필요한 모든 수단을 동원하여 자위권을 행사하게 된다는 것이 일반적인 견해이다. **공식적으로** 영역적 주권 개념은 우즈베키스탄이든, 세이셸(인도양 서부 92개 섬으로 이루어진 공화국)이든, 멕시코나 미국이든, 독립국이라고 자임하는 모든 국가는 서로 평등하다고 전제한다. 물론 실제로는 국가 간 위계가 존재하기 때문에, 게다가 이 위계는 역사적으로 변하거나 지역적으로 다양한 특성을 보이기 때문에, 이런 공식적인 평등관계를 복잡하게 꼬아놓곤 한다(Clark 1989).

국제관계학은 영역과 영역이 주권과 맺는 관계에 대해 관례적으로 수많은 가정을 하고 있다. 그중에서도 무엇보다 "근대적 형태의 영역성은… 끊임없이 이어지는 상호배타적인 공간들을 나누는 선형적이고 고정된 경계에 근거하고 있다(Ruggie 1993, 168)"는 명제를 기정사실로 받아들인다. 이 경계들은 내부와 외부, 국내관계와 국외관계, 시민과 외국인을 분명하고 확실하게 구분해주는 것으로 이해된다. 또한 물론 이 경계들은 근대적인 사회생활의 가장 중요한 범주에 속하기도 한다. 영역과 경계의 분명함과 단순함은 주권의 분명함과 확실함을 보장해준다. 하지만 국제관계론은 이를 다소 특수한 방식으로 이해한다. 또한 어떻게 보면 애그뉴(1998)의 표현처럼 이 기초적인 '공간존재론'에 근거하여 상상해낼 수 있는 함의들을 다루는 것이 국제관계론이라 할 수 있다.

국제관계론의 담론에서 국가의 경계는 또 다른 심오한 의미를 가진다. 국경은 합리적 권한의 외적 경계 혹은 인접한 독립국들이 서로 맞닿아 있는 선을 표시하기도 하지만 '공동체'와 '아나키anarchy'를 냉혹하게 가르기도 한다. 여기서 말하는 아나키란 가장 기본적인 용법에서는 주권의 부재를 일컫는 전문용어이다. 하지만 만일 '주권'이 '동질적이고 정갈한 경계를 가진 정치질서(Ashley 1988, 238)'를 의미한다면, 또한 "공동체가 가장 완전히 실현된 곳이 국내정치영역이라면(Ashley 1987, 421)", "반대로 아나키는 모호함과 불확정성의 장이자 위험과 위해의 장으로서 주권자의 순결한 존재 형태를 위험에 빠뜨릴 수 있다(Ashley 1988, 238)." 그러므로 국제관계론은 (분명하고, 폐쇄적이며, 고정된) 특정한 영역 개념을 가정하기도 하지만 질서/혼돈, 정체성/차이, 있음/없음, 정치/권력 등 대단히 이분법적인 용어들을 가지고 전 지구적 스케일의 선線과 공간 위에서 영역을 표현하려는 경향이 있다.

하지만 국제관계론의 특성을 이 같이 파악했을 때 그 영역적 비전이 지나치게 단순화될 수 있다. 이런 관점이 좀 더 쉽게 적용될 수 있는 이론적 입장이 있는데, 이 입장을 둘러싼 찬반양론이 논쟁으로 번지기도 했다. 국제관계학의 역사를 연구하는 이들은 이 논쟁을 두고 '현실주의자'와 '이상주의자들' 간의 '대大설전'이라고 부른다(Maghroori 1982; Smith 1995; Walker 1989). '현실주의'는 주권국가만 유일하게 실효성을 가진 행위자로 바라보는 '국제the international'에 대한 특정한 사고방식을 말한다(Brown 1992; Buzan 1996). 현실주의적 국제관계론과 외교업무 및 정책에 대한 관련 담론에서는 권력과 안보, 질서가 핵심 화두이다. 정의나 윤리처럼 국가 간 관계에서 상상할 수 있는 다른 주제들은 관심의 대상이 되지 못한다. 현실주의적 국제관계론에서는 '정치'나 '공동체' 같은 개념들이 국가들 간의 관계에는 존재할 수 없다고 생각한다. 입장에 따라 '정치'나 '공동체'를 지구의 정의와 윤리의 근간이라고 상상하는 것도 충분히 가능할 수 있지만, 이들에게 이것은 '아나키'를 의미할 뿐이다.

반면 '자유주의', '다원주의', '유토피아주의' 등으로 불리기도 하는 '이상주의'는 주권이 없는 국가들로 구성된 '국제공동체'의 가능성을 확신한다(Little 1996). 이상주의적 경향의 사상가들은 최소한 보편적인 도덕적 노력과 보편적인 정의 개념(과 비슷한 어떤 것)이 국제관계학의 내용에 자리 잡을 수 있다고 바라본다. 브라운Chris Brown(1992)은 이런 구분을 '공동체주의자(현실주의자)' 와 '범세계주의자(이상주의자)' 간의 차이라고 일컫는다. 현실적으로 보았을 때 범세계주의자들의 규범적인 세계질서를 완성하기 위해서는 국제연맹이나 유엔 같은 국제조직을 설립하여 힘을 북돋거나, 인권, 환경, 핵무기 비확산 같은 다자적 협약이나 '국제레짐'을 확대, 강화해야 할 것이다(Hasenclever et al. 1997; Krasner 1983). 물론 이상주의자들은 영역적 주권이 본원적으로 중요함을 인정할 뿐 아니라 힘주어 강조하기까지 한다. 하지만 '국제공동체'를 상정할 경우 회원국의 국내문제에 대한 인도주의적 차원의 '개입'을 요구하는 간헐적인 상황들과 협력 문제 또한 고려해야 한다. 이 입장을 좀 더 강하게 밀고나갈 경우 영역적 주권에 대한 실제적인 제한을 요청하거나 전 지구적 정치체제 속에서 주권의 일부 속성들을 재배치할 것을 주장할 수도 있다. 세계적인 연방정부를 주장하는 이들은 이보다 훨씬 더 강한 입장에 서 있다(Glossop 1993).

우리의 논의와 관련해서 보았을 때 국제관계학 내에서 이 같은 논쟁(그리고 좀 더 일반적으로 보자면 통상적인 외교담론들)을 구성하고 있는 영역 개념들은 하나로 수렴되기보다는 서로 엇갈리고 있다. 현실주의자들은 전 지구적 영역시스템이 평평한 이차원적 권력의 지도상에 조직된 상호배타적이고 공간적으로 한정된 독립국들로 구성되어 있다고 생각한다. 반면 이상주의자들은 정도에 따라 층위가 다른 세계 권력의 영역화를 상상한다. 여기서 주권을 가진 영역은 국가들에 의한 전 지구적 공동체라는 일종의 메타 영역을 구성하는 요소들이다. 앞으로 좀 더 분명하게 보여주겠지만, '대大설전'이라는 표현으로 인해 두 가지 형태의 영역이 서로 상이한 듯한 인상을 주지만, 사실 이 둘은 생각보다 훨씬 많은 공통점을 공유하고 있다.

인문지리학

전통적으로 영역에 큰 관심을 두는 또 다른 학문 분야는 인문지리학이다. 역사적으로 인문지리학은 장소, 공간, 경관 같은 사회적 범주에 초점을 둠으로써 다른 학문 분야와의 차별화에 힘썼다. 물론 영역은 인간의 사회 공간적 관계에서 중요한 요소이다. 이런 주제들은 지리학이 '종합' 학문, 즉 다른 학문 분야에서 생산되는 지식을 종합하고 물질계에서 서로의 상호관계를 탐구하는 학제적 학문의 모태로 인식되는 데 일조하기도 했다(James 1972; Livingstone 1993). 반면 기대했던 종합성을 결여하기 십상인 정치지리, 경제지리, 문화지리, 사회지리, 도시지리 등 하위 분과학문들이 만개하면서, 다소 확연한 분과적 특징이 재구성되는 일도 빈번하게 나타나곤 했다.

국제관계학의 경우 영역성이 기본 개념이기는 해도 명시적으로 이를 검토하는 일은 거의 없다는 점이 특징이라면, 지리학은 그와 다른 역사를 지니고 있다. 지리학자들은 수세대에 걸쳐 영역성 및 경계와 관련된 과정과 기능, 형태에 대한 방대한 지식을 만들어냈다. 이것은 뒤에서 검토하기로 하고, 일단 여기서는 영역을 다루는 데 있어서 지리학이 국제관계학과 다르게 보이는 두 가지 일반적인 특징을 언급하고자 한다. 먼저 영역에 대한 수많은 역사적 탐구가 국민국가와의 관계에 초점을 두고 있었다면, 20세기 중반 일부 지리학자들이 중심이 되어 봉건제, 국가 내부의 경계형성, 지방자치체의 합병, 정치적 행정구역재편 등의 맥락에서 국가 내부의 영역 작동을 연구하기 시작했다(Dikshit 1975; Morrill 1981). 둘째, 비국가 맥락에서 영역의 작동을 검토하는 사회지리학적 전통 또한 존재한다. 사회지리학 내에서 이 주제는 좀 더 일반적인 사회공간 문제로 전환되는 경향을 보인다(Ley 1983).

계보학적으로 보았을 때 지리학에서 영역을 다루는 방식은 현실주의적인 국제관계학의 방식과 아주 밀접한 관계에 있다. 주요 관심은 '지정학'에 대한 것이었다. 솔 코헨Saul Cohen의 정의에 따르면 "지정학은 지리적 공간과 정치의 관계를 다루는 응용학문"이다(1994, 17). 정치지리학이나 현대사史에서 프리드리히 라첼Friedrich Ratzel(1844~1904)은 보통 지정학의 '창시자'로 거론된다(Parker 1998). 유럽제국이 한창 팽창하고 있을 무렵 그는 당대의 관찰자들에게는 기묘한 인상을 주었을 법한 영역관을 밝혔다. 하지만 그 같은 이해방식은 당시 충분한 의미를 지니고 있었다. 문제는 여러 가지 면에서 그가 살았던 세상은 지금 우리가 살고 있는 세상과 근본적으로 다른데도 그의 영역관이 21세기에도 그 명맥을 유지하며 일정한 역할을 하고 있다는 점이다. 어쩌면 라첼의 영역에 대한 이해가 오늘날에도 꾸준히 지속되는 것은 그의 영역관이 역사적 차이를 부정하고, 현실주의적 국제관계론자들과 열강의 정치술 담론과 같은 편에서 초지일관의 태도를 고수하고 있기 때문인지도 모른다.

떠돌아다니기 좋아하는 언론인에서 지리학자로 변신한 라첼은 '유기적' 국가영역 개념을 제시했다(Heffernan 2000; O Tuathail 1996). 그는 자신의 저서 『국가의 공간성장법칙The Laws of the Spatial Growth of States』 [1896(1969)]에서 "국가에서 우리는 유기적 본성을 확인할 수 있다. 또한 엄격하게 외부적 한계를 정하는 것만큼 유기체의 본성을 거스르는 것도 없다[1896(1969), 17]"고 천명했다. 그는 "정치지리학에서는 본질적으로 고정된 지역에 위치한 각각의 사람들을, 스스로를 지구의 일부로 확장시킨 살아 있는 신체로 바라본다. 이 신체는 역시 경계를 넓히고 있는 다른 신체들이나 텅 빈 공간과 차별화된다(p. 18)." 여기서 유기체는 제도, 즉 국가일 뿐 아니라 해당 '국민', 즉 '문화'나 '민족'이기도 하다. 라첼의 논의는 피부경계론dermal theory of boundaries이라 할만하다. "경계는 국가의 주변 기관으로, 국가의 요새이자 성장의 담지체이며, 국가라는 유기체가 경험하는 모든 변형의 과정에 참여한다(p. 23)." 국가는 유기체이므로 '성장'에 대해 거의 생물학적인 수준의 당위성을 지닌다. 여기서 성장은 문자 그대로의 성장을 의미하기도 하지만 비유적인 의미를 가지기도 한다. 영역의 확장은 문명 발전의 단계이론이라는 관점에서 이해할 수 있다. '공간성장법칙'의 제1원칙은 "국가의 규모는 문화와 함께 성장한다"이다(p. 18). 하지만 문화의 규모는 어떻게 판단할 수 있을까? 라첼은 여기서 역사학이나 인류학의 발전주의 개념에 기댄다. '저차원의' 혹은 '원시적인' 문화는 다소 '고차원의' 혹은 '성숙한' 문화로 진화할 수도 있고 그렇지 않을 수도 있다. 비유적으로 확장시켜보면 성숙한 문화는 미숙한 문화보다 더 크기 때문에 더 큰 공간을 필요로 하고 또 그래야만 한다. 몇몇 성숙한 문화는 '문명'의 지위로 진보한다. "문명의 수준에서 더 아래로 내려갈수록 국가는 작아진다(p. 19)"는 것이 라첼의 견해이다. 이처럼 유사-다윈주의적인 자연법칙적 명제들 때문에 20세기 초 정치지리학의 담론에는 과학성이라는 수사적 외양이 덧씌워졌다. 또한 최근 한 지리학자의 주장처럼 "무엇보다 라첼은 독일 우익들에게 과학의 외양을 띤 정치언어를 제공해주었다. 이 언어는 20세기 양차대전을 촉발시킨 극단적인 민족주의자들이 지녔던 공간에 대한 열망을 분명하게 표현해주었고, 이를 정당화했다(O Tuathail 1996, 38)."

우리는 라첼의 영향력을 새뮤얼 반 발켄버그Samuel Van Valkenburg의 미국 교과서 『정치지리의 구성요소Elements of Political Geography』(1940)에서 일부 확인할 수 있다. 반 발켄버그는 명백히 유기적, 발전주의적 모델을 가지고 '국가'를 스케일에 따라 '유년기', '청소년기', '성인기', '노년기'로 구분하여 줄 세운다. 라첼은 1939년 글에서 '성인기' 국가는 미국, 영국, 프랑스, 세 나라밖에 없다고 밝히고 있다. 반면 독일, 이탈리아, 일본은 청소년기로서 '역동적인 성격'이 특징이다(p. 9). 하지만 청소년기의 특성을 고려했을 때 이 세 국가는 "성인기가 되면 정치적 관점이 유순해질 것이라는 희망을 가지고 꾸준히 억제할 필요가 있다(pp. 9~10)." 반 발켄버그는 국가의 중요한 측면으로 인종구성을 꼽는데, 여기서 인종은 '생물학적 의미로 사용'된다(p. 233). 청소년기의 나치독일에서 '반유대인 정서가 나타나게 된 이유'를 모색하던 과정에서 반 발켄버그는 전문직 내에서 유대인들의 비중이 두드러지게 높고 유대인들의 인구수와 비교했을 때 이들의 경제적 자산이 상대적으로 높은 가치를 가지고 있었음에 주목했다. 문제의 진정한 원인은 다음과 같다.

유대인들이 다른 이들에게는 항상 매력적이라고만 할 수 없는 특징을 보유하고 있다는 사실에 근거한다면 우리는 이것을 인종적 적대감이라고 부를 수 있다. 유대인들이 어떤 분야를 지배하는 능력을 보유하고 있다

는 사실에 근거한다면 경제적 질투라고 부를 수도 있을 것이다… 독일이
세상을 자극한 것은 문제 자체가 아니라 문제를 다루는 방식 때문이었
다. 독일은 분명 좀 더 요령껏 처신할 수도 있었지만 그렇게 하지 않았다
(1940, 243).

반 발켄버그의 표현은 "지정학적 비전은 결코 순진하지 않다. (냉철
한) 분석인 것처럼 보이지만, (실제로는) 항상 염원을 담고 있다(2003,
173)"는 컨즈Kearns의 논평만큼이나 훌륭하다.

이런 사고방식 때문에 20세기 중반 정치지리학은 곤경에 처하고 말았
다. '객관성'과 유사한 무언가 혹은 존경받는 '과학'의 가치를 가진 무
언가를 성취하기 위해 정치와 공간에 대한 학문을 어떻게 탈정치화할 것
인가가 문제였다. 이런 맥락에서 리처드 하트숀Richard Hartshorne은 가장
영향력 있는 개혁가라 할 수 있다. 하트숀은 제2차 세계대전 초기에 '정
치지리학에서의 기능적 접근The Functional Approach in Political Geography'
[1950(1969)]이라는 글에서 영역(혹은 그의 표현방식대로 하면 '정치적
으로 조직된 지역')에 대한 사심 없는 분석을 추구했다.

그는 국가의 임무는 "내부정치 관계에 대한 완전하고 배타적인 통제
력을 확립하는 것, 간단히 말해서 법과 질서를 만들고 유지하는 것"이
며, 이 중에서도 "외부 국가단위와의 분명한 대립관계에서, 또한 지방정
부와의 경쟁관계 속에서, 전全 지역 국민들의 가장 높은 충성을 확보하
는 것[1950(1969), 35]"이라고 주장했다. 그는 "어떤 국가든 여러 분리
된 지역들을 어떻게 사실상 하나로 통합할 것인가라는 핵심 문제를 꾸
준히 안고 있다(p. 35)"고 단언했다. 정치지리학자들에게 문제는 주어진

영역국가 위에서, 그리고 그 안에서 작동하고 있는 '구심력(p. 38)'과 '원심력(p. 36)'의 상대적인 강도를 평가하는 일이다. 이를 위해서는 전체와 부분과의 관계 및 전체와 외부와의 관계에 대한 분석이 필요하며, 이런 맥락에서 기능적인 효과를 예측하기 위해 제시된 영역을 검토하고 기존의 영역을 연구하게 되는 것이다. 하트손의 국가 개념은 라첼의 개념과 비교했을 때 자연주의적이기보다는 좀 더 사회적인 개념처럼 보이지만, 하트손의 논리는 사실상 라첼의 생물학적 은유를 물리학의 은유로 대체한 것이나 다름없다.

하트손이 언급했던 원심력에는 산맥, (원)거리, '이민족, 특히 비우호적인 민족(p. 36)'의 존재 같은 물리적 특성들과, 언어, 종교, 경제 활동 같은 지역적 다양성 등이 포함된다. 이런 요소들은 특히 여러 가지가 결합되었을 경우 영역적 완결성에 긴장을 야기할 수 있다. 이를 저지할 수 있는 구심력 중에서 가장 중요한 것은 하트손의 표현을 빌면 '국가 개념 the state idea(p. 38)', 즉 국가의 존재 이유이다. 추정컨대, '국가 개념'은 그것을 만들거나 유지하고자 하는 이들의 마음속에 존재한다. 하지만 일반적이고 보편적인 국가 개념은 결코 존재하지 않는다. 대신 어떤 주어진 국가 개념을 발견하려면 "베네수엘라는 어떻게 존재하게 되었을까?", "레바논은 어떻게 존재하게 되었을까?", "어떤 국가 개념 때문에 각양각색의 지역들이 아프가니스탄이라는 이름으로 묶이게 되었을까?" 같은 질문을 던지는 특수한 탐색이 필요하다. 그러면 어떤 국가의 '국가 개념'이 영역적으로 국가를 분산시켜 놓으려는 원심력에 대당할 수 있을 정도로 충분한 힘을 가지고 있는지, 아니면 국지화된 대항-국가 개념이 분리 독립이나 분할에 힘을 실어줄 수 있을 정도로 충분히 강력한

지 같은 질문이 가능해진다. 최근 사건들을 고려했을 때 흥미롭게도, 하트손은 이라크와 관련된 국가 개념을 예로 든다. 이라크의 '존재 이유 raison d'etre'는 다음에 뿌리를 두고 있었다.

① 열강들이 메소포타미아 지역의 특수한 전략적·경제적 중요성을 인정함, ② 시리아에서 밀려난 아랍 민족주의의 임시거처를 마련할 필요. 이 두 가지를 기초로 티그리스-유프라테스 평야의 아랍 거주 지역을 포괄하는 영역이 확정되었다. 이 지역은 인근의 이질적인 산악부족, 사막 부족들과 함께 독자적인 아랍국가로 발전하게 된다[1950(1969), 40].

그는 마치 선견지명이라도 가진 듯 "그 이후로 이라크인들이 진정으로 토착적인 개념을 진전시켜본 적이 있는지 고민해볼 필요가 있다(p. 40)"고 덧붙였다.

하트손 외에도 여러 지리학자들이 20세기 중반 '경계연구boundary studies'에 간여하여 합병과 분할 같은 영역수정, 경계변화, 경계분쟁 관련 사례 연구를 실시했다. 더불어 분명 비주류적인 주제이긴 하지만 일부 지리학자들은 정치적 행정구역재편 관련 과정들과, 미국의 주州나 대도시 지역, 지방정부의 경계 같은 '내부' 경계를 분석하기 시작했다.

1970년대 이전까지 인문지리학자 중에서 영역에 관심을 가진 이들은 거의 전적으로 정치지리학자들 뿐이었고, 이들은 역시 거의 전적으로 국민국가에만 관심을 가졌다. 걸출한 지리학자 장 고트만Jean Gottmann이 『영역의 중요성The Significance of Territory』을 저술한 것도 1973년이었는데, 이 책은 서유럽 국가의 경계사史를 집중적으로 조명하고 있다. 또한 이 책은 '안보 대 기회', '자유 대 평등' 간의 긴장이라는 관점에서 영역의 진화를 설명하고자 했다. 하지만 이 장의 뒷부분에서 보게 되겠지만 그 이후로 인문지리학은 변하기 시작했다.

인류학

국제관계학이나 정치지리학과는 다르게 전통인류학에서 영역은 크게 핵심적인 주제는 아니었다. 하지만 문화와 문화변동, 인종 간 관계, 혈족관계, 상징적인 의미시스템, 자원이용과 토지소유권, 전前국가적 혹은 비非국가적 정치조직 같은 핵심 주제를 다룰 때 영역 역시 부분적으로 다루어지곤 했다. 영역에 대한 인류학적 접근은 주권국가를 중심으로 사고하는 영역연구와는 다른 맥락에서 영역을 이해하는 데 중요한 자원이 될 수 있으며, 이를 통해 최근 진행되고 있는 영역에 대한 재이론화 작업에도 크게 기여할 것으로 보인다.

  프레드리크 바르트Fredrik Barth는 『인종집단과 경계 : 문화적 차이의 사회조직Ethnic Groups and Boundaries: The Social Organization of Cultural Difference』이라는 저명한 선집에서 민족지적 경계형성 및 유지의 동학을 집중적으로 조명했다. 바르트는 다음과 같이 말한다. "사실상 인류학의 모든 추론은 문화적 변이는 불연속적이라는 전제를 바탕으로 한다. 문화 간의 차이, 그리고 문화의 역사적 경계와 관계는 엄청난 관심의 대상이었다. 하지만 인종집단의 구성, 이들 사이에 놓인 경계의 성격에 대해서는 마땅히 필요한 연구가 진행되지 않고 있다(Barth 1969, 9)." 인류학에서 관심을 가지는 경계 지워진 문화적 공간은 국제관계학과 지리학에서 다루는 영역과 크게 다르다. 인류학에서는 배제와 배타성보다는 고립과 다양성에 초점을 맞추고, 권력의 행사보다는 스스로 만들어낸 정체성과

소속감에 더 많은 관심을 가진다. 경계와 경계 유지 및 협상 등의 활동들
은 동질성과 차이라는 문제와 얽혀 있다. 바르트에 따르면 "우리가 주로
살펴야 하는 것은 집단을 규정하는 인종적 경계이지, 그 안에 들어 있는
문화적 내용물이 아니다(p. 15)." 이런 경계들을 통해 만들어진 공간은
고정된 물질적 표현을 가질 수도 있고 그렇지 않을 수도 있다. 사실 '문
화적 내용물'이 변하면 이를 둘러싼 경계 또한 변할 수 있다. 영역이 공
간적으로 고정된다고 가정하는 관점에서는, 이런 경계유지 및 협상 과
정은 비영역적인 활동으로 치부될 것이다. 그렇지 않다면 아마도 '경계'
와 '영역'이라는 표현은 단지 은유적인 차원에서만 사용되는 것이다. 하
지만 이동성과 영역이 반드시 대립되는 관계에 있는 것은 아니라고 볼
경우, 국제관계학에서 상정하는 영역의 원형적 모습과 아주 다른 모습
의 영역을 상상할 수 있는 가능성이 나타난다. 예를 들어 일부 인류학자
들은 수렵채집생활집단, 목축생활집단, 유목민 등과 같은 집단에서 영
역과 영역성이 어떻게 작동하는가를 연구해왔다. 정착생활자들과 비교
했을 때 이런 집단들은 비영역적인 성격을 가진다고 볼 수 있다는 점에
서 이 같은 연구는 다소 당혹감을 안겨줄 수도 있을 것이다. 하지만 이런
당혹감은 영역을 지나치게 단순화하거나 국가 중심적으로 사고한 결과
일 수 있다.

　미하엘 카시미르Michael Casimir와 아파나 라오Aparna Rao가 편집한 『이
동성과 영역성 : 수렵채집자, 어부, 목축생활자, 이동생활자 내의 사
회 · 공간적 경계 Mobility and Territoriality: Social and Spatial Boundaries among
Foragers, Fishers, Pastoralists and Peripatetics』(1992)에서 저자들은 정확히 이 문제
를 다루고 있다. 예를 들어 앨런 바너드Alan Barnard는 남아프리카 수렵채

집자들의 영역성을 다음과 같이 묘사한다.

> 부시맨 혹은 남아프리카의 수렵채집사회에 있는 사회적 경계들은 언어,
> 문화, 혈족 관계에 따라 규정된다. 여기에는 부시맨과 비부시맨 간의 경
> 계, 각 부시맨 집단들 간의 경계 같은 것들이 있으며, 특정 부시맨 사회
> 내에서는 가구 간, 집단 간, 집단결집체들 간의 경계도 있다. 공간적 경계
> 는 어느 정도 이 사회적 경계들과 포개지지만, 항상 일치하지는 않는다.
> 공간적 경계는 적절한 행위양식과 이어지는 공간 사용 개념과, 영역접근
> 권에 좌우된다. 특정 부시맨 집단에게만 해당되는 사회 · 공간적 경계유
> 지의 양상들이 있는가하면 모든 부시맨이나 수렵채집생활자 일반에게
> 적용되는 것들도 있다… 인간과 환경 간의 관계와 개인 간의 관계라는
> 넓은 관계의 맥락 속에 영역성이 존재한다는 점을 고려했을 때, 수렵채
> 집생활자들의 영역성을 고려하기 위해서는 더 큰 관계 내에서 영역성이
> 가지는 의미를 살필 필요가 있다(1992, 137~138).

‘국가’ 에 대한 일반 이론보다는 민족지적 감성을 가진 인류학적 접근
법이 실세계의 경험적 세부사항들을 더 잘 부각시킨다는 점에도 관심을
둘 필요가 있다. 앞서 책의 또 다른 저자인 안제이 미그라Andrzej Migra는
동유럽의 집시 사이에서 나타나는 영역성의 특수한 작동방식에 대해 논
한다.

> 폴란드에서는 떠돌이 ‘집시’ 의 기초적인 사회경제단위와 관련된 특정한
> 형태의 영역성을 테이버tabor라고 한다… 여기서 영역 개념은 어떤 단일
> 한 지리적 혹은 행정적 지역에 해당하는 것이 아니라, 해당 테이버가…
> 특정 순간에 물리적으로 존재하는, 혹은 할 수 있는 공간의 집합에 해당

한다. 즉, 이 테이버는 먼저 그 구성원들이 나타날 때 출현하게 된다는 점에서 일종의 이동성을 가진 구역이라 할 수 있다… 테이버는 불완전하게나마 지방행정당국과 협상을 통해 만들어지는데, 여기서 이 테이버라는 영역의 기초가 되는 것은 다른 테이버들이 인정하는 (특정 공간에 대한) 우선권, 그리고 해당 집시집단이 그곳에서 '임시소유주'로 자리 잡고 있다는 느낌의 존재여부이다(Casimir and Rao 1992에 실린 Migra의 글, 268).

조지프 버랜드Joseph Berland는 훨씬 정밀한 분석 수준에서 파키스탄 유목민들의 '움직이는 영역들peripatetic territories'을 다루고 있다. 버랜드에 따르면

파키스탄의 모든 유목집단에서 기본적인 사회단위는 텐트(푸키puki)이다. 여기서 푸키는 분명한 공간적 경계를 가진 실제 물리적 구조물을 가리킨다. 또한 여성과 그 배우자, 이들과 함께 사는 자녀들로 구성된 집단을 주요 사회단위로 여기는 더 넓은 범위의 문화적 개념도 존재한다… 내부공간과 바로 그 옆에 있는 외부공간은 어디에서든 그 구성원들의 배타적인 소유지 혹은 영역으로 간주된다. 2개 이상의 텐트가 함께 이동하는 경우, 이것은 데라dera가 된다. 데라는 공동체적인 공간인데, 이는 그 구성원들이 천막 주위에 공간적 경계를 만들기 위해 협력하고, 화합을 증진하며, 지역시장에 대한 지식과 경험을 모으는 등의 활동을 같이 하기 때문이다(Berland 1992, 383~384, 386).

때로 수많은 데라가 한 지역에 집중되어 임시 캠프가 형성되기도 한다.

각각의 데라는 사용 가능한 빈터에서 최대한 서로 간의 거리를 유지하려
할 것이다. 각각의 캠프에는 데라를 구분 짓는 분명한 공간과 경계선이
있다. 외부인들은 이걸 쉽게 알아차리지 못한다. 하지만 데라의 구성원들
과 특히 텐트를 지키는 개들은 각 캠프 중간쯤 되는 곳에 경계를 만들고
세심하게 방어한다(1992, 388~389).

인류학자들이 사용하는 영역관에는 우리가 앞서 살펴보았던 여러 다
른 영역관들의 요소들이 분명 많이 포함되어 있다. 인류학자들에게 영
역이란 정체성과 차이의 여러 측면들을 결정하고, 이런 것들에 의해 결
정되는 경계를 가진 공간들로서, 접근의 차별화와 방어 혹은 권력과 권
위의 동학과 관련되어 있다. 하지만 이 같은 인류학적 영역 개념이 공식
적인 주권국가를 중심으로 사고하는 관례적인 이해방식과는 다르다는
점 또한 분명하다. 인류학에서 관심을 두는 영역은 시간적으로든 공간
적으로든 유동적이다.

인류학자들이 연구하는 영역 중에서 아무래도 우리에게 더 친숙한 것
은 비서구 토착민들의 토지소유권과 관습법제도 등일 것이다. 서구의
자유로운 재산권 시스템도 그렇지만 토지소유권은 반드시 '권리'의 영
역화와 관계된다. 폴 실토Paul Silltoe는 파푸아 뉴기니의 월라Wola에 대해
다음과 같이 이야기한다. "토지권은 경계와 영역적 정의의 문제와 관계
있다. 토지에 대한 권리는 (다른 이들의 토지에 대한) 접근을 통제해야
하는 친족으로서의 의무를 바탕으로, 사람들이 자신의 친족관계와 신원
을 드러내고 행사하는 중요한 분야이다(1999, 333)." 토지소유권에 대
한 민족지적 연구 덕분에 국제관계학과 정치경제학이 상정하는 영역 개
념을 넘어선 영역을 상상하고 실천할 수 있는 무수한 방식들이 존재한

다는 인식이 서구사회로 확산되고 있다. (토착민들의 영역성 구성의 요소로 이해되는) 관례적인 방식으로 토지소유권을 규정하고, 이미지화하며, 실천하는 것은 사회세계, 상징세계, 물질세계에서 활동하고 생활하는 방식과 불가분의 관계에 있다. 또한 토지소유권에 대한 인류학적 접근법은 국가중심적인 영역 개념에 고착된 우리의 연구에 정치the political에 대한 더 크고 넓은 가능성과 상상력을 불어넣어 준다. 이외에도 특정한 공간에 대한 권리를 주장하거나 이를 사용, 할당, 이전하는 등 토지를 둘러싼 지방정치나 영역분쟁의 동학에 대한 민족지적 연구(Benda-Beckmann 1979; Moore 1986), 관습적인 토지법과 식민국가 혹은 탈식민국가 법률 간의 갈등에 대한 연구(Bende-Beckmann 1999; Tocancipa-Falla 2000~2001), 토지개혁, 집단화 및 탈집단화, 토착민 지역에 대한 다국적 기업 및 국가주의 개발프로젝트의 침투 과정과 관련된 영역재구성에 대한 연구(Strathern and Stewart 1998; Yetman and Burquez 1998) 등도 매우 중요하다.

국제관계학과 지리학에 비교했을 때, 인류학의 담론은 영역 개념을 다음 세 방향으로 이동시킨다. 첫째, 초점을 서구에서 '나머지', 즉 제국과 식민지 공간으로 이전시킴으로써 더욱 다양한 인간의 영역적 실천 및 과정을 보여준다. 둘째, '관례적인' 실천을 검토하기 때문에 국가주의적 형태와 비국가주의적 형태 간의 관계에 주목하는 경우에도 국가를 영역의 유일한 표현으로 보지는 않는다. 셋째, 치밀한 민족지적 연구를 통해 마을, 들판, 정원, 통로에서 영역성이 작동하는 방식을 정밀하게 분석하여 영역이 인간의 삶과 밀접하게 연관되어 있음을 보여준다.

사회학

인류학과 비교했을 때 사회학은 공간과 영역 개념을 당연시하고(여기/
저기, 집/들판, 서구/나머지, 대도시/식민지) 나아가 (영역과 관련된) 정
체성 개념을 문제 삼지 않는 것이 특징이다. 일반적으로 사회학자들의
연구 대상은 자신들이 현재 속해 있는 근대사회이다. 하지만 사회학적
담론에서 사용되는 영역 개념은 (전근대나 비근대 사회에 대한 연구에
더 많은 관심을 가지고 있다고 일반적으로 이야기되는) 인류학의 담론
과 많은 점에서 유사하다. 물론 개별화, 개인과 사회의 관계, 계층화, 일
탈 등과 같이 근대성의 고유한 특징으로 일컬어지는 속성들을 바탕으로
영역 개념에 상당한 변형을 주기는 하지만 말이다. 먼저 사회학과 인류
학에서 유사하게 다루는 주제로는 경계의 구성적 영향력이 있다. 예를
들어 1985년 사회적 경계에 대한 앤서니 코헨Anthony Cohen의 연구는 전
체적인 윤곽이 바르트의 연구와 유사하다. 코헨은 다음과 같이 말한다.
"공동체의 의식성은 공동체를 둘러싼 경계에 대한 의식 속에 내포되어
있다. 이 경계는 대체로 상호작용을 하는 사람들을 통해 구성된다(1969,
13)." 사회학에서 특히 영역에 대한 논의가 무성한 분야는 도시의 범죄
조직과 이들의 '구역' 을 다루는 연구들이다. 사회학자 데커Decker와 반
윙클Van Winkle의 주장처럼 "지리적으로 근접한 근린(구역)에 범죄조직이
존재할 경우 이로 인한 위협은 다른 인근지역에서 범죄조직의 연대를
강화하고, 더 많은 젊은 남성들이 범죄조직에 가담하게 되는 동기를 제
공한다. 이로써 폭력행위와 무관하게 살 수도 있었던 젊은 남성들이 폭
력에 가담하게 된다(Decker and Van Winkle 1996, 22)." 또 다른 사회
학자 필릭스 파딜라Felix Padilla는 자신의 연구 대상이었던 범죄조직들 내

에서 영역을 방어함에 있어서 폭력적인 방식의 사용이 널리 기대되고
있음을 논했다.

> 또한 조직들의 구역을 보호하기 위해 (조직 구성원들이) 폭력행위를 당
> 연시하는 태도가 활용되었다. 거의 모든 범죄조직 구성원들이 누군가 자
> 신들의 구역을 침범할 경우 폭력적으로 대응해야 한다는 점을 기정사실
> 로 받아들이고 있다. 이들이 경쟁관계에 있는 다른 범죄조직의 구역에
> 침범했을 경우도 이는 마찬가지이다. 조직 구성원들 사이에서는 구역보
> 호의 필요성에 대한 대화가 실제 방어행위보다 훨씬 자주, 규칙적으로
> 나타난다. 이렇게 외부침입자라는 위협에 대한 상징적인 경계의 분위기
> 때문에 조직은 내적인 결속력을 다지고, 경쟁 집단에 맞서 우리 조직의
> 영역을 지킬 때 과시적인 (그리고 과도한) 폭력을 거리낌 없이 사용하게
> 된다(1992, 114).

사회생활의 정교한 미시-영역성에 초점을 맞춰 영역에 대한 아주 사
회학적인 개념을 정초하려했던 시도로는 라이먼Lyman과 스콧Scott의
「영역성 : 우리가 보지 못했던 사회학적 측면Territoriality: A Neglected
Sociological Dimension」을 들 수 있다. 이 논문은 1967년 〈Social Problems〉
라는 저널에 발표된 것이다. 여기서 저자들은 근대적이고 도시적인 미
국의 특징을 보여주는 영역의 유형들을 제시한다. 그 구성요소로는 먼
저 **'공적 영역**public territories'이 있다. 이는 '개인이 시민권을 근거로 자유
롭게 접근할 수는 있지만 활동의 자유까지는 보장되지 않는 곳'을 말한
다(1967, 237). 하지만 이 접근의 자유는 사회적 정체성과 함수관계에
있기 때문에 '공적 영역'의 완전한 구성원이 되지 못하는 사람들 또한

존재한다. "어떤 범주의 사람들은 공적 장소에 접근이 제한되거나 활동에 제약이 따르기도 한다(p. 238)." 예를 들어 "흑인들은 길거리 하수관 아래에 있을 수는 있어도 백인거주지를 마음껏 활보하기는 힘들다." 그다음으로는 '**안방영역**home territories' 이 있다. 이 안방영역에서는 "정기적인 참여자들이 행위의 상대적 자유와 친밀함을 가지고 해당 지역을 통제한다. 이런 예에는 아이들의 임시아지트, 빈민가, 동성애 술집 등이 있다." 저자들은 안방영역에서는 "술집 단골손님들이 사용하는 언어와 옷 입는 방식 때문에 동성애자들이 여기가 안방영역임을 단박에 알아차릴 수 있다"고 지적했다(p. 240). 다시 말해서 영역성에는 수행적이면서 동시에 기호학적인 측면이 있다.

라이먼과 스콧은 훨씬 더 사적인 규모의 영역에 주목하면서 "보이지 않는 경계, 일종의 사회적 세포막이 모든 상호관계를 감싸고 있다"고 이야기했다. 이런 경계에 둘러싸인 것이 '**상호관계적 영역**interactional territories' 이다. 이 상호관계적 영역은 '이동성이 강하고 손쉽게 손상된다는 특징' 을 지닌다. 마지막으로 '**신체영역**body territories' 이 있는데, "여기에는 인체가 포괄하고 있는 공간과 인체의 해부학적 공간 등이 있다." 신체영역은 '몸을 보고 만질 권리' 와 관련되어 있다. 이들은 "남성이 자신의 지위에 걸맞게 행동할 경우 여성에 대한 성적 접근은 남편의 배타적인 권리로 인식된다"고 서술한다(p. 241). 우리는 이들의 서술에서 권리와 권력의 명백한 불균형을 확인할 수 있다. 이들은 '인식된다' 는 수동태를 사용하고 있지만, 이는 설명 내용과 어울리지 않는다. 또한 '지위에 걸맞은 행동' 이라는 표현이 어떤 종류의 경계적 실천으로 이어지는지 역시 의문스럽다. 결국 '여성' 의 신체영역은 '남편' 의 '안방영역'

에 다름 아니다. "원치 않는 성간性間 침해는 부적절한 친밀함인가하면, 동성同性인 타인의 영역외적 공간을 침범하는 사람은 눈치가 없다고 눈총을 받거나 동성애자라는 의심을 받게 된다(p. 241)." 라이먼과 스콧은 위반, 침범, 오염 등 여러 가지 침입의 형태와 이에 대한 반응양식들 또한 다루고 있다. 역사적인 관점에서 흥미로운 것은 '**자유영역**free territories'이라는 개념이다.

> 공간에는 자유영역이 새겨져 있고 이는 개성과 정체성을 드러낼 기회를 제공한다… 행동의 자유를 누릴 수 있는 기회는 공간에서 경계를 만들어 내고 영역에 대한 접근이나 배제를 총괄할 수 있는 능력과 밀접하게 연결되어 있다… 영역에 대한 침해가 거의 모든 사회 구성원에게 영향을 미치는 미국 사회에서는 특히 흑인, 여성, 연소자, 재소자 같은 특정 인구 집단이 심하게 불이익을 당할 수 있다(Lyman and Scott 1967, 248).

이 저자들은 자유영역의 부재 혹은 안방영역의 침범에 대한 한 가지 대응은 저자들이 '침투penetration'라고 이름을 붙인 방식이다. 이는 '자유영역을 찾아서 내부공간을 이용하고 변형하는 것'을 의미한다. 예를 들어 "요즘 대학생들은 내면으로 이동하기 위해(대중어법으로는 '여행을 가기 위해') 환각제나 마약을 복용하곤 한다(p. 241)."

저명한 사회학자 어빙 고프먼Erving Goffman의 연구에서도 비슷한 접근법을 확인할 수 있다. 1971년에 출판된 그의 책 『대중관계 : 공적 질서에 대한 미시연구Relations in Public: Microstudies of the Public Order』에는 '자아의 영역들'에 대한 장이 들어 있다. 고프먼에게 있어 영역은 '전유물 preserve' 혹은 '사물의 장場, a field of things'이라고 보는 것이 가장 적절할 듯하다.

"이 장場의 경계를 통상적으로 순찰하고 방어하는 것은 스스로 이 장에 대한 권리가 있다고 주장하는 청구인들이다(1971, 29)." 라이먼과 스콧과 유사하게 고프먼은 사회학적 관점에서 영역을 유형화하고 있다. 근대 미국사회의 미시정치를 결정하는 영역에는 다음과 같은 것들이 있다.

- **사적 공간**Personal Space. 개인을 둘러싼 공간. 다른 사람이 자신의 사적 공간에 들어왔을 경우 당사자는 권리를 침해당했다는 생각에 불쾌함을 드러내고 때로 아예 그곳을 포기해버리기도 한다(1971, 29).
- **좌판형 공간**The Stall. 개인들이 일시적으로 권리를 주장할 수 있는 경계가 분명한 공간. 완전하게 소유하거나 그렇지 않으면 완전히 권리를 상실하거나 양자택일의 상황밖에는 없다. 공간적 요구에 대해 눈에 잘 띄고 방어가 가능한 외적 경계를 제공해준다(1971, 32~33).
- **덮개형 공간**The Sheath. 신체를 감싸고 있는 피부, 혹은 피부를 감싸고 있는 의복. 자기중심적 영역성의 가장 순수한 형태이다(1971, 38).

또한 고프먼은 영역을 만들어내는 방법과 침해의 양상 및 범법 행위들에 대해서도 논했다.

영역에 대한 이 같은 사회학적 개념들은 인류학적 개념들과 유사하다. 영역적으로 행동하는 사람들을 마치 인종집단이나 하위 문화로 유비해서 생각할 수 있기 때문이다. 하지만 근대성의 특징인 개인주의를 출발점으로 삼고 있는 사회학적 관점은 자아의 영역에 주로 초점을 두고 있으며, 특히 이는 공과 사의 구분을 기초로 삼고 있다.

심리학

행동심리학과 환경심리학 같은 심리학의 하위 분과 역시 영역이라는 주제를 자못 진지하게 다루고 있다(Altman 1975; Brown 1987). 이들 분과학문에서는 라이먼과 스콧처럼 '내부 공간'으로서의 영역과 외부세계의 영역화 사이의 관계를 추적한다고 볼 수 있다. 랠프 테일러 Ralph Taylor가 쓴『인간의 영역적 기능 Human Territorial Functioning』(1988)은 심리적인 영역성 문제를 가장 상세하고 견고하게 다룬 연구서이다. 테일러는 인간의 영역성과 비인간의 영역성이 동일선상에 놓인 것으로 간주하는 '진화적인 사고틀' 속에서, 영역을 질서, 갈등 감소, 경험적인 스트레스 감소, 그리고 이런 기능을 수행하는 여러 가지 영역성의 상대적 효력이라는 측면에서 다루고 있다. 그는 이 책의 첫 여섯 개 장에서 영역의 기능에 대한 일반모델을 제시하고 난 뒤, 이후 네 장에 걸쳐 네 가지 일반적인 환경에서 영역의 작동방식을 상세하게 분석한다. **실내거주환경** indoor residential setting['점유자(들)가 활동에 대한 통제력과 어느 정도의 배제력을 행사할 수 있는 장소', p. 141]에서는 평면도, 가구배치, 특수한 사회관계의 영향 등과 같은 특성을 검토한다. 예를 들어 테일러는 다음과 같이 주장한다. "동일한 내부거주환경을 공유하는 개인들 간에 우호적인 감정이 크게 형성될수록 영역적 기능이 순탄하게 이루어질 것이다. 호감이 증가할수록 해당 거주환경 내 특정 장소들의 공간 및 시간적 할당에 대한 합의가 더 잘 형성될 것이다(p. 147)." **집과 가까운 야외거주공간**outdoor resiential spaces close to home이라는 범주는 집 주위에 있는 길거리, 골목, 마당 등과 같은 장소에서 일어나는 영역의 기능적 작동과 관련된다. 여기서는 '말끔하게 청소한 보도, 박박 문질러 닦아 놓은 계단, 단정하게 손질한 잔디와 관목… 분홍빛 플라밍고들과 도자기 고양이들…
(그리고) 크리스마스, 부활절, 할로윈 등 명절 장식들(p. 177)' 같은 표식
행위들이 중요하다. 이 영역적 표지들은 이웃과 보행자, 잠재적 강도들
에게 정보를 전달한다. 예를 들어 잔디 깎는 기계가 놓여 있는 전략적 위
치에 따라 "이 집 주인은 사람들이 자신의 소유물을 헝클어놓지는 않는
지 항상 감시하는 예민한 사람이므로 이 집 주변의 물건에 함부로 손을
대서는 안 된다(p. 179)"는 의미가 전달될 수 있다. 이런 맥락에서 영역
성은 또한 개체화, 스트레스 감소, 지인 간의 친밀감, 혹은 이웃 간의 유
대 등을 촉진하는 기능을 할 수도 있다. **정규사용환경**regular use settings이
작업장, 사무실, 술집 같은 곳에서 작동하는 영역성의 기능과 관련되어
있다면 **최소영역기능**mininal territorial functioning이라는 범주는 교실과 해변
같은 장소에서 일시적으로 나타나는 영역적 행위들과 관련된다. 테일러
는 자신의 영역적 기능에 대한 이론을 무질서, 범죄, 반反문화행위 같은
다양한 사회문제에 적용시킨 뒤, 감시와 영역적 표지들이 증가하면 무
질서가 감소할 수 있다고 주장한다.

테일러 같은 환경심리학자들이 제시하는 영역관은 근대인들, 특히
20세기 말 미국 중산층들의 특수한 문화행위와 관심을 보편화하고 당연
시하는 경향이 있다. 사회적 삶을 영역화하는 이런 국지적 방식들을 정
교하게 드러내다보면, 실세계를 구성하는 데 있어서 공포가 얼마나 중
요한지 확인할 수 있다.

요약

이와 같이 영역과 영역화에 대한 여러 분과학문의 담론들을 아주 선택

적으로 짧게 훑어보는 과정에서 우리는 영역이 사적인 관계에서 국제적인 관계까지 폭넓은 사회적 관계와 관련된 것으로 이해되고 있음을, 또한 권력의 여러 형태와 표현들이 영역의 구성 및 유지와 긴밀하게 얽혀 있음을 확인할 수 있었다. 이런 여러 가지 관점들을 함께 고려해보면 영역의 복잡성과 의미가 새삼 부각된다. 아니면 최소한 다양한 학자들이 무엇을 영역이라 부르는지 파악할 수 있다. 하지만 현실에서 이런 여러 가지 관점들은 '함께 고려' 되지 못하고 있다. 각 분과학문의 담론들은 영역 자체만을 얇게 썰어 해당 학문의 핵심 관심사에 종속시키는 경향이 있다. (여기서 중요한 예외는 로버트 색Robert Sack의 작업으로, 그의 책 『인간의 영역성Human Territoriality』에 대해서는 제3장에서 자세히 검토할 것이다.) 여러 분과학문의 관점을 함께 고려할 경우 사람들은 그동안 들여다보지 못했던 내용이 많다는 점에 대해, 이런 여러 가지 관점들을 교차시켜 고민해볼 수 있다는 가능성에 대해 크게 충격을 받을 것이다. 우리는 국가, 도시, 인종집단, 공동체, 범죄조직, 가족, 개인 등이 마치 각각의 고유한 세상에서 작동하기 때문에 개별적으로 검토할 수밖에 없다는 듯한 태도로 영역을 학문적으로 영역화하고 있는지도 모른다. 극단의 관점들을 비교해보면 차이가 가장 극명하다. 우리가 처음에 살펴본 국제관계학은 인간이 부재한 정치적 영역을 가정하고 있는 반면, 마지막에서 다룬 환경심리학은 정치가 부재한 개인의 영역을 상상하고 있다. 또한 국제관계학에서 상정하는 영역이 다소 경직되고, 공식적이며, 지속적이고 폭력적인 느낌이라면 환경심리학으로 갈수록 좀 더 유동적이고, 비공식적이며, 순간적이고, 변동성이 높은 형태로 전환됨을 알 수 있다. 어쩌면 이런 학문상의 담론들이 스케일에 따라 잘게 쪼개놓은 세상을, 우리가 거시에서 미시로 더듬어 살펴본 것인지도 모른다. 하지만 그렇게 본다 하더라도 이런 스케일들이 절합될 수 있는지 혹은 어떻게 절합되고 있는지의 문제는 전혀 고민되지 않는다. 게다가, 영역 그 자체가 스케일에 따라 '제약되고', 스케일은 각 분과학문에 근대적인 지식생산시스템에 부합되는 지위를 할당하는 역할을 하고 있을 뿐이다.

하지만 이런 연구 작업은 상이한 여러 관점들 간에 존재하는 공통점 또한 보여줄 수 있다. 실제로 이런 공통점은 최근 무시할 수 없는 비판의 대상이 되었다. 이런 상이한 관점들 간에 존재하는 공통점으로는 영역을 이것 아니면 저것, 내부와 외부라는 식의 다소 과도하게 이원화된 적대의 관점에서 바라보는 경향이 있다. 또한 각각의 관점 속으로 들어가 보면 분명한 평면성이 존재하는데, 즉, 제2장에서 설명한 '수직적' 차이 및 관계보다 '수평적' 차이 및 관계를 우선시하는 경향이 두드러지게 나타난다. 다시 말해서 거시적 차원에서든 미시적 차원에서든 영역을 연구하는 분과학문들은 국가 대 국가, 집단 대 집단, 자아 대 자아의 관계에서 영역을 고찰할 뿐, (거시적이고 미시적인, 혹은 다양한 지리적 스케일에서 형성되는 영역들 간의 관계에서 나타나는) 다소 이질적이거나 복잡한 관계에 관심을 두지는 않는다. 이때 영역에 대한 관점에는 같은 수준의 대상 사이에 존재하는 차이를 조명하려는 경향이 강하게 반영될 뿐이다. 또한 영역이나 경계를 좀 더 복잡한 모자이크 형태로 분석하려 하기보다는 각각을 개별적으로 조명하려는 편향도 존재한다. 더불어 각각의 연구가 각기 상이한 스케일의 대상을 다룰 뿐, 사실상 각각의 대상들을 다루는 방식은 비슷하다는 느낌이 들기도 한다. 국제관계학은 국가를 일종의 통일된 개별 자아의 확장인 것처럼 다루며, 심리학은 자아를 주권국가의 축소판인 것처럼 다룬다. 이들 각각의 개별 분과학문에서 영역성은 자기결정 개념과 밀접한 관계에 있고, 공포, 위험, 안보, 침입, 통제, 방어, 폭력, 완결성의 상실이라는 관점에서 개념화된다.

분과학문을 넘어선 영역

20세기 마지막 30여 년간 여러 분과학문 출신의 학자들이 폭넓은 간학문적 프로젝트를 통해 영역의 영역성을 뛰어넘기 위한 방법을 힘차게 모색하기 시작했다. 포스트구조주의, 포스트모더니즘, 정치경제학, 여성주의 등 여러 이론적 자원에 힘입은 저자들은 지식의 생산에 대해 명시적으로 성찰하기 시작했다. 더불어 기존의 분과학문에서 영역성의 일부 측면들만이 조명된 채 탐구의 폭이 제한되었다는 점 또한 비판적으로 바라보기 시작했다. 지식(영역의 재현)과 권력의 관계에 대한 의식 또한 강해졌다. 이들은 근대성 개념 자체에 시비를 걸지는 않더라도, 최소한 근대성의 이름으로 들이민 일부 주장들에 회의적인 태도를 취하면서 통상적인 영역 개념의 효과에 대해서도 아주 민감하게 반응하기 시작했다. 사실 최근 들어 너무나도 많은 간학문적 프로젝트를 통해 무수한 학자들이 영역이라는 주제를 다루고 있다는 점에서 오늘날은 가히 영역성이론의 황금기라 할만하다. 이는 어찌 보면 사회과학 전반에서 일어난 세대교체와 간학문성의 강화에서 비롯된 흐름일 수 있다. 이런 참신한 접근들은 비판적인 성격을 강하게 드러낸다. 즉, 개별 분과학문에서 이어져온 담론들에 비판적이고, 영역성을 바탕으로 실제로 권력을 행사하고 경험하게 만드는 것들에 비판적이며, 개별 분과학문의 담론들이 권력행사에 일조하고 있다는 점에 대해 비판적이다. 이 모든 새로운 움직임들을 통해 영역에 대한 새로운 이해방식이 출현하게 되었고, 이로써 관례적인 개념이 전복되었다.

이 절에서는 앞서 개괄했던 분과학문들의 담론을 따라가면서 중요한 간학문 프로젝트 몇 가지를 검토할 것이다. 먼저 국제관계학에 대한 포스트 구조주의적 관점과 인문지리학 내에서 출현한 비판지정학을 살펴본다. 그다음에는 영역에 대한 이해의 변화와 관련된 급진비판지리학 내 몇 가지 핵심 주제들을 좀 더 일반적인 차원에서 다루고 난 뒤 문화이론, 그중에서도 특히 최근에 재이론화되고 있는 경계이론의 역할을 간단하게 살펴볼 것이다. 마지막으로 최근 영역에 대한 논쟁에서 가장 큰 관심의 대상이라 할 수 있는 세계화와 그로 인한 소위 탈영역화의 효과에 대해 간단히 언급하면서 이 절을 마무리하도록 하겠다.

신국제관계학

국제관계학은 최근의 이론적 · 실천적 변동에서 상당한 영향을 받았다. 이제까지 국제관계학에 큰 영향을 미치지 못했던 사회이론 및 방법의 수혜를 입은 많은 학자들은 현실주의자와 이상주의자 간의 '대설전'에 한정된 틀을 깨고 나오려는 시도를 벌였다. 그 첫 발판으로 이들은 이 논쟁에 등장하는 표현들을 꾸준히 분석하고 비판했다. 그 과정에서 전통적인 국제관계학 담론에서 사용하는 '주권', '아나키', '국제적'이라는 개념 자체를 비판적으로 검토하기 시작했다. 이 개념들 모두 무비판적인 영역성 개념에 기초한 것이었다는 점을 고려했을 때 이 같은 비판적 탐구의 결과, 영역 및 영역과 권력/의미/경험 간의 관계를 참신하고 생산적인 방식으로 재개념화하게 된 것은 당연한 일인지도 모른다. 여기서는 비판적 탐구의 세 갈래(역사화, 담론성discursivity, 영역의 개념변화 —정적인 용기로서의 영역에서 그 용기를 결정하고 경계를 넘나드는 사람들의 이동성을 좌우하는 경계로서의 영역)를 간단히 살펴볼 것이다.

국제관계학의 외교술statecraft과 지정학 담론이 영역국가를 준자연적이고 본원적인 권력이 공간화된 것으로 가정한다면, 비판적인 국제관계론의 주요 업적은 영역국가의 역사성을 파헤치는 것이라 할 수 있다. 그렇다고 단순히 이런 영역국가의 출현과 '진화', 그리고 전 지구적 확산을 추적하거나, 통상 정치지리학에서 하듯 항구적인 틀을 가정해놓고 그 안에서 (지리적) 배치가 어떻게 변화하는지 탐구하는 데 그치지 않는다. 비판적 국제관계이론은 항구적인 틀 그 자체의 역사적·문화적·정치적 우발성을 강조한다. 다시 말해서 이들은 권력과 영역 간의 가장 본원적인 근대적 관계 중 하나를 탈자연화하고 다시 정치화하고자 한다. 이런 노력을 선두에서 이끌고 있는 워커R. J. B. Walker는 다음과 같이 적고 있다.

> 역사적으로 국가주권의 근대적 권리는 국가의 정당성과 그 특성의 법적 표현으로서 출현하게 되었다… 가장 근본적으로 이는 한계가 분명하게 정해진 영역적 경계 내에서 정당한 권리를 행사하겠다는 국가의 권리주장을 나타낸다. 이제 이 주장은 일면 자연스러우면서도 고상해보이게 되었다… 국가주권에 대한 주장은 영구성을 전제한다. 국가는 시간에 따라 변하는 특성을 가지고 있지만, 이 국가가 점유한 영역적 공간은 상대적으로 변치 않는다는 암묵적 전제가 있다. 경우에 따라 국가주권은 어떤 민족의 문화적·인종적 열망으로 가득 채워진 공간적이면서도 제도적인

용기로 인식된다. 정부와 레짐은 변할 수도 있지만 주권국가는 영속한다
(1993, 165~166).

하지만 워커는 이와 상반되는 이야기도 가능하다고 주장한다.

예전에는 세상이 이렇지 않았다. 우리가 지금 당연하게 여기는 포함과
배제의 패턴은 역사적 혁신의 산물이다. 국가주권 원칙은 이런 패턴의
고전적 표현으로서, 이런 패턴들이 영속적이라는 신념(현실주의)이나 일
종의 전 지구적인 코스모폴리스를 위해서는 이런 패턴들을 없애버려야
한다는 신념(이상주의)을 조장할 뿐이다. 통일성과 다양성, 내부와 외부,
공간과 시간에 대한 이런 고착화된 관념은 자연적이라고 볼 수 없다. 피
할 수 없는 것도 아니다. 이는 모든 근대국가의 중요한 실천일 수는 있어
도, 자연적이거나 피할 수 없는 것은 아니다(1993, 179).

즉,. 신국제관계학은 정치권력의 영역화를 필연성보다는 우발성의 관
점에서 설명하고 있으며, 이를 바탕으로 영역성을 더욱 심층적으로 탐
구할 수 있는 새로운 연구 경향이 나타나게 되었다.

이와 관련된 두 번째 비판적인 작업은 영역을 담론적 실천의 **효과**로서
강조하고, 이러한 (담론적) 주장과 가정들이 외교술과 외교담론 같은 국
제관계학의 전통담론에서, 그리고 더 나아가 대중들의 상상 속에서 어
떻게 작동하는지를 특별히 부각시키는 것이다(George 1994). 여기서
담론이란 단순히 국경선이나 공간이 지닌 '의미'를 투명하게 전달하는
것도 아니고, 수사의 작동과 관련된 것도 아니다. 담론은 주권과 주권영
역, 그리고 그와 관련되거나 반대되는 이미지들을 본질화하거나 보편화

하는 효과를 가진 유형화되고 구조화된 사고·발화·서술·행위양식을 말한다. 이런 맥락에서 워커는 근대적 국제관계이론을 다음과 같이 이해하기를 제안한다.

> 근대적인 국제관계이론은 특정한 역사적 상황 속에서 형성된 (인간의) 공간적 존재론을 체계적이고 구체화된 방식으로 표현한 담론이라 이해할 필요가 있다. 즉, 여기와 저기를 확연하게 구분하는 근대적인 국제관계론은 근대국가의 안이나 바깥에 존재(혹은 부재)하는 정치적 삶이 우리로 하여금 우리에게 주어진 구조적 필요성을 이해할 수 있게 해주고, 새로운 자유와 역사를 드러낼 수 있게 해주는 유일한 근거라고 밝히고 끊임없이 확인하는 담론이다(1993, ix).

게다가 이러한 전통적인 영역적 담론들과 그것들에 관련된 지식들은 특정 종류의 전문지식에 근거하여 구축되었고 유구한 역사를 가진 국제관계이론과 소통하고 있기 때문에 권력의 실제적 작동과 무관하지 않다. 필립 다비Phillip Darby의 표현처럼 "국제관계학이라는 하나의 사고체계는 전 지구적 관계에서 서구의 헤게모니적 지위와, 특히 영국과 미국의 역사적 두각과 떼어놓고서는 이해할 수 없다(2003, 149)." 여기서 그는 **정확**하게 이해할 수 없다고 말하고 싶었던 것이다. 이미 대체로 많은 이들이 이런 정치적 상황을 제쳐놓고 국제관계학을 사고하고 있기 때문이다. 스미스는 좀 더 서슴없이 "국제이론은 계몽과 지식의 이름으로 타자들을 위협하고 규율하며 폭력을 행사하는 국제적 관행을 창조하거나 재창조하는 행위를 수용하고, 더 나아가 이에 공모하는 담론으로 기능하는 경향이 있다"고 밝히고 있다(1995, 3). 이러한 지식주장들의 가장 근간이 되는 요소들 중에는 영역과 관련된 것도 있다.

저명한 비판국제관계이론가인 리처드 애슐리Richard Ashley 역시 전통 국제관계이론의 '지배적인 해석방식'을 검토한다. 「지정학적 공간의 지정학The Geopolitics of Geopolitical Space」(1987)에서 그는 국가의 영역적 주권을 둘러싼 지배담론에 대해 '계보학적 태도'를 취할 것을 제안한다. 이는 지식주장의 생산과 순환에 대한 회의적인 태도로서

> 학문 분야의 '자율성'과 '정체성'을 여러 가지 요인들 사이에서 이루어지는 권력 작동의 결과로 이해하자는 입장을 말한다. 권력이 여러 다양한 주제, 개념, 서사, 실천들 중에서 어떤 것들은 배제하고 침묵시키며, 다른 곳으로 멀리 내쫓고, 혹은 어떤 것들은 재결합하거나, 새로운 혹은 전복된 방식으로 강조함으로써, 어떤 요인들을 다른 요인들보다 더 우선시하고, 경계를 설정하며, 실천을 규율하여, 실천적 공간에 대한 이러한 규범화된 구분을 생산한다고 할 때, 우리는 이런 권력의 전략과 기교, 의식儀式을 살피고 싶어진다(1987, 41).

여기서 말하는 '공간'이란 정치학과의 관련 속에서 국제관계학이 독자적으로 지니는 분과학문적 '터전'이 담론적으로 구성된 것이지만, 동시에 (근대적 국제관계이론에서) 전제된 '자율성'과 '정체성'이 받아들여지는 정치적 영역이 재현된 것이기도 하다. 사실 이 같은 정치영역을 재현하는 것은 국제관계학이 권위 있는 전문분야로서 자신을 자리매김하는 데 있어 필수적인 것이다. 이런 공간적 담론은 주권/아나키, 내국/외국, 국내/국제를 가르는 구조적 대립으로서의 안팎 개념에서 가장 극명하게 나타난다.

다시 한 번 강조할 것은 이런 비판적 실천의 목적이 근대적인 국가중심적 영역성 및 영역화된 정체성과 연계된 '세계구성방식'과 이론화방식, 사고방식에 내재한 우발성 혹은 비非필연성을 드러내는 것이라는 점이다. 다시 말해서 이런 사고 및 이론 활동 역시 기존의 권력분배에 좌우된다는 사실을 강조하고, 다른 가능성을, 즉 근대적인 영역성이 승인하는 것과는 다른 공간-권력-의미-경험의 배치를 상상할 수 있는 창구를 마련하고자 하는 것이다. 워커는 자신의 책 『내부/외부』(1993)의 결론에서 어떻게 하면 "영역적 공간, 즉 여기와 저기를 확연히 가르는 선의 존재를 가정하지 않고서 정체성, 민주주의, 공동체, 책임성 혹은 안보를 그럴 듯하게 설명(p. 182)"할 수 있을지 상상해볼 것을 요구한다.

경계에 대한 비판적인 분석은 근대적이고 국가중심적인 권력의 영역화가 그와는 속성이 다른 영역들과 관계 맺는 방식을 이해하고, 나아가 이와 관련하여 의식意識 속에 깃들어 있는 이원화된 내부/외부의 작동에 대해 연구하는 것을 필요로 한다. 즉, 경계를 반드시 주권국가의 분명하고 안정된 테두리로 사고해야 하는 것은 아니다. 특히 비판적인 국제관계학이론에서는 영역을 완전하게 봉합된 용기로 바라보는 관점에서 탈피하여 초-경계적 이동성을 탐색하려는 움직임이 일고 있다. 이에 대해서는 뒤에서 좀 더 자세히 다루도록 하겠다. 초-경계적 이동성에 대한 인식은 영역에 대한 관례적인 국제관계학의 사고를 재정향할 것을 요구한다고 볼 수 있다. 일례로 피터 맨더빌Peter Mandaville은 전 지구적 사회에서 '초지역성translocality'의 중요성이 날로 커지고 있기 때문에 "정치적 영역성의 본질이 어느 정도 변형될 수 있다(1999, 653)"고 확신한다. 실제로 그는 "고전적 의미의 영역(나는 이것을 특정한 정치적 헤게모니의 배타적 관할구역으로 한정된 영향권 개념으로 이해한다)은 더 이상 정치적인 것the political의 기본공간을 구성하지 못할 수 있다(p. 654)"고 주장한다. 그는 다음과 같이 서술하고 있다. "정치적 주체의 비육체적 표현양식 때문에 경계가 가진 침투성이 강화되었다. 사람들은 공식적인 국가공간이라는 '작은 상자' 안에 산다기보다는 영역을 넘나들며, 영역 사이에서 살아가고 있다(p. 658)." 그는 국제관계학이론가들이 '정체성, 공동체, 영역을 더욱 풍부하게 설명' 하려면 '초지역성의 정치'를 연구해야 한다고 주장한다(p. 655). 뒤에서 보겠지만 이 같은 '탈영역화' 논의에 대한 호응이 전혀 없었던 것은 아니다. 새로운 국제관계학이론에서는 영역에 대한 전통적인 이해방식을 유례가 없을 정도로 강하게 비판했다. 주권을 가진 국민국가라는 상식적인 세상, 그리고 이와 관련된 정체성과 권력은 전 지구적인 규모로 진행되는 협잡을 위한 무대장치에 지나지 않는 것처럼 보인다.

비판지정학

주로 정치지리학자들의 활약으로 진행된 비판지정학 프로젝트 또한 국가중심적 영역성의 재이론화에 크게 기여했다. 핵심참여자라 할 수 있는 사이먼 달비Simon Dalby와 제라르 오투아셀Gearoid O Tuathail에 따르면 비판지정학이란 "국제정치와 국내정치 모두에서, 그리고 더 나아가 (국제와 국내를 가르는) 이러한 구분이 틀렸음을 보여주는 공간들에서, 지리학적 지식의 정치를 꾸준히 지적으로 탐색하는 작업(1996, 452)"이라 할 수 있다. 오투아셀은 다음과 같이 말한다.

'비판지정학'은 지리학의 이해방식에 대한 새로운 정치화와 세계정치연구에 대한 지리학의 새로운 적용 모두를 가능케 한다. 경계를 넘나들고자 하는 비판지정학은 공동체든, 유구한 철학적 경계든 소위 본질적인 정체성으로 거론되는 것에 도전하고자 한다(1994, 525).

비판지정학의 기본적인 목적은 '지정학'이라는 개념 자체와 그 효과를 비판적으로 분석하는 것이다. 예를 들어 오투아셀은 정치지리학자 솔 코헨과 유사하게 '지정학'에 대한 상당히 표준적인 정의를 제시한다. 코헨에 따르면 "지정학적 분석의 정수는 국제적인 정치권력과 지리적 배경 간의 관계이다(Cohen 1974, 29)." 오투아셀은 이 간단한 정의 속에 다음과 같은 가정이 포함되어 있다고 지적한다.

지정학은 고정된 점이자, 알려진 정체성이며, 현존presence이다. 이 점은 두 가지 분리된 지식 분야 혹은 영역, 즉 '국제정치권력'과 '지리적 배경'의 교차점에 위치해 있다. 이 두 땅이 교차하는 곳에 지정학이 있다…이 용어에서 연상되는 관계들이 지리학과 그 대립쌍(역사/정치/이데올로기)의 관계를 규정한다. 지정학적 전통 내에서 지리학은 역사적인 것이 아니라 자연적인 것으로, 역동적인 것이 아니라 수동적인 것으로, 일시적인 것이 아니라 영구적인 것으로, 유동적인 것이 아니라 견고한 것으로, 드라마가 아니라 무대로 인식되어왔다(O Tuathail 1994, 531).

비판지정학자들은 지식생산자들의 공모와 권력의 정당화 과정을 보여주기 위해 라첼과 하트손 같은 주요 정치지리학자 및 지정학자들의 저작을 분석하여 정치적으로 맥락화하기도 한다(Bassin 2003; Heffernan

2000; Kearns 2003). 비판지정학자들은 크고 작은 모든 분석과 경험에서 권력에 대한 오늘날의 사고의 많은 부분을 결정하는 영역에 대한 기성의 개념들을 뒤흔들고자 한다.

정치적 공간을 새롭게 사고하는 데 기여한 중요한 인물로는 지리학자 존 애그뉴John Agnew가 있다. 애그뉴는 워커나 애슐리 같은 국제관계학자들의 논의에 근거하여 이른바 '영역적 함정The Territorial Trap(1994, Agnew and Corbridge 1995에서 재발행)'을 분석한다. (영역적 함정이라 불리는) 이 분석적 함정은 국제관계학과 정치지리학 분야에서 정치적 영역을 "관례적으로 재현하는 전통적 사고와 방식의 밑바탕이 되는 특정한 (그리고 암묵적인) 지리학적 가정들"로 구성되어 있으며(1995, 79), 또한 대부분의 사회과학에서 의심 없이 사용하는 많은 상식들을 그대로 받아들인다.

> 이들의 관점에서 국가는 서로 간의 상호작용을 통해 본성을 결정하는 단일한 행위자들이다. 모든 국가는 가능한 한 다른 국가보다 더 높은 지위를 얻고자 한다. 국가의 영역 외에 그 어떤 공간적 단위도 국제관계와 관련되어 있지 않다. 국가하부단위(지역, 광역지역 같은)나 국가보다 더 큰 단위(세계지역, 지구 같은)와 관련된 과정들은 필연적으로 배제된다 (1995, 81~82).

(영역적 함정에 의해 형성된) '가장 근본적인' 첫 번째 오해는 "국가는 주권적 공간의 고정된 단위로 구체화되었다(Agnew and Corbridge 1995, 83~84)"는 사고이다. "이러한 사고는 국가의 형성과 붕괴 과정을 탈역사화하고 탈맥락화하는 역할을 했다. 현실주의와 이상주의 모두 이

런 가정에 깊이 근거하고 있다(pp. 83~84)." 이런 식의 함정 때문에 (매우 특정한 방식으로 이해되거나 혹은 오해되는) '안보'라는 것은 지정학적 관심의 중심에 놓이게 되었다. "중요한 것은 영역을 통한 국가의 생존과 유지이다. 영역국가로 쪼개진 세상에서 국가가 그 영역공간을 통해 주권을 유지한다는 사실은 국가의 가장 위력적인 정당화 논리라 할 수 있다. 영역적 공간이 없다면 국가는 그저 여러 조직체 중 하나일 뿐이다(p. 84)." (영역적 함정과 관련된) 두 번째 가정은 "상이한 규모에서 작동하는 여러 과정들 간의 상호작용을 모호하게 만드는 내국/외국, 국내/국제 이분법이다(p. 84)." 이런 개념적 이원론을 의심 없이 수용하다보니 영역의 수직성을 거부하는 일이 벌어지는 것이다. 이는 다시 영역적 권력이 영역의 표면 위를 고르게 작동하고 수평적인 것이라고 독해하는 관행에 저항하기 어렵게 만든다. 세 번째 중요한 오해는 "영역국가가 사회 이전에 존재하는 사회의 용기라는 인식"이다. 따라서 이런 관점에서 "사회는 국가적인 현상이다. 이런 가정은 모든 국제관계이론에서 공통적으로 나타난다(p. 84)." 분석가(그 외 다른 누구라 하더라도)가 이렇게 가정할 경우 함정에 빠져버리고 만다. 이로 인해 특히 현대사에 대한 평가와 관련하여 아주 치명적인 결과가 발생하기도 한다. 예를 들어 영역적 함정에 빠질 경우 우리는 전쟁을 '미국'과 '이라크' 간의 폭력적인 조우라고 손쉽게 생각한다. 그리고 '미국'과 '이라크' 각각을 흠 잡을 데 없이 통일적인 단위라고 가정한다. 그 결과, 예컨대 전 지구적인 군사주의, 석유에 대한 경제적 통제, 국제금융의 역할, 종교적 근본주의, 각각의 정치 공간 내에 존재하는 높은 수준의 정치적 불만의 작용 같은 것들은 희미해지고 만다. 이와 유사하게 이 영역적 함정의 관점에서 미국–멕시코 국경 간의 이주를 바라볼 경우 인종, 계급, 성별 간의 동학과 국제노동분업의 재구조화라는 더 중요한 요인들을 보지 못하고, 미국–멕시코 국경 간 이주를 둘러싼 문제를 국민국가 간의 갈등으로 축소시키게 된다.

하지만 애그뉴는 다음과 같이 주장한다.

각각의 가정들은 문제가 있으며 앞으로 더욱 그럴 것이다. 존재론적으로 보았을 때 사회 · 경제 · 정치적 삶은 국가라는 영역적 경계 속에 담을 수가 없다… 복잡한 인구이동, 날로 증가하는 자본의 이동성, 생태적 상호의존성의 증가, 정보경제의 확장, 새로운 군사기술의 '시간정치학 chronopolitics'은 기존 국제관계이론이 기반을 두고 있었던 지리적 가정에 도전하고 있다(Agnew and Corbridge 1995, 100).

크게 보았을 때 비판지정학은 비판지리학의 한 부분으로 이해할 수 있다. 다른 사회과학분야의 학자들과 마찬가지로 지리학자들 역시 최근 확장되고 있는 이론적 자원에 크게 영향을 받았고, 또한 이런 이론적 자원의 확장에 기여했다. 이로써 이들의 이론적 지위(와 그 내에서의 대화)가 분과학문으로서의 지위(와 그 안에서의 대화)보다 더 중요한 경우가 많아졌다. 예를 들어 여성주의지리학자들은 다른 지리학자들보다 차라리 다른 분과학문의 여성주의자들과 더 풍부하게 소통할 수 있다. 포스트모던 지리학자들 역시 다른 지리학자들보다는 다른 포스트모던 연구자들과 더 깊은 유대감을 느낄 수 있다. 또한 인문지리학은 영역 이외에도 방대한 분야를 다루고 있으며, 영역을 재개념화하는 방법에 대해서는 여러 분과학문의 이론적 성과가 심대한 영향을 미쳤다.

지리학에서 마르크스주의를 비롯한 여러 급진철학들의 등장하면서 지리학 안팎에 미친 초기의 영향과 그 이후 지속된 중요성 또한 간과해서는 안 된다. '정치'에 대한 주류 정치지리학적 개념과는 다르게 (데이비드 하비, 도린 매시, 리처드 피트, 닐 스미스를 비롯한 많은) 마르크스주의 지리학자들은 자본축적, 산업생산, 노동관계, 불균등발전, 그리고 소비라는 역사적 과정 속에서 영역(좀 더 일반적으로는 공간과 장소)을 설명하기 시작했다(Storper and Scott 1986; Storper and Walker 1989). 이제 영역은 단순히 주권을 가진 권위체를 담는 그릇이 아니라, 침투력을 가진 사회적 힘의 작동을 반영, 강화 혹은 침해하는 것으로 이해되고 있다. 하비에 따르면 "영역화는 결국 기술적 조건과 정치-경제적 조건이라는 맥락 속에서 내려진 결정과 정치적 투쟁의 산물이다(2000, 75)." 마르스크주의 지리학자들은 또한 자본주의 생산양식 및 사회통제에 수반되는 인간의 경험적 고통과 사회정의의 문제를 명시적으로 고려하면서, 영역화를 둘러싼 과정들을 규범적으로 평가한다. 이때 자본주의 정치경제의 영역적 재편은 정적인 이차원 그릇으로는 감당하지 못한다. 기존의 지도학적 방법으로도 표현할 수가 없다. 자본주의 정치경제의 영역적 재편을 구성하는 것은 자본축적에 내재한 과정들을 반영하고 강화하며 재생산하고 때에 따라 침해하기도 하는 유동적인 모자이크들이다. 하비는 '자본주의의 지정학The Geopolitics of Capitalism'(1985)이라는 중요한 글에서 다음과 같이 적고 있다. "자본주의의 내적 모순은 지리적 경관의 쉼 없는 구성과 재구성을 통해 표현된다. 이는 자본주의의 역사지리(와 여기에 관련된 영역화 및 재영역화)가 꾸준히 춤을 춰야만 하는 장단과 같다(p. 150)." 이 과정은 투자와 투자회수, 노동시장 분

할 및 작업장 규율 혹은 탈규율과 관련된 미시-영역화 과정처럼 지역적
으로 나타나는 소규모 과정들을 비롯하여 국가형성(과 해체), 식민주의,
탈식민화 같은 대규모 사회-공간과정에 적용되며, 이런 것들 속에서 분
명하게 나타난다.

　여러 비판지리학자들이 사용한 개념들 중에서 영역의 작동을 이해하
는 데 특별히 중요한 함의를 가진 유용한 개념은 '공간의 생산'이라는
개념이다. 이 개념을 처음으로 만든 사람은 프랑스 마르크스주의 철학
자 앙리 르페브르이다. 이 개념은 (영역의 재편을 비롯한 여타) 사회적
공간은 "사회적 산물이다. 그렇게 생산된 공간은 사고와 행위의 수단으
로 기능하거나 통제수단, 그리고 지배와 권력의 수단이 될 수도 있다. 하
지만 사회적 공간은 그것을 사용하는 사람들에게 잘 포착되지 않는다
(1991, 26)"는 전제에서 출발한다. 많은 학자들은 르페브르가 구분한
'공간의 재현representations of space'과 '공간적 재현spatial representations' 간의
차이가 아주 유용한 지점이라고 생각한다. 공간의 재현은 "과학자, 정책
입안가, 도시계획전문가, 기술관료, 사회공학자들에 의해 개념화된 공
간(p. 38)"을 말한다. 반면 재현적 공간은 "관련 이미지와 상징들을 통해
직접적으로 경험되는 공간, 거주자들의 공간(p. 39)"을 의미한다. 이런
구분은 한편으로는 기존의 국제관계학, 지정학, 외교술, 집단화
collectivization나 탈집단화decollectivization, 계획수립, 부동산 관련 변호사 및
판사들이 영역을 상상하고 재현하는 방식과, 이주민, 난민, 주둔군이나
세입자들이 영역을 경험하는 방식 간의 차이를 포착하는 데 도움이 될
수 있다. 이 장의 첫 부분에서 우리가 살펴보았던 영역에 대한 많은 관점
들이 르페브르의 공간의 재현에 대한 예시라고 볼 수도 있다. 영역의 작

동은 공간에 대한 하나로 수렴되지 않는 (혹은 경우에 따라 적대적이기까지 한) 경향들 간의 긴장 혹은 모순과의 관계 속에, 또한 이런 모순들이 좌우하는 실천들과의 관계 속에서도 이해할 수 있을 것이다. 특히 주권국가의 영역화와 자유로운 자산소유권체제와 관련하여 르페브르는 "안보라는 외양과 꾸준한 위협 간의, 그리고 실제로 간헐적으로 나타나는 폭력의 분출 간의(p. 53)" 모순을 부각시키고 있다.

　공간의 생산이라는 개념은 영역성의 재개념화를 위한 무수한 자원을 제공한다. 하지만 짧은 개론서라는 한계 때문에 여기서는 영역(혹은 좀더 일반적으로 '공간')과 '사회' 간의 존재론적 구분이 무너지고, '공간성spatialities'이나 '사회공간적인 것the socio-spatial'과 같은 좀 더 구성주의적인 개념들이 나타나 오늘날의 비판지리학에 자양분을 제공하게 되었음을 강조하는 데서 만족하고자 한다. 예를 들어 에드워드 소자Edward Soja는 르페브르의 논의에 대한 자신의 독자적인 해석에 근거하여 '사회'와 '공간' 간의 오래된 구분을 해체하는 데 기여했다. 그는 다음과 같이 말한다. "살아 있다는 것은 공간의 사회적 생산에 참여한다는 것이다. 다시 말해서 항구적인 변화 속에서 사회적 행위와 관계를 응결시키는 공간성의 형태를 빚어내는 동시에 이런 공간성에 의해 자신의 형태를 결정당하는 것이다(1985, 90)." 그는 "사회적 삶은 공간을 만들어내는 동시에 공간에 의해 좌우된다(p. 94)"고 확신한다. 그는 엄청난 영향력을 미쳤던 자신의 책 『포스트모던 지리학Postmodern Geographies』(국역본, 『공간과 비판사회이론』 이무용 외 역, 시각과 언어, 1997)에서 이 중몇 가지 사고를 확장시켰다. 우리에게 중요한 것은 1970년대와 1980년대에 들어 영역이 사회적인 것the social을 담아내는 다양한 용기들을 단순히 구획화하는 수동적인 격자망과 공간망이 아니라는 인식이 확산되기 시작했다는 점이다. 비판지리학자들은 이제 영역을 인간의 사회적 행위, 존재, 의식, 경험과 관련된 거의 모든 측면에서 이러저러한 방식으로 복잡하게 뒤얽혀 있는 것으로 바라보기 시작했다.

여성주의적인 사회-공간 분석 및 비평의 발달과 확산 역시 '공간적인 것'과 '사회적인 것' 간의 상호구성성을 재고할 수밖에 없게 만든 사회이론상의 중요한 진전이다. 공간, 권력, 경험 간의 관계에 관심을 가진 다른 학문 분야의 여성주의자들과 여성주의 지리학자들은 영역 그 자체를 주제로 삼기보다는 공간과 장소에 대한 많은 글을 남겼다. 하지만 공간과 권력에 대한 여성주의자들의 이해는 영역을 재개념화하는데, 또한 영역을 통한 실천과 경험을 분명히 이해하는 데 크게 기여했다 (Aiken et al. 1998; McDowell and Sharp 1997).

예를 들어 도모쉬Domosh와 시거Seager의 『장소와 여성Putting Women in Place』(2001)은 다양한 스케일의 경험과 상상으로 표현되는 사회생활의 역사적 공간화와 성별, 섹슈얼리티, 가부장제의 관계를 추적한다. '직장'과 '가정'의 성별화된 구분, '공'과 '사'의 이원적인 공간화, 성별에 따른 노동분업 등 이들의 분석에서 가장 중요한 많은 부분들이 이른바 영역화와 관련되어 있다. 이들은 도시공간의 특징이라 할 수 있는 배제와 제한에 주목하여 도시공간의 영역화를 검토하고, 국가주의, 식민주의, 제국주의 프로젝트에서 나타나는 성별 이데올로기(와 차별화된 경험들)의 구성적 성격 또한 다루고 있다. 이 모든 것들이 남녀 모두의 삶과 긴밀한 관계 속에 놓여 있는 영역적 배열의 높은 밀도와 변동성을 보여준다.

사회공간의 성별화된 역사와 정치에 대한 여성주의적 분석을 통해 우리는 권력, 이데올로기, 경험, 그리고 여러 형태의 영역화 간의 복잡한 관계를 더욱 풍성하게 이해하게 되었다. 여성주의적 분석의 중요한 기여 중 하나는 그동안 성별과 섹슈얼리티 문제가 영역에 대한 (수많은 '비판적인' 작업에서뿐만 아니라) 거의 모든 전통적인 논의에서 체계적으로 배제되어 있었다는 사실에 대한 자각이다. 영역성에 대한 여성주의적 독해는 또한 성별화된 영역성의 역사와 그것의 다양한 문화적 형태들이 어떻게 다른 사회적 힘들과 교차하고, 다른 사회적 힘들을 조건 지우는지 보여준다. 이 과정에서 우리는 '노동work', '정치적인 것the political', '주체the subject'에 대한 기존의 개념들을 수정하게 된다. 마지막으로 여성주의의 작업은 신체내부(질과 자궁)에서부터 전 지구적인 스케일에 이르기까지 모든 공간적 스케일에 대한 분석에서 영역의 표현과 실천을 개념화할 수 있는 자원을 제공해준다. 여성주의 공간연구는 성적 지향, 인종, 장애, 연령 같은 다른 권력의 맥락에서 영역성의 관련성을 재고할 수 있는 방법을 열어주기도 했다.

문화이론

최근 영역화를 재개념화하는 데 상당한 영향을 미친 또 다른 간학문적 프로젝트는 문화이론, 그중에서도 특히 경계이론이다. 이때 문화이론은 인류학의 발전 과정에서 나타난 것을 말한다. 국제관계학에서 '주권'을, 지리학에서 '공간'을, 여성주의에서 '정치'를 재평가한 것과 비슷하게 인류학자들은 기존의 문화개념을 비판적으로 검토하기 시작했다. 다른 간학문적 프로젝트와 마찬가지로, 이 같은 재평가 작업은 그동안 당연시했던 영역의 재현들이 어떻게 각 분과학문의 핵심 주제들에 대한 기성의 관점들에 영향을 미치게 되었는가를 재평가하는 작업으로 이어졌다. 공간과 문화에 대한 새로운 이해방식은 비판적인 국제관계이론과 비판지리학에 역시 영향을 미쳤는데, 특히 세계화의 의미에 대한 논쟁에 큰 영향을 미쳤다.

굽타Gupta와 퍼거슨Ferguson은 「'문화'를 넘어서 : 공간, 정체성, 차이의 정치학Beyond 'Culture' : Space, Identity and the Politics of Difference」(1997a)에서 "공간, 장소, 문화를 동형구조로 가정(p. 34)"하는 습성을 비판하고 "정체성이 완전히 탈영토화된 것은 아니더라도, 최소한 다양하고 차별적인 방식으로 영토화 되어가고 있는 세상"을 직접적으로 주목한다(p. 37). 이것은 '여기'와 '저기'의 구분이 희미해진(p. 38) 세상이다. 저자들은 문화와 정체성에 대한 기존의 영역적 재현들이 가리고 있는 것을 드러내고자 한다. 즉, 이들은 문화적 형태의 영역적 함정을 비판하고 있는 것이다. 첫째, 문화와 정체성에 대한 기존의 담론들은 "경계에 살고 있는 사람들, 국경의 날카로운 가장자리를 따라 위치해 있는 좁은 폭의 공간에서 살아가는 사람들(p. 34)"을 무시하는 경향이 있다. "문화라는 것이 다른 것과 구분되어 독자적으로 존재하는 사물과 같은 현상이어서 별개의 독자적인 공간을 차지하고 있다는 허구는 경계지대에 살고 있는 사람들에게는 적용되지 않는다(p. 34)." 둘째, 분과학문의 담론들은 커다란 문화적 동질성을 가정하고, 영역적 공간들 안에 있는 이질적 측면들을 보이지 않게 감추거나 무시한다. 예컨대, "'하위 문화'라는 개념은 동일한 지리·영역적 공간 안에서 지배문화와 기타 여러 문화들 간의 관계를 인정하면서 상이한 '문화들'이라는 개념을 유지하고자 한다(p. 35)."

이런 식으로 문화적 이질성은 국가중심적인 영역 개념에 의해 길들여지고 억제된다. 셋째, 영역을 이처럼 상상하기 때문에 탈식민성의 문화적 동학에 대한 탐구가 어려워진다. 굽타와 퍼거슨은 다음과 같이 묻는다. "탈식민성이라는 혼종문화가 속하는 장소는 어디인가? 식민지와의 조우는 피식민국가와 식민국가 양자 모두에서 '새로운 문화'를 만들어내는가, 아니면 국가와 문화는 동형구조라는 인식을 뒤흔드는가? … 탈식민성은 공간과 문화의 관계를 문제시한다(p. 35)." 따라서 탈식민이론은 공간과 문화의 관계에 대한 기존의 이해방식이 문화나 정치적 영역을 파악하는 데 생각보다 유용하지 않음을 보여준다. 영역과 문화가 동형구조라는 가정을 거부하는 경우 그동안 생각하지 못했던 새로운 질문과 문제들이 한 묶음씩 나타나게 된다. 이들은 다음과 같이 단언한다. "특히 우리에게 도전은 장소를 상상하는 방식에 초점을 맞춤으로써 장소형성(과 영역화)에 대한 이런 개념적 과정이 생활공간의 전 지구적 경제 및 정치적 조건들과 만나는 메커니즘을 탐색하는 것이다." 이들은 다음과 같이 제안한다.

우리는 고도의 근대성의 공간을 분쇄하는 역할을 하는 탈영역화 개념에서 멈출 것이 아니라 오늘날의 사회에서 공간이 어떻게 재영역화되고 있는지를 이론화할 필요가 있다… 지금까지 문화적 차이의 지도를 그려내는 유일한 격자망으로 인식되었던 물리적인 위치와 물리적 영역은 다중적인 격자망으로 대체될 필요가 있는데, 이 다중적인 격자망은 우리로 하여금 관계와 인접성이 계급, 성별, 인종, 섹슈얼리티 등과 같은 요인들에 의해 상당히 변화무쌍하게 변할 수 있을 뿐만 아니라, 그러한 관계와 인접성의 활용 가능성이 권력영역의 상이한 장소에 놓인 이들에게 차별적으로 주어진다는 사실을 알게 해준다(1997a, 50).

이 '다중적인 격자망multiple grid'을 제공하기 위한 가장 힘 있는 시도
는 문화적 세계화에 대한 아파두라이Arjun Appadurai의 작업에서 나타난
다. 그는 다음과 같이 적고 있다. "탈영역화는 현대사회의 핵심적인 특
징 중 하나이다(1990, 11)." 정적인 공간보다는 이동성에 더 큰 지위를
부여하는 그는 '문화적 흐름의 여러 측면들'을 개괄하면서, 사람, 사물,
화폐, 이미지, 사고가 국민국가라는 영역적 격자망을 관통하고 지구전
역을 순환하며 서로 교차함으로써 복잡한 '경관'이나 '상상 속의 세상'
을 창조해내는 다양한 방식들을 탐구했다. 이 과정에서 유발된 '분열적
인' 경관들과 '탈영역화의 문화정치(p. 13)'는 권력과 정체성의 국가중
심적인 영역화와 근본적으로 조화를 이루지 못한다. 이 모든 것을 고려
하기 위해서는 "오늘날 세계에 존재하는 문화적 힘의 배열을 근본적으
로 프랙탈적인 것으로, 다시 말해서 유클리드적인 경계나 구조, 규칙성
을 갖지 않는 것으로 사고해야 한다(p. 20)." "우리는 문화의 형태에 대
한 프랙탈 비유를 문화의 교차와 유사성에 대한 다중적polythetic 설명과
결합할 필요가 있다(p. 20)."

경계이론

영역적인 경계는 그 속에 담긴 내용물과 그 경계를 넘나드는 혹은 넘나
들지 못하게 되는 대상들의 운명을 좌우하고, 그 역의 관계도 성립한다.
즉 '용기容器'와 '내용물'은 상호구성적이다. 궁극적으로 경계의 의미는

정치 및 사회적 삶을 조직하는 원칙으로서 영역성이 가지는 중요성에서 도출된다. 경계의 기능과 의미는 항상 태생적으로 애매모호하고 모순적이다. 또한 경계의 성격은 '장소의 공간'이 '흐름의 공간'으로 넘어가고 있으며, '경계 없는 세상'이 출현하고 있다는 주장과 함께 새로운 두각을 나타내게 된 것으로 보인다(Anderson and O' Dowd 1999, 594).

앤더슨Anderson과 오도드O' Dowd의 주장처럼 엄밀히 말해서 영역의 의미와 실천적 중요성은 경계의 의미와 용법의 한 기능이라 할 수 있다. 이들은 다음과 같이 이어간다. "영역성은 필연적으로 경계에 대한 관심을 만들어내고 경계에 집중한다. 이는 근대적이고, 주권을 가진 '영역적 국민국가' 속에서 구현된다(Anderson and O' Dowd 1999, 598)." 영역과 관련된 오늘날의 중요한 간학문적 프로젝트 중에서 빼놓을 수 없는 것이 경계이론이다. 이 경계이론은 신국제관계론과 문화이론의 접목으로 볼 수 있다. 인류학과 밀접한 관계를 맺고 있는 경계이론은 여러 많은 프로젝트들에 걸쳐 있는데, 주로 문화, 정치, 경제학, 그리고 사회공간적 경험 사이에 존재하는 관계를 이해하고자 한다. 앞서 검토한 다른 프로젝트들과 마찬가지로 경계이론은 경계에 대한 기존의 관점을 비판한다. 기존의 관점들이 동질적인 영역의 날카로운 구분을 전제하다보니 경계 밖에 있는 것은 '외부적'이고 위험한 것이라고 사고하기 때문이다. 경계이론은 경계가 자명한 타자성을 구분한다는 인식을 거부하는 데서부터 출발한다. 그 대신 경계이론에서는 주변이 중심이며, 혼합 혹은 혼종성의 현장으로서 경계지역에 주목한다.

경계를 비판적으로 탐색하면 할수록 그 구체성을 의심하게 된다. 또한 경계가 전혀 단순하지 않으며 오히려 태생적으로 모순적이고 문제적이며 다면적이라는 사실이 드러나게 된다. 경계는 '바깥세계'로 나가는 출구이자 동시에 장애물이고, 보호와 감금의 기능을 동시에 가지고 있으며, 기회와/또는 위험의 지역이고, 접촉과/또는 갈등의, 협력과/또는 경쟁의, 양가적인 정체성과/또는 차이에 대한 공격적인 인정의 구역이다. 이처럼 분명한 이원론은 시간과 공간에 따라 번갈아가면서 나타날 수도 있지만 (더 흥미로운 것은) 동일한 사람들 속에 동시에 공존할 수 있다. 따라서 이들은 한 가지 상황에 놓여 있는 것이 아니라 두 가지 상황을 자주 감당해야만 한다(Anderson and O'Dowd 1999, 595~596).

일부 간학문적 프로젝트들이 그렇듯 경계이론은 영역에 대한 정적이고 지도학적인 관점에서 결별하여 (계절에 따른, 일상적인, 생애주기에 따른) 이주노동자, 난민, 관광객, 밀수업자 등과 같이 경계를 넘나드는 다양한 흐름과 이동성을 강조한다. 경계를 영역복합체의 가장 활동적인 현장으로 이해할 경우, 우리는 폭넓은 영역적 실천들에, 그리고 기존 이론들이 보여주지 못하는 권력작동의 측면들에 주목하게 된다. 여기에는 '경계통제', 검문소, 세관 창구, 감시, 배제, 포섭, 추방, 규제 같은 공식적인 국가의 활동들이나, 회피, 협상, 저항 같은 여러 가지 형태들이 포함될 수도 있다. 많은 학자들은 이미 경계지역과 문화적 혼종성 간의 관계, 혹은 경계와의 관계에서 다양한 혹은 유동적인 정체성 문제를 탐구해왔다(Flynn 1997; French 2002; Rosler and Wendl 1999; Wilson and Donnan 1998). 예컨대 굽타와 퍼거슨은 경계를 "다른 고정된 두 지역(국가, 사회, 문화) 간의 고정된 지형적 장소"라는 관점에서 바라보기를 거부하고, "혼종화된 주체의 정체성을 결정하는 탈영역화와 유리遊離의 사이구역"으로 바라본다. 실제로 이들은 경계는 포스트모던 주체의 정상적인 '지역'이라고 말한다(1997a, 18).

이 같은 생각은 영역에 대한 이해에, 그리고 최소한 국민국가의 영역성에 대해 분명한 함의를 가진다. 많은 연구의 대상이 되고 있는 멕시코-미국 국경의 군사화의 사례에서 (그리고 탈영역화의 주장에도 불구하고, 이동성이 높고 '혼종적인' 경계형성의 참여자들 스스로가 문화, 정치, 영역이 동형구조를 가지고 있다는 전통적 관점을 고수하기도 한다는 사실에서도) 잘 예시되듯이(Alvarez 1999; Kearny 1998; Ortiz 2001; Palafox 2000), 국가의 여러 영역적 실천들이 갖는 지속적인 효력을 인정하지 않기는 어렵다. 그럼에도 불구하고, 포스트모던 경계이론은 모순적인 사고와 실천들에 기초하여 조직된 영역들 사이에서 벌어지는 분리와 중첩, 불안정성을 강조한다. 기존 분과학문의 담론과, 국가 중심적인 영역 개념을 무비판적으로 추종하는 사고에 의해 부정되거나 가려져왔던 부분이 바로 이런 측면들이다.

하지만 만일 경계지역이 고정성, 확실성, 안정성, 상호배타성을 보여주지 못하고 유동성, 모호함, 상호구성성을 유발하는 것으로 이해되는 경우, 누군가 경계지역의 경계는 어디냐고 물어볼 수도 있다. 이에 대한 답은 '어디에도 존재하지 않는다'이다. 드제노바Nicholas De Genova는 『멕시칸 시카고에서 인종과 공간, 그리고 라틴아메리카의 재탄생Race, Space and the Reinvention of Latin America in Mexican Chicago』(1998)에서 중심지의 경계가 가진 모든 특성을 밝히고 있다. "라틴아메리카(와 멕시코와 '제3세계')가 경계에서만 시작되었다고 생각하기가 갈수록 어려워지고 있다.

그에 따라 그 영역적 지도 안 깊숙한 곳에서 파열된 미국이라는 국민국가 공간의 인종화된 경계들을 파악할 필요가 갈수록 증가하고 있다." 제노바는 경계가 미국 내 '모든 곳에 있음' 을 보여준다(1998, 106). 따라서 영역은 영역화된 공간을 가진 멕시코 안에서도 '모든 곳에' 존재한다. 그렇다고 해서 제노바가 경계가 사라진다고 주장하는 것은 아니다. 그는 오히려 사회, 정치, 경제적 공간을 통한 경계의 확산과 분산을 지도상에 나타내려고 하는 것이다. 결국 제노바의 논의는 사회적 공간 그 자체에 대한 것이라 할 수 있다. 또한 만일 미국-멕시코 간 경계가 미국과 멕시코 내 다양한 현장에서 나타난다면, 미국-과테말라 국경, 파키스탄-캐나다 국경, 혹은 미국-아프가니스탄 국경이 있는 현장들에 대해서도 생각해볼 수 있을 것이다. 인도-파키스탄 국경 같은 영역적 현상을 런던, 쿠웨이트시, 로스앤젤레스 같은 곳에서 상이하게 마주칠 수 있다는 점에서 이 같은 현상들을 고찰해볼 수도 있을 것이다. 여기서 우리는 영역에 대한 관례적 이해방식을 완전하게 전도 혹은 왜곡시킨 새로운 이해방식을 마주하게 된다.

하지만 이것으로 충분하지가 않다. 기존의 관점을 뒤흔드는 경계 연구의 중요한 주제로는 경계와 영역이 '일상생활' 에 미치는 영향과, 그것이 구체화된 경험에 대한 것이 있다. 이 같은 관심은 '국가' 와 '주체' 간의 복잡한 경계, 혹은 윌슨Wilson과 돈난Donnan의 표현을 빌자면, "사람들이 국제적인 경계를 통해 일상생활에서 민족과 국가를 경험하는 방식(1999, xiii)"을 주목하는 데서 출발한다. 마이클 니에만Michael Niemann은 국제관계이론과의 관련 속에서 '일상생활' 로의 전환을 잘 보여준다. 니에만의 주장은 다음과 같다. "일상은 '거대정치' 의 작동 후에 남겨진 잔

여물이 아니다. 살아 있는 경험은 스스로 작동하고, 국제관계의 핵심적인 요소이기도 하다. 일상생활의 경험을 통합하지 않고서는 이 분야에 대한 이론적 이해가 불완전할 수밖에 없다(2003, 115)." 도티Roxeanne Doty는 『황폐한 지역 : 오지의 국정國政, Desert Tracts: Statecraft in Remote Places』에서 "국정이라는 단어를 한 번도 들어보지 못한 사람들도 있지만, 이들의 삶은 이 비非사물, 이 과정, 이 실천, 이 욕망과 깊이 얽혀 있어서 정치인과 국제관계학자들의 의식을 아주 뿌리깊이 차지하고 있다(2001, 526)." 도티는 다음과 같이 이어간다. "이런 사람들과 이들의 꿈은 국정 프로젝트를 교란시킨다. 이 프로젝트는 '우리'가 누구인지 알고 있다는 분명한 확신을 환기시키는 분명한 경계를 요구하기 때문이다(p. 527)." "이 사람들은 사막과 갈증, 숨 막힐 듯한 열기에 대해 알고 있다. 이들은 경계가 전부이자 아무것도 아닐 수 있음을 알고 있다. 삶은 세상의 경계에 맞서 그 끝을 팽팽하게 잡아당기며 요동치고 있다(p. 538)." 여기서 2003년 5월 이라크에서 '승리'를 선언하기 전에 죽어간 미국 군인들보다 더 많은 멕시코인들이 매년 국경을 넘다가 죽어간다는 사실을 떠올리는 사람이 있을지도 모르겠다. 아킬레스 므벰베Achille Mbembe에 따르면 "영역은 기본적으로 이동하는 육체들의 교차점이라 할 수 있다. 본질적으로 영역은 그 속에서 벌어지는 움직임들의 집합에 의해 규정된다. 이렇게 보았을 때 영역은 역사적으로 주어진 상황에 놓이게 된 행위자들이 꾸준히 저항하거나 실현하고자 하는 가능성들의 집합이다(2000, 261)."

우리는 이 육체와, 육화된 주체성을 통해, 갈등과 열기의 효과를 느끼고, 쫓기며 포획되고 검거당하며 이송당하는 그 생생한 감각을 통해서,

기존 영역 개념이 궁극적으로 붕괴될 것임을, 하지만 **동시에** 이런 개념에 근거한 국가적 실천이 지속적인 효과를 가지고 있음을 확인할 수 있다. 윌슨과 돈난은 "지도상의 선들이 신체와 같이 물화된 지형적 공간으로 각인되는 것처럼 지리적이고 정치적인 공간을 구획하는 그런 힘들(1999, 129)"에 대해 적고 있다. 물자와 사람의 흐름을 감시한다는 것은 "사적이고 내밀한 어떤 것을 수색하는 것일 수 있다. 가장 극단적인 경우 개인에 대한 이런 수색은 '알몸수색' 의 형태로 나타날 수 있다. 이 알몸수색은 정밀한 조사를 위해, 심지어는 몸 자체를 샅샅이 검색하기 위해 탈의를 요구한다(p. 130)."

> 이런 관행들 덕분에 경계지역의 검문소와 통관소가 역공간liminal spaces[5]
> 이라는 주장이 더욱 힘을 얻게 된다. 이 역공간 속에서는 신체를 접촉하는 일상적인 서구의 관습들이 더 이상 적용되지 않는다. 국가권력이 절대적인 영향을 미치는 이런 역공간 속에서는 우리 존재의 가장 내밀한 요소라 할 수 있는 우리 신체에까지 국가권력이 강제될 수 있다. 마지막으로 분석해보면 이런 환경에서는 우리의 몸조차 더 이상 우리 것이 아니다. 가공되지 않은 날 것 그대로의 국가권력으로 대체된 그들의 하수인으로서, 그곳에서는 까발려질 수밖에 없다(p. 131).

이들은 다음과 같이 이어간다. "몸의 경계들은 민족과 국민국가의 경계에 비유할 수 있다. 이 둘은 모두 외부의 침투와 부패에, 질병과 이질적인 침범에 취약하다(p. 136)." 여기서 우리는 국제관계이론의 거시영

---

5) 이쪽도 저쪽도 아닌 일종의 점이 공간(역주)

역과 '자아의 영역들', 특히 고프먼이 말한 '덮개형 공간'이 서로의 방식으로 각색되지 않더라도 어떻게 서로에게 침투할 수 있는지를 확인할 수 있다.

세계화

경계이론, 문화이론, 비판지리학과 포스트구조주의적인 국제관계학이론 모두 여러 가지 면에서 세계화와 관련된 더 넓은 간학문적 기획에 대한 대응이라 할 수 있다. 여기서 세계화는 변화하는 세계정세에 대한 담론의 집합이자 동시에 과정들의 집합으로 이해된다. 이 장에서 논의한 다른 주제들과 마찬가지로 세계화는 대단히 논쟁적인 개념이다 (Brawley 2003; Schimato and Webb 2003). 세계화에 대한 가장 기본적이고 이견이 적은 설명은 "사회적 상호작용의 대륙 간 흐름과 그러한 패턴의 영향력이 가속화되고 심화되며 규모가 확장하고 강도가 증가하는 현상"이다. "세계화는 멀리 있는 공동체와 연결시켜주고 지구상의 여러 지역과 대륙을 가로질러 권력관계의 범위를 확대하는 인간조직의 규모상의 변동 혹은 변형을 말한다(Held and McGrew 2002)." 여기서는 최근까지만 해도 지역적·국가적·광역적 규모에서 작동하던 다양한 사회·경제·정치·문화적 현상들이 전 지구적인 규모로 도처에 존재하게 된 과정에 초점을 둔다. 여기에는 산업생산과 문화적 정체성, 법의식과 음식문화, 금융거래와 사회운동, 대화방chatrooms과 준군사적 기업에 이르기까지 모든 것이 해당된다. 이렇게 보았을 때 세계화는 탈지역화, 즉 사회적 현상이 지역/'장소'와 유리遊離되는 과정을 수반하는 것으로 이해될 수 있다. 세계화의 원인과 효과, 역사성에 대한 논쟁이 아직도 이어지고 있지만, 20세기 말 세계화가 강하게 나타난 것은 운송과 통신, 특히 비행기와 인터넷 기술의 극적인 변화 때문이라고 보는 것이 일반적인 견해이다. 하지만 우리에게 더 중요한 것은 세계화가 재영역화 역시 동반한다는 사실이다. 다시 말해서, 이제까지 (보통 국가적인) 영역적 구조의 제약을 받거나 그 속에서 벌어지는 것으로 이해되었던 사회현상들이 이제는 더 이상 이런 구조 속에 손쉽게 담기지 않게 된 것이다. 이렇게 보았을 때 세계화는 날이 갈수록 '국경이 사라져가는 세상(Ohmae 1999)'을 만들어내고 있는 것이다. 앞서 이미 살펴본 바와 같이 이는 영역성의 질곡을 상대적으로 덜 받는 흐름과 네트워크의 두각이 특징적으로 나타나는 세상이다. 영역성과 주권이 서로 밀접하게 관련된 만큼, 세계화 역시 국가의 퇴락을 수반하는 것처럼 보이기도 한다(Cusimano 2000; Hudson 1999). 예를 들어 얀 아르트 스홀테Jan Aart Scholte는 다음과 같이 적고 있다.

세계화는 근대적인 사회이론에서 지배적이었던 영역주의적 존재론을 문제 삼는다. 이 견고한 사고방식은 사회공간이 3차원의 지리학 속에서 위치, 거리, 경계 등으로 짜여 있다고 주장한다. 하지만 지구성globality은 질적으로 다른 사회적 공간, 사실상 비영역적이고 거리가 없는 사회적 공간을 끌어들인다. 세계화가 진행되면서 이제 그 어느 때보다 경계를 확인하는 일이 어려워졌다. 이런 점에서 새로운, 사회생활의 비영역적인 지도를 그려볼 필요가 있다(1996, 48~49).

닐 브레너Neil Brenner는 세계화 때문에 "용기容器와 유사한 국가의 특징들이 아주 문제적이게" 되었음에 동의하지만 이런 조건 아래 놓인 영

역성을 명석하게 탐구하는 과정에서 세계화가 보통 탈영역화를 의미한
다는 식으로 이해하는 독해방식을 거부하고 있다. 그의 분석에서 중요
한 것은 현재의 사회에서 영역성의 스케일 혹은 수직성이 어떠한 의미
를 지니는가에 대한 정교한 탐색이다. 그는 다음과 같이 말한다. "세계
화는 밀접하게 연관된 다중적인 지리적 스케일에서 동시다발적으로 진
행된다. 즉, 세계화는 지구적인 스케일의 공간에서만 펼쳐지는 현상이
아니며, 영역 국가, 지역, 도시, 장소 같은 지구보다 하위에 있는 공간들
의 생산, 차별화, 재배치, 변형을 통해 진행된다(p. 44)." 육체와 경계에
대한 앞선 논의들을 생각해보았을 때, 우리는 이것이 세계화와 관련된
과정들이 펼쳐지는 유일한 공간들이 아님에 유의할 필요가 있다. 브레
너는 스홀테 같은 해석방식이 '전 지구적인 공간을 국가중심적인 방식
으로 재현하는' 일종의 '전 지구적 영역주의global territorialism'라고 규정
한다. 이때 전 지구적인 공간은 '세계화가 펼쳐지는 이미 주어진 영역적
용기容器(p. 59)'이자 근본적으로 '확대된 영역국가'로 재현된다(p. 61).
브레너의 분석에서 핵심은 어떤 하나의 스케일 혹은 한 시점의 **탈영역화**
는 다른 스케일 혹은 다른 시점의 재영역화를 수반한다는 것이다(p.
43).

오늘날 국가의 영역성은 갈수록 여러 가지 새로운 공간적 형태들과 뒤얽
히고 덧붙여진다. 여기서 말하는 새로운 공간적 형태들은 근접하고, 상
호배타적이며, 자기폐쇄적인 공간의 덩어리들과는 상당히 다르다. 국가
기구의 스케일은 위로, 아래로, 그리고 바깥으로 일제히 근본적으로 재
조정되면서 영역적 국가조직들의 다형적인 층들을 만들어내고 있다. 이
런 상황에서 전 지구적인 사회적 공간의 이미지로는, 근대적인 국가 간

시스템과 연관된 영역의 동질적이고 상호연결된 블록이라는 전통적인 데카르트적 모델보다는, 겹겹이 층이 있고 상호침투하는 성격을 가진 결절들, 수준들, 스케일들, 형태학들의 복잡한 모자이크라는 이미지가 갈수록 더 적합해지게 되었다(Brenner 1999, 69).

따라서 브레너에게 있어서 '세계화'란 지금 이 순간 출현하고 있는 영역성의 형태에 심대한 영향을 미치는 복잡한 실재 현상을 가리키는 것이다. 이는 '경계 없는' 혹은 탈영역화된 세상의 출현과는 거리가 멀다. 미국과 멕시코 간의 국경에 대한 드제노바의 독해와 유사하게, 세계화는 이질적인 경계 및 영역들의 확산과 이런 경계와 영역들이 여러 차원의 스케일을 넘나들며 일으키는 유동적인 절합을 의미한다. 하지만 새로운 영역성의 개념을 받아들일 경우 (오늘날의 현상에 대한) 분석이 훨씬 어려워진다. 중요한 것은 영역성이 (국가중심적) 영역주의의 한계에서 벗어나긴 했지만, 그 내재적 구조는 여전히 남아 있다는 점이다. 21세기의 영역성은 잠재적으로 무한히 존재하는 경계들의 시스템이다.

결론

영역에 대한 학계의 연구 작업이 변모를 거듭해온 모습을 개괄적으로 살펴보면서 우리는 상대적으로 단순명료해보이던 주제가 상당히 복잡하고 논란의 여지가 많은 것임을 알게 되었다. 복잡하다는 느낌이 한층 강하게 드는 것은 부분적으로는 이 주제에 대한 간학문적 접근법들 때문일 것이다. 다른 한편으로 이는 학자와 논객들(그리고 그 외 모든 이들)이 살아가면서 이해하고자 하는 이 세상의 영역화방식에서 나타나는 변화를 반영하는 것이기도 하다. 가령 식민주의, 제국주의, 세계전쟁, 국지전, 냉전, 탈식민화, 도시화, 해방투쟁, 세계화, 교통통신 분야에서 일어나고 있는 끝없는 혁명 등과 함께 나타나는 광범위한 사회−공간적 변화는 모든 스케일의 경험들과 분석에서 나타나는 지속적인 영역적 재편으로 이어질 수밖에 없다. 이를 제대로 파악하기 위해서는 꾸준한 심사숙고와 새로운 사고가 필요하다.

제3장

인간 영역성과 그 경계

서론

제2장에서 나는 몇몇 중요한 분과학문에서 영역성에 대한 접근이 어떻게 이루어지고 있는지 살펴보았고, 각 분과학문의 고유한 관점으로 인한 인식론적 제약들로부터 영역이란 주제를 풀어주려고 하는 최근의 경향에 대해서도 언급했다. 하지만 그러한 논의에서 로버트 색Robert Sack의 1986년 저서인 『인간의 영역성』에 대해서는 언급하지 않았다. 이 책은 영역이란 주제에 대해서 다룬 가장 중요한 저서인데, 그 범위와 초점, 그리고 분석적 포부에서 전례가 없을 정도로 뛰어나다. 실제로 출판된 지 15년도 안되어 이 책은 인문지리학의 '고전적 교과서'이자 관련된 연구에 중대한 영감을 불어넣는 책으로 인정이 되고 있다(Agnew 2000; Passi 2000b). 그 이전의 영역에 대한 대부분의 연구들과는 달리 색의

접근은 매우 학제적이어서 인류학, 경제학, 역사학, 정치이론, 사회학, 그리고 그의 학문적 고향인 인문지리학으로부터 다양한 논의들을 끌어온다. 한 가지 흥미로운 사실은 색이 그의 연구를 사회지리학과 역사지리학 내부에는 위치시켰지만, 그 당시까지 영역이라는 주제를 가장 중심적으로 고민해왔던 정치지리학과는 관련시키지 않았다는 것이다. 아마도 이는 학문적 분과에 얽매이지 않고 해방적이라는 제스처로 의도된 것일 수 있지만, 색의 저서가 정치적 문제에 대해 상대적으로 무관심했다는—이에 대해서는 이후에 좀 더 깊이 논의하겠다—사실을 나타내는 것이기도 하다.

『인간의 영역성』이 지니는 핵심적 장점 중의 하나는 개인 간의 관계든 국제적인 것이든 사회적 실제가 나타나는 모든 스케일에 그 논리를 적용할 수 있다는 것이다. 이 책의 다른 중요한 특징은 —이것은 어떤 이에게는 장점이 되지만, 다른 이에게는 약점으로 인식되기도 하는데— 특정의 사회이론에 편향되지 않고, 여러 사회이론들에 대해 아주 드러내놓고 중립적인 관계를 유지하려 한다는 점이다. 이 책이 매우 깊이 있는 역사적 관점을 지닌다는 것도 주목할만한 점이다. 〈그 이론과 역사〉라는 부제에서 잘 드러나듯, 『인간의 영역성』은 사회적 공간의 조직화만큼이나 시간의 흐름(혹은 단절)에 대해 많은 관심을 기울이고, 영역적 구조의 지속과 변화를 탐구하는 많은 역사적 서사를 제시한다. 이 책의 핵심적 주제는 근대성이 전근대적인 것에 비해 지니는 독특함이다. 『인간의 영역성』을 영역성에 대한 지난 20년 동안의 연구와 비교하여 읽어보면 영역이라는 주제에 대한 인식이 얼마나 많이 변하였는지 발견하고 놀라게 될 것이다. 『인간의 영역성』이 출판되고 난 뒤인 1990년대에는 근대성이라는 주제가 매우 다양한 관점을 지닌 분석과 설명의 대상이 되었다. 거의 모든 사회과학과 인문학 분야의 학자들이 근대성을 매우 근대적이지 않은 방식으로 상상하기 시작했다. 즉, 근대성이 완전히 끝나지는 않았지만, 어떤 결말을 향해 가고 있는 것으로 이해하기 시작한 것이다. 다양한 포스트모더니즘 관점으로 — 입장에 따라서는 포스트모더니즘적 애매모호함으로 이해될 수도 있지만 — 『인간의 영역성』을 읽게 되면, 이 책이 세상을 어떻게 전제하는지 그리고 그 세상에 대해 어떠한 책무감을 지니고 있는지 알 수 있을 뿐만 아니라, 더 나아가 이 책에 영향을 준 지식에 대해서는 이 책이 어떠한 가정을 하고 있는지, 그리고 그 지식에 대해서 이 책의 저자는 어떠한 책무감을 지니고 있는지 잘 드러난다.

이 장은 다음과 같이 구성된다. 나는 우선 『인간의 영역성』의 장별 개관을 소개할 것이다. 이 책을 포함해서 어떤 책이든 그것은 그것이 속한 시간, 장소, 그리고 책 저자의 헌신의 산물이다. 이 장의 후반부에서는 이러한 맥락적 요소를 논할 것인데, 이는 이 책의 한계를 드러내기 위한 것이 아니라 『인간의 영역성』이 어떠한 울타리 속에 있는지를 보여주기 위한 것이다. 그리고 이 책이 지닌 울타리는 앞 장에서 논의했던 영역에 대한 정식화(영역을 이해하고, 영역의 주위를 보고, 영역을 통해 보기)를 통해 드러날 것이다. 만약 『인간의 영역성』이 1980년대 중반에 우리가 영역을 이해하고, 영역의 주위를 돌아보고, 영역을 통해 세상을 보도록 돕는, 다른 어떤 것과도 견줄 수 없는, 대단한 업적이었다면, 최근의 연구들은 이러한 관점 그 자체를 다소 다른 시각에서 이해하게 해준다. 즉, 색의 주장에서 무엇이 앞에 놓였고 무엇이 뒤에 놓였으며 무엇이 가운데 놓였는지, 그리고 무엇이 주변화되었는지를 질문할 수 있게 해준다. 어떤 연구가 상이한 가정과 전제들에 바탕을 두고 있는 경우에, 그 연구가 기반을 둔 대안적인 가정과 전제들을 우리가 받아들이지 않는 한, 그 연구를 탐색하는 것 자체만으로 어떤 부정적인 비판에 이끌리지는 않는다. 어떤 관점에서 나쁘게 인식되는 것이 다른 관점에서는 지속적인 적합성과 유용성을 지닌 연구를 이끌어내는 매우 긍정적인 것으로 인식될 수도 있다. 나는 논평의 대상을 『인간의 영역성』에 나오는 텍스트에만 국한할 것이고, 색이 그 책의 출판 이후에 저술한 지리, 사회, 윤리이론에 대한 연구물에서(Sack 1997, 2003) 어떠한 변화를 보였는지 추적하지는 않을 것이다. 나는 『인간의 영역성』을 ① 근대성의 특성, ② 담론과 재편, ③ 정체성, ④ 정치라는 네 가지 주제로 나누어 검토할 것인데, 이 네 가지 주제는 영역성에 대한 최근의 논쟁에서 중심적인 이슈로 부상한 것들이다. 물론 정치란 그 자체로 사회이론에서 새로운 요소는 아니다. 하지만 최근에 정치는 근대성, 담론, 정체성 등과 관련한 질문에서 다소 색다른 방식으로 이해되고 있으며, 이는 영역을 이해하는 방식에도 영향을 준다. 만약 『인간의 영역성』에 대한 큰 비판이 하나 있다면 이는 권력의 개념이 그 책이 다루는 중심적 주제임에도 불구하고 정치가 그 책에서는 사실상 무시되고 있다는 것이다.

개요

서론에서 색은 우리를 영역성의 영역으로 이끌고 간다. 그에 따르면 '이전의 학자들은' 그가 책을 저술하던 때까지 "영역성이라는 주제의 가장

자리를 맴돌기만 했다(p. 1)." 이 책이 영역성 그 자체를 직접적으로 다루는 최초의 시도이기 때문에, 그는 『인간의 영역성』이 영역성이라는 주제에 대한 스케치 이상이 될 수 있다는 주장은 전혀 하지 않았고 그 대신 영역이라는 주제에 대해 이 책을 뛰어넘어 더 많이 탐구해주기를 요청했다. 그런데 이 책은 바닥을 청소하고 기초조사를 하겠다는 이러한 겸손한 목표를 훨씬 뛰어넘는 성취를 이루었다. 하지만 색이 스스로에게 가한 이러한 자기제한은 우리가 나중에 이 책이 다루지 않은 주제와 이슈에 대해 논의할 때 중요하기 때문에 기억해둘 필요가 있다. 중요한 것은 색이 영역성에 대한 그의 논의를 인간의 영역성을 인간이 아닌 동물(혹은 식물)이 행하는 영역적 행동과 분명하게 차별지우면서 시작했다는 점이다. 제2장에서 보았듯이 일부 학자들은 이와 정확히 반대되는 가정을 하기도 한다. 색에게 있어 인간의 영역성을 고유한 것으로 만드는 요소들은 우리를 다른 동물(혹은 식물)과 달리 인간답게 만들어주는 속성들과 관련이 되는데, 여기에는 의도성, 복잡한 의사소통, 개방적인 역사성, 제도의 창출 등과 같은 것들이 포함된다. 우리 인간에게 영역성은 "생물학적 이유로 동기유발된 것이 아니라, 사회적이고 지리적으로 뿌리내려져 있는 것이다(p. 2)." 이것은 단지 영역성의 기원에 대한 주장이 아니라, 영역성을 설명하는 핵심적인 주장이다. 인간의 영역성을 본능과 생물학적 명령에 연결시키려는 이론들과 달리, 색의 이론에 따르면 영역을 **통해서** (세상을) 바라본다는 것은 영역을 구체적인 사회, 역사, 문화적 준거의 틀 속에서 검토한다는 의미이다. 즉, 색의 과제는 영역을 탈자연화denaturalizing하는 것이었다.

의미

제1장 '영역의 의미'에서 색은 몇 가지 개념적 정의를 대비함을 통해서 자기 이론의 지형과 역사를 분명히 밝히기 시작한다. 그는 영역성을 대략적으로 정의하면서 논의를 시작한다. "인간에게 있어 영역성은 어떤 지역을 통제함으로써 사람과 사물을 통제하기 위한 정치적 전략이다(p. 5)." 영역성은 필연적으로 관계적 개념이다. 즉, 사람이 사람을 통제하는 것에 대한 것이다. 따라서 어쩔 수 없이 권력(통제)과 연결된다. 또한, 전략적이다. 따라서 그 책의 중요한 목적 중 하나는 "영역성이 제공하는 이익과 불이익을 분석하는(p. 5)" 것이다. 그런데 이러한 이익과 불이익이 통제하는 사람에게 가는지, 아니면 통제의 대상이 되는 사람에게 가는지를 논하는 것은 색에게 별로 중요하지 않았던 것 같다. 이와 함께 색은 역사와 근대성에 대한 핵심 주제를 소개하는데, 일단의 통시적 연구를 바탕으로 색은 "어떤 영역적 효과는 보편적이어서 실제로 어떠한 역사적 맥락과 사회 조직에서도 나타나는 반면, 다른 것들은 특정 역사적 시기와 조직에만 특수하게 나타난다. 그리고 근대적 사회만이 영역적 효과의 가능성을 전 범위에 걸쳐서 사용하는 경향이 있다(p. 6)"고 주장한다. 근대성과 관련하여 영역성을 탐구하는 것의 이점은 "우리가 근대성의 의미와 암시, 그리고 미래에 나타날 영역성의 역할을 밝혀내는 데 도움을 줄 수 있다"는 것이었다(p. 6). 근대성이라는 주제의 중심성을 드러내기 위해 제1장의 상당 정도는 3개의 자세한 사례로 채워져 있다. 첫 번째이면서 가장 자세하게 설명된 사례는 북미 중부 지역의 치페와 Chippewa 부족에 대한 것인데, 여기서 색은 유럽인들과의 접촉이 있기 이전의 시기(혹은 전근대적 시기)부터 유럽인과 접촉하고 또 그들에 의해

정복당하던 시기까지의 기간을 통해 치페와 사람들 사이에서 영역의 사용이 어떻게 변하였는지 탐구했다. 두 번째와 세 번째 사례는 근대적 삶에서 나타나는—특히 가정과 직장에서 나타나는—미시적인 영역성의 예를 보여준다.

치페와 사람들이 영역성을 사용했던 기본원칙은 사회구조와 자원 활용의 경제로부터 유래한 것이었다. 색은 치페와 사람들이 근대국가와 유사한 조직적 정치구조를 가지지 않는 것으로 묘사했다. 그들의 사회구조는 자율적인 '집단band'을 중심으로 조직되었다. 대부분 사냥과 채집활동(남쪽 지역에서는 약간의 자급농업)에 종사했고, 사회적으로는 평등주의적이었다. 여기서 평등주의는 계급에 기반을 둔 경제적 계층화가 나타나지 않았음을 의미한다. 나이, 성, 부족과 같은 요인에 의한 불평등의 요소는 고려되지 않았다. 유럽인들과 접촉하기 전에 치페와 사람들은 색의 기준에 따르면 '최소한으로 영역적(p. 7)'이었다.

치페와 사람들에 의해 점유된 지역은 계절별로 그리고 해에 따라서 유동적으로 변했다. 그것은 다른 북미 원주민들에 비하여 경계가 뚜렷한 영역은 아니었다. 게다가 치페와 공동체 내에서 광범위한 영역화가 있었던 것도 아니었다. 정원 땅 마저도 "명확하게 나눠지거나 울타리 쳐진 영역이 아니었다(p. 8)." 어떤 사회질서든 복잡성이 있기 때문에 색이 포착하지 못한 영역성의 요소들이 존재할 수 있다. 그럼에도 불구하고 공간의 사회적 조직을 이런 식으로 바라보는 것은 영역성을 보다 풍부하게—혹은 상이한 방식으로—표현할 수 있게 해준다. 하나의 사고실험으로써, 색은 치페와 사회구조의 안과 밖에서 발생할 수 있는 몇 가지 변화를 상상해보았다. 사냥을 위한 자원의 부족, 농경의 증대 등과 같은 상황은 치페와 사람들이 (들판에 울타리를 치는 것과 같은 방식으로) 영역성을 보다 집약적으로 발휘하는 것이 더 '편하다고(p. 8)' 느끼게 되는 조건을 창출할 수 있다. 또는 인구가 늘어나 과밀해지는 가상적 상황은 정원 땅을 배분하는 것과 관련한 규칙을 보다 엄격하게 만들 수도 있다. 좀 더 나아가서 색은 독자들로 하여금 그러한 조건에서 "지배적 위치에 있는 가족이 등장하여 공동체 자원의 일부 혹은 전부에 대한 접근권을 주장하는(p. 9)" 상황을 상상해볼 것을 주문한다. 위계와 계층화가 증대하는 조건에서 "영역성은 그 (지배적 가족의) 주장에 영향을 주는 극도로 유용한 수단이 될 수 있다(p. 9)." 이러한 추론을 해보는 핵심 이유는 사회적 삶과 구조가 영역성과 분리되어 있지 않다는 근본적 사고를 재강조하기 위한 것이다. 이러한 모델은 다른 전근대적 사람들에도 적용될 수 있지만, 이 세상의 다른 원주민들이 그러했던 것처럼, 치페와 사람들의 상황을 이해함에 있어 보다 중요한 것은 외지인들이 영역에 대한 — 그리고 영역을 통한 분류, 의사소통, 법과 권위의 집행 등과 관련된 — 이상한 사고를 가지고 등장했다는 것이다.

유럽과 북미 대서양 연안의 유럽 식민지들, 그리고 멕시코에서 기원한 사회, 경제적 변화는 처음에는 다소 간접적인 방식으로 나타났다. 말, 질병, 유럽시장에 팔 모피를 얻기 위해 덫을 놓는 일에 종사하는 동부 지역의 원주민들, 그리고 잡다한 탐험가 집단들의 도래는 치페와 사람들의 삶에 엄청난 변화를 초래했다. 이들은 치페와 사람들의 영역성을 전혀 중요하게 고려하지 않았다. 여기서 색은 이러한 변화가 어떻게 수렵지에 대한 소유권 개념의 강화를 유발하였는지 논했다. 동부 지역의 원주민들이 유럽인들의 토지몰수와 정착에 의해 강제로 서부로 밀려

나면서, 영역성에 영향을 주는 다른 변화들이 일어났다. 동부의 근대인들이 영역에 대해 상상하는 색다른 방식은 매우 중요한 수입품이었다. 우리 모두가 알듯이 '아메리카'라고 불리게 된 땅은 유럽인들에 의해 '발견된' 것으로 상상되었다. 그곳에 살던 사람들은 그들이 발견되었다는 개념을 전혀 가지고 있지 않았지만, '탐험의 시대'에 근대인들은 그들이 이전에 보지 못했기 때문에 존재한다고 생각지도 못했던 것들을 소유하게 되었다고 주장했다. 원주민들이 살던 땅에 대해 자신의 소유권과 주권을 주장하는 목소리들이 유럽국가의 지배자들에 의해 공식적으로 제기되었지만, 이런 주장이 원주민들(지금은 '인디언'이라 불리는)과의 관계 속에서 공식화되지는 않았다. 이러한 주장에 기반을 두어 식민지 개척자들의 땅에 대한 소유권과 주권이 '승인'되었고, 이러한 승인에 기반을 두어 투기꾼들과 정착자에게도 토지 소유와 주권에 대한 하부적 승인이 주어졌다. 영역에 대한 이러한 권리 주장은 다른 투기꾼과 정착자와의 관계에 관한 것이었다. 치페와 사람들의 (그리고 많은 다른 사람들의) 생활세계를 영역화하는 이러한 새로운 방식은 '주권'과 '부동산'이라는 영역화된 개념이 원주민들에 강요되는 방식에서의 문제만 아니었으면 실제보다 더 환상적이었을 수도 있었다. 색에 따르면, "한 번의 펜 놀림을 통해서, 유럽 혈통의 아메리칸은 치페와인을 포함한 다른 사람들을 순전히 공간에서 그들이 점하는 위치에 기반을 두어 유형화하고, 분리하여 통치하려 했다(p. 11)." 하지만 펜이 머스킷총과 천연두에 감염된 교역품보다 더 결정적이었던 것은 아니었다. 영역의 변화와 관련하여 중요한 것으로 색은 연방, 주, 지방 차원의 정치적 영역의 설정과 함께 토지를 조사, 분할, 구획하고 사유화하는 과정과 실천을 강조했다. 상대적으로 짧은 기간 내에 매우 상이한 종류의 영역성이 치페와 사람들이 살던 곳에 각인되었다.

전근대적인 영역적 실천과 근대적인 영역적 실천 간의 차이를 뚜렷이 보이기 위해, 색은 치페와 사람들이 예전에 살았던 위스콘신에 위치하고 있는 현대의 가상적인 가정과 직장으로 우리를 데려간다. 우리가 여기서 만나는 사람들이 인종적으로 식별되지는 않지만, 최소한 몇 사람은 치페와가 아니라고 단정할 이유가 없다. 첫 번째 예에서 집에 머물고 있는 아빠가 집안일을 돌보고 있을 때 그의 두 딸이 설거지를 해서 아빠를 '도우려'고 한다. 그런데 그 설거지란 일이 두 꼬마가 하기에는 힘겨운 일일 수 있다. 이들이 지닌 좋은 의도는 알지만, 동시에 설거지라는 일의 강도를 고려했을 때 그들의 능력이 충분하지 않다는 것도 알기 때문에, 그 남자는 두 가지 선택지를 가진다. 그는 딸들에게 왜 그들이 그 일을 하면 안 되는지 설명할 수도 있고, 아니면 그는 단순히 그들에게 부엌에 '접근금지'를 명할 수도 있다. 여기서 후자의 경우가 어떤 지역에 대한 통제권을 주장한다는 의미에서 영역성을 예시하는 것이다. 이 예는 또한 어떤 장소가 "어느 순간에는 영역이 되지만, 다른 순간에는 그렇지 않을 수도 있음(p. 16)"을 잘 보여준다. 부모가 개입하기 이전에 부엌은 단순히 방에 불과하였지만, 이제 출입 제한의 의미가 가해지면서 그곳은 영역이 된다. (하지만 누군가는 아이를 벽장에 가두거나 혹은 길거리에 내버리는 것과 같은 훨씬 극단적인 영역적 전략을 상상할 수도 있다.) 이러한 예시가 지니는 목적 중의 일부는 전근대적인 것과 매우 근대적인 것을 대비하려는 것이지만, 그럼에도 불구하고 우리는 유럽인과 접촉하기 전에도 치페와 부모들이 그들의 자녀들에게 몇몇 뚜렷하게 구별되는 공간에 대해서는 접근하지 말라고 말했으리라 충분히 상상할 수 있다.

제1장의 마지막 예는 직장에서 나타나는 영역성을 다룬다. 직장에서 사무원은 그에게 지정된 '사무공간'에 머물러 있으라는 요구를 받는다. 그 사무원은 복도, 커피룸, 또는 화장실 등에 자유롭게 이동할 수 있다. 하지만 아무 사무실에 마음대로 출입하지는 못한다. 만약 그 사람이 예를 들어 우편물보관방과 같은 곳에서 죽치고 앉아 그에게 주어진 이동성의 특권을 남용한다면, 아마 그는 영원히 일터에서 쫓겨나는 궁극적인 영역적 처벌을 받게 될 것이다. "사무원에게 영역성은 물리적 규제로 작동한다(p. 17)." 5시가 되면 사무실이 있는 건물은 실제로 대부분의 근로자들에게 출입금지구역이 된다. 그런데 건물관리자는 그 건물의 모든 방에 출입할 수 있는 권한을 가지고 있다. 하지만 여기에서도 책상의 서랍이나 봉투 등에서 형성되는 미시적 영역은 여전히 관리자가 탐험할 수 있는 한계를 벗어나는 곳에 위치하고 있다. 이는 여러 가지 면에서 전형적인 근대적인 영역적 배치를 보여준다. 즉, 특정 공간과 장소에 대한 접근권이 역할과 규칙의 조합, 소유권과 권위의 개념, 그리고 계량화된 시간이라는 문화적으로 특수한 관념 등을 바탕으로 결정되는 것이다.

제1장의 결론에서는 "개인이나 집단이 특정 지리적 구역을 구획하거나 그곳에 대한 접근을 통제함을 통해 사람, 현상, 관계에 영향을 주려는 시도(p. 19)"라는 영역성에 대한 보다 완전한 정의가 제시된다. 여기서 색은 영역을 그와 비슷한 의미를 가진 개념이라 할 수 있는 '장소'나 '지역'과 구분하는데, 이처럼 영역이라는 개념에 대해 색이 부여하는 뉘앙스에 대해 주목할 필요가 있다. 예를 들어, 색은 영역은 변화할 수 있고,

또한 다양한 정도로 나타날 수도 있다고 지적했다. "최고보안의 교도소는 지방형무소의 감방에 비해 더 영역적이다. 그런데 지방형무소 감방은 보호감호시설의 방에 비해서는 더 영역적이다(p. 20)." 이처럼 색은 영역의 강도가 통제와 권력의 강도에 의해 결정되는 것으로 보았다.

이론

제2장은 이 책에서 가장 독창적이고 유용한 부분이다. 순수한 이론이라기보다는 분석의 틀이라 할 수 있는 이 장은 영역적 작동의 효과나 결과에 대한 이해를 위한 일종의 현장 실습서, 혹은 입문서와 같은 기능을 한다. 다시 한 번 밝히지만, 이 분석틀은 국민국가, 방, 혹은 선거구 등과 같은 특정 유형의 영역에 국한되지 않도록 구성되었다. 색은 이론을 제시함에 있어 그 당시 지배적이었던 사회이론들, 특히 근대 사회조직에 대한 베버주의 이론이나 네오마르크스주의 이론들에 대해 아주 드러내놓고 중립적인 입장을 취한다. 색은 그의 이론이 '경험적이고 논리적(p. 28)'이라고 밝히면서, 자연과학의 이론화에서 발견적 유사성을 이끌어내려 했다. 그러나 영역성이 작동하여 나타내는 효과는 "원자가 아니라 사람에 적용되는 것이어서, 영역성의 효과는 잠재적 '이유', 혹은 영역성의 잠재적 '결과나 효과'를 이끌어내는 원인이라 바라보는 것이 더 적절하다(p. 28)." 이렇게 바라보는 것은 인간의 영역성을 탈자연화하는 과업을 위해서뿐만 아니라, 인간의 행동과 기질에 대한 가정, 특히 인간들이 세상과 다른 사람들에 대해 도구적이고 합리적인 기질을 가지고 있다고 가정하는 것을 ― 이에 대해서는 나중에 다시 논하겠지만 ― 정당화하는 데 있어 중요하다. 또 하나 중요한 것은 영역적 행위가 특정한

방식으로 이렇게 혹은 저렇게 나타나는 것이 규범성이나 도덕적 이슈와 관련되기도 하지만 영역성 그 자체는 규범적으로 중립적이라는 사실이다. 영역성은 나쁜 방식이나 좋은 방식으로, 혹은 윤리적 문제와는 무관한 목적(혹은 이유)으로 이용될 수도 있다. 따라서 이론은 도덕적, 정치적, 그리고 이데올로기적으로 중립적인 방식으로 제시되어야 한다. "이론 자체에는 어떤 행동을 시비곡직에 따라 좋다 나쁘다 판단할 수 있는 절차가 들어있지 않다(p. 31)." 물론 이러한 입장을 취한다고 해서 어떤 사람이 색의 이론적 틀을 규범적인 주장을 제시하거나 발전시키기 위해 적용하는 것을 막지는 않는다.

영역성의 '원자적 구조(p. 29)'는 영역적 전략의 잠재적 효과로 이해될 수 있는 열 가지의 '경향'과 이 경향들이 '조합'되는 열네 가지 방식으로 구성된다. 영역성이 발현되는 모든 상황은 이러한 요소들의 존재, 부재, 혹은 상대적 중요성을 바탕으로 분석할 수 있다. 첫 번째 세 가지 경향은 이미 소개되었다. 그것들은 영역에 대한 정의의 일부분이다. 즉, ① 지역에 따른 분류, ② 의사소통, 그리고 ③ 특정한 통제방식의 집행이 그것들이다. 이들 각 경향들에는 설명의 명확성을 위해 숫자가 부여된다. 영역의 개념 정의 그 자체에 이미 포함되어 있는 1, 2, 3번의 경향들은 영역성이 발현되는 상황에서 항상 존재하고, 그 외 4번에서 10번까지의 일곱 가지 '잠재적' 경향들은 보다 우발적으로 나타난다.

① **지역에 따른 분류**를 설명하기 위해 색은 영역 내부에 있으면서 접근이 금지되는 사물들을 각각 열거하는 것에 비하여 어떤 구역 전체를 접근금지로 선언하는 것이 지니는 이점을 강조한다. 즉, 영역성은 일

반화 전략의 일종이며, 그렇게 함으로써 사용하기에 보다 편하고 효과적이게 된다. 물론 우리가 앞으로 보겠지만, 지역 별로 분류하는 것은 단지 '출입금지' 구역을 설정하거나 공간에 있는 사물들에 대한 접근을 금지하는 것보다는 훨씬 더 많은 것에 적용된다.

② 영역적으로 행동하는 것의 두 번째 중요한 경향 혹은 '이유'는 경계의 사용을 통해 **의사소통**이 보다 쉽게 이루어지기 때문이다.

③ "영역성은 **통제를 집행**하기 위한 가장 효과적인 전략일 수 있다(p. 32)." 여기서도 중요한 점은 사물과 자원에 대한 접근을 조절하는 데 있어서 비영역적 전략에 비해 영역적 전략이 지니는 이점이 훨씬 많다는 사실이다. 흥미로운 것은 색이 영역에 대한 탈자연주의적 설명을 강조하려는 동기를 명시적으로 드러냈지만, 색이 이 세 번째 경향을 설명하기 위해 사용한 예는 동물의 행동에 관한 것이지 권위와 권력의 인간적 형태에 관한 것은 아니었다는 사실이다.

④ "영역은 **권력을 구체화하는** 수단을 제공한다(p. 32)." 사회적 권력이 항상 가시적이거나 유형적인 것이 아니기 때문에 영역성은 권력을 눈에 보이게 만드는 효과를 지닌다. 담장, 출입문, 국경수비대 등과 같은 물질적 기표를 통해 영역은 어떠한 권력의 형태에 세상에 존재하는 물질적 지시대상물을 제공한다.

⑤ "영역은 사람들의 관심을 통제자와 통제받는 사람 사이의 관계로부터 다른 곳으로 **옮겨지도록** 하기 위해 사용될 수 있다(p. 33)." 추상적인 권력 개념을 물질적으로 구체화시키는 경향(4번의 경향)처럼 이 경향도 권력의 사회적 측면을 모호하게 하는 효과를 지닌다.

⑥ 관련하여, "영역은 규칙이 공간에(혹은 사회적 역할에) 적용되도록

하는 테크닉을 통해 관계를 **비개인적**으로 만드는 데 도움을 준다(p. 33)." 특정 조건에서 영역은 개인적 관계를 애매모호하게 만드는 효과를 지니기도 한다. 색은 형무소 간수의 예를 드는데, 여기서 형무소 간수는 형무소의 특정 블록에 있는 죄수들을 (그들이 누구인지에 상관없이) 책임지고 있을 뿐이지, 죄수들을 개인적으로 (그들이 형무소의 어디에 배치되어 있는지 상관하지 않고) 책임지지는 않는다. 비슷하게 어떤 정치공동체에서의 회원자격(그리고 권리)은 어떤 영역 안에서 거주지가 어디인지에 따라 일반적으로 결정된다.

⑦ 색은 영역에서 '**장소정화적 기능**'을 찾아낸다. 이는 다소 미묘한(혹은 애매한) 주장이다. 색의 주장은 아마도 특정의 조건하에서 영역이 "장소를 만드는 일반적이고 중립적이며 본질적인 수단(p. 33)"인 것처럼 보일 수 있다는 것으로 이해할 수 있을 것이다. 그가 제시한 예는 토지에서의 부동산 권리이다.

⑧ "영역성(보다 정확하게 영역)은 사건들이 지닌 공간적 속성의 **용기 혹은 주형틀**로 기능한다(p. 33)." 이러한 용기로서의 기능은 (비록 이것이 영역이 지닌 겉보기만의 기능일지라도) 정치권력, 주권, 권리, 의무 등과 같은 현상의 범위를 제한하고 정체성을 공간적으로 정의하는 데 있어서 매우 중요하다.

⑨ 근대성과 관련된 특정한 조건에서 영역성은 "**사회적으로 비울 수 있는 공간**이라는 사고를 만들어내는 데 도움을 준다(p. 33)." 즉 사회적 공간의 부분들을 영역이나 공간적 용기로 생각하는 것은 이러한 공간들이 '가득 차' 거나 '비어 있다' 는 식으로 사고하도록 유도한다. 공터 혹은 '임자 없는 땅' 이란 용어들은 실제로는 그 공간이 물질적

내용물을 가지고 있지 않은 것이 아님에도 불구하고 '비어 있다'는 식으로 이해되도록 만든다. 그리고 이런 사고는 더 나아가 인간의 행동에 영향을 준다.

⑩ 영역은 번식력이 뛰어나다. **"영역은 보다 많은 영역성을 불러일으키는 데 기여한다(p. 34)."** 이러한 번식 효과는 영역을 더 세분하거나 몇 개의 영역을 결합함에 따라 나타나게 되는데, 영역이 위계적으로 구성되는 것과 관련하여 특히 중요하다.

『인간의 영역성』에서 제시된 것과 같은 목록 형식으로 여기에 제시된 열 가지의 '경향'은 색이 제시하는 핵심적 발견물이다. 어떤 것들은 다소 너무 뻔하여, 실제로 영역에 대한 정의에 의해 이미 규정된 것이다. 하지만 다른 어떤 것들은 영역성의 작동에 대해 보다 기발하고 독창적인 영감을 제시하기도 한다. 이들 각각은 다소 추상적이고 모호하기도 하다. 하지만 이러한 추상성이 이론의 미덕이고 이론적 효용성의 핵심이다. 이들 각각은 우리가 마주치는 어떠한 사회적 맥락에서도 영역성이 어떠한 결과를 만들어낼 것인가를 분석할 수 있게 해주는 자원이다. 이론에서의 다음 단계는 영역성을 보다 더 자세하게 이해하기 위해서 이러한 경향들이 모여서 만든 일단의 (똑같이 추상적인) 조합들을 살펴보는 것이다.

기본적 조합들

'기본적 조합'에서 색은 앞에서 설명한 '경향들 간의 논리적 상호작용(p. 34)'과 그 상호작용의 현실적 영향과 효용에 대해 설명한다. 영역을 전략으로 이해하는 것은 (행위자의) 의도성을 중요하게 고려한다는 의미지만, 기본적 조합이 지니는 효과들 중 몇몇은 (혹은 어떤 상황에서는 기본적 조합의 모든 효과들이) 통제자의 관점에서는 의도하지 않은 것일 수도 있다. 앞에서 열 가지 경향이 설명되었던 것과 같은 방식으로 열네 가지의 기본적 조합들도 목록형식으로 제시되고 있고, 또한 그들 각각에는 a부터 n까지의 알파벳이 부여되어 있다.

a. 앞에서 논의한 영역의 모든 경향들은 **복잡한 위계**를 구성하는 데 관여한다. 예를 들어, ① 영역이 지니는 분류, ② 의사소통, ③ 집행, ⑥ 비개인적 관계, ⑧ 틀 지우기의 경향들은 "관료제의 본질적 요소라고 할 수 있는 지식과 책임의 위계적 구역화, 비개인화된 관계, 엄격한 의사소통의 통로 등을 가능하게 해준다(p. 36)." 근대적 삶에서 관료적 조직이 ― 정치구조, 작업장, 종교조직, 학교 등과 같은 ― 거의 모든 부분에서 광범위하게 퍼져 있다는 사실을 고려할 때, 대부분의 다른 학자들이 이제까지 생각했던 것보다 영역성이란 것이 훨씬 더 광범위하고 구석구석 스며들어 있음을 알 수 있다.

b. 복잡한 위계적 조직들의 영역성은 조직 내부에서 이루어지는 **지식과 책임의 배분**에 영향을 미친다. 또한 단기적이거나 혹은 장기적인 계획의 기능을 촉진시키기도 한다. 일반적인 수준에서 봤을 때, 조직 내부의 권위의 '수준'이 높을수록, 지식과 책임의 공간적 범위는 더 커진다. 높은 수준의 권위는 보다 장기적인 계획 기능을 가능하게 하고, 반대로 낮은 수준의 권위는 이러한 계획을 단지 집행하는 것에 머물 수 있다.

c. '위계의 상층부(p. 36)'에서 영역은 ① 분류, ③ 집행, ⑥ 비개인적 관계 등의 경향을 통해 종속적 관계를 정의하는 데 이용될 수 있다. 여기서 색은 (근대적인 정치공동체에서 잘 나타나는) **사회적 관계의 영역적 정의**와 (전근대적인 치폐와의 사례에서 잘 보이는) **영역적 관계의 사회적 정의**를 구분한다.

d. 위계적인 영역성과 지식의 구획화를 촉진하는 경향 사이의 관계가 어떠한지에 따라 피지배자들에 대한 **감독의 효율성**이 증가할 수 있다. 이와 관련하여 색은 죄수와 간수에 대한 사례를 제시한다. "죄수들을 옥에 가두어 움직임을 제약하는 것은 그들을 감옥에서 자유롭게 돌아다닐 수 있게 해주는 것보다 감시를 훨씬 용이하게 한다(p. 37)."

e. 변화와 관련된 또 다른 기본적 조합은 **개념적으로 비울 수 있는 공간**이라는 관념이다. "과학, 기술, 자본주의는 모든 스케일의 영역 내에서 사물들을 반복적이고 실질적으로 '채우고', '비우고', 그리고 움직이게 할 수 있다는 사고를 현실적인 것이라 믿게 만든다. 영역성은 공간을 비울 수 있고 채울 수 있도록 만드는 수단으로 기능한다(pp. 37~38)." 공간을 이처럼 상상할 수 있게 만드는 능력의 중요한 요소는 추상성이다.

f. 색이 영역에는 **마법과 같은** 성질이 있다고 주장하는 이유를 영역이 지닐 수 있게 된 것은 영역이 지닌 ④ (권력을) 구체화하고 (불균등한 권력관계에 대한 사람들의 관심을) 다른 곳으로 ⑤ 옮길 수 있는 경향성의 조합 때문이다. 다시 말해 영역은 권력의 신비화에 기여한다. 근대적 맥락에서 "영역은 국가 권력authority의 물리적 표현물이다. 하

지만 영역과 고국에 대한 충성은 영역을 오히려 권력의 원천인 것처럼 보이게 만든다(p. 38).”

g. (통제자의 입장에서) 지식과 책임의 구획화를 제대로 하지 않게 되면 **불일치**와 **흘러넘침**의 효과가 발생할 수 있다. 이는 불완전한 능력을 가지고 영역을 만든 이들의 의도하지 않은 결과라 할 수 있다.

h. 영역이 지닌 (사람들의 관심을) 다른 곳으로 ⑤ 옮길 수 있는 경향과 ⑩ 영역의 자기증식의 경향은 “영역이 **통제의 수단이기보다는 통제의 결과인 것으로 보이기 쉽게** 만드는데(p. 39), 이는 마법적인 영역성(f)과 다소 관련있다.”

i. 영역은 ‘**불균형을 만들어 낼**’ 수 있다.

j. 영역이 지닌 경향들의 다양한 조합은 반대세력과 피지배자들을 **분리하여 통제**하는 전략에 기여한다.

k. 영역적 실수(혹은 영역의 비효율적 사용)의 또 다른 경우는 과제를 영역적 위계의 부적절한 수준에 부여하여 영역과 사건들 사이에 발생하는 **불일치를 제대로 보이지 않게 만드는 것**이다.

l. “(권력관계에 대한 사람들의 관심을) 다른 곳으로 ⑤ 옮기는 경향과 ⑩ 영역적 자기증식의 경향은 사람들이 **영역들 사이에 발생하는 사회적 갈등의 원인에서 관심을 돌리게 할 수 있다**(p. 39).” 여기서 색은 도시와 교외지역 간에 발생하는 갈등을 예로 제시한다.

m. 여러 경향들이 조합되면서 ‘**사건의 지리적 영향이**’ 제대로 보이지 않게 되는(p. 39)’ 결과를 초래할 수 있다. 이런 경우는 사람들이 환경문제를 국가적이거나 글로벌한 차원의 사건으로 보기보다는 ‘로컬’한 것으로 바라볼 때 잘 나타난다.

n. 경향들이 다양하게 조합되면서 **분리독립**이나 저항운동의 등장을 초
   래할 수 있다.

  색이 제시한 '(영역적 효과의) 경향'과 '(이들 경향들의) 조합'의 체계
가 복잡하다는 점은 인정하지 않을 수 없다. 그리고 (영역의 효과에 대
해) 보다 추상적인 설명을 제시하려는 색의 방식은 (영역에 대한) 이해를
더 어렵게 만들기도 한다. 색이 강조하는 요소들이 모든 것을 망라한 것
이 아니라는 것은 명백한 사실이고, 그가 제시한 요소들이 다소 자의적
으로 선별된 것도 사실이다. 색의 이론을 일종의 현장 지침서라고 생각
했을 때 중요한 점은 그 이론이 분석가(뿐만 아니라 권력관계를 지배하
려는 사람이거나 혹은 그러한 지배에 저항하려는 사람들)로 하여금 지
배와 통제의 전략으로서 영역성을 이용하는 것이 어떠한 중요한 효과나
결과를 초래하는지 파악할 수 있도록 도와준다는 점이다. (색의 이론적
논의에 대해) 두 가지 관찰이 유효할 것 같다. 첫째, (색이 제시한) 대부
분의 경향과 조합들은 복잡한 위계적 조직 속에서 영역성이 작동하는
것과 관련된다. 그러한 위계적 조직이 근대 세계에서 광범위하게 작동
하고 있고 그들의 영향이 엄청나다는 점에서 이러한 논의는 매우 중요
할 수 있다. 하지만 누군가는 (위계적이고) 관료적인 조직의 구성에 의해
포획된 사회생활보다 훨씬 더 많은 사회생활이 존재한다고 주장할 수도
있다. 아마도 위계적 조직을 너무 많이 강조하는 것은 그와는 다른 방식
으로 영역이 표출되고, 사용되고, 경험되는 경우에 충분한 주의를 주지
못하는 결과를 초래할 수도 있다. 둘째, 많은 (영역의) 효과들이 영역성
그 자체의 직접적 효과라기보다는 영역이 인식과 의식에 **미친 영향**이다.

사람들의 관심을 다른 곳으로 돌리기, 구체화하기, 마법적 힘, 비울 수 있음 등의 경향들은 영역성이 어떻게 우리가 세상을 바라보고, 이해하며, 착각하게 만드는지와 관련되는 것들이다. 당연히 영역성이 지닌 이러한 본질적인 인지적 기능의 중요성은 과소평가되어서는 안 되며, 그 중요성을 일깨워준 것이 『인간의 영역성』이 지닌 강점 중의 하나이다.

　제2장 '이론'의 두 번째 부분은 사회현상으로서의 영역성이 사회질서에 대한 보다 넓은 이해로부터 — 즉, 사회학 혹은 보다 일반적인 사회이론과 같은 것으로부터 — 분리될 수 없다는 인식에 기반을 두어 이루어진다. 또한 이론은 사회적인 것에 대해 중립적이어야 한다는 (그리고 사회적인 것과 결합하여 유용해야 한다는) 색의 요구를 따른다. 자신의 이론적 틀이 거시사회적 과정에 대해 제시된 여러 가지 상이한 이해방식들과 조응할 수 있음을 보여주기 위해 색은 베버주의 사회학, 그리고 마르크스주의 정치경제학과 자신의 이론이 어떻게 연결될 수 있는지 설명한다. 색은 이러한 시도가 단지 제안적인 것에 불과하다는 언급도 없이 이러한 작업을 행하고, 또한 각 이론들에 대해 단지 몇 페이지만 할애한다. 베버와 관련하여 색은 관료적 조직의 내적 역동성, 그리고 '전통적' 사회질서와 '근대적' 사회질서에 대한 베버주의적 구분과 관련하여 영역성을 논한다. 마르크스주의와의 기본적 연결은 계급갈등의 상황에서 근대적 영역성이 어떻게 애매모호하게 조합되는지와 관련된 문제 속에서 주로 논의된다. 그런데 이러한 두 번째 부분에서의 논의는 '이론' 장의 첫 번째 부분에서 다뤄졌던 '원자적 구조'에 대한 논의보다 설득력과 적합성이 떨어진다.

역사

세 번째 장인 '역사적 모형들 : 영역성, 공간 그리고 시간' 에서 영역성과 사회질서 사이의 근본적 관계에 대한 분석은 7천 년에 걸친 인류 역사에 대한 파노라마적 연구를 통해 확장된다. 색은 이러한 작업의 잠재적 문제점에 대해 알고 있었고, 따라서 이러한 연구가 제공하는 목적의 한계에 대해 명확하게 밝히고 있다. 최대한 일반화시켜 보았을 때, 인류의 사회적 조직은 다음의 세 가지 형태를 지닌다. ① 원시사회, ② 근대사회, ③ 비근대적이지만 문명화된 사회. 이와 관련하여 색은 원시성을 폄하하지도 않고, 근대성을 찬양하지도 않는다. 마찬가지로 그는 '(역사적) 진보' 라거나 사회적 발전의 필연적 '단계(p. 53)' 와 같은 것에 대한 가정과 명백히 거리를 둔다. 오히려 그가 실제로 하려 한 것은 이런 다양한 유형의 인류의 사회조직들이 영역성의 사용과 관련하여 어떠한 특징을 지니는지 추론해보는 것이었다. 그럼에도 불구하고, 각 사회조직들이 지닌 특성들을 시계열적으로 살펴보면, ① 자율적인 영역적 단위들의 숫자 감소, ② 자율적 영역적 단위들의 크기 증가, ③ 수는 감소하였지만 크기가 증가한 영역적 단위들의 하부분화와 분절화의 증가(p. 52)와 같은 중요 경향들이 파악된다. 여기서 왜 '자율성' 이 영역이나 사회질서의 핵심적 요소로 등장하게 되는지 이해하는 것이 중요하다. 우선 자율성이 무엇을 의미하는지가 완벽하게 명쾌하지 않다. 다음으로 인간다움 personhood과 그것이 영역에 대해 지니는 관계에 대한 특정 관점(예를 들어, 이 책의 제2장에서 논의된 고프먼의 '덮개형 공간' 에 대한 경우에서처럼)에서 보면, 7천 년 전보다 지금 현재 지구상의 인구수가 몇 자리 수 이상의 차이가 나도록 증가하면서 '자율적인 영역' 의 숫자도 훨씬 더 증가했다고 주장할 수도 있다. 이들은 몇 가지 작은 이슈들에 불과하다. 이 장에서 색의 초점은 그의 책 다른 곳에 비해 다소 협소한 것으로 보인다. 근대성에 대한 일반적인 이해방식에서 보면 현재의 시기는 사회질서의 복잡성이 증가했다는 측면에서 전근대적 시기와는 매우 큰 차이를 보인다. 이러한 복잡성은 영역성을 새롭게 사용하는 방식에 투영되고, 그리고 그 방식에 의해 더욱더 증폭된다.

원시적 정치경제

대부분 2차적 자료에 근거하여, 색은 원시성에 대한 추상화된 이념형적 모형을 만들어낸다. 원시적 세계는 근대에 비하여 덜 복잡하고 인구수도 적으며 더 작은 면적의 지역을 점유했다. '평등주의적인' 사회구조를 (다시 말하지만 치페와 부족에 대한 사례에서 논의되었듯이, 평등주의는 단순히 경제적 계급이 존재하지 않는다는 것을 의미함) 지향하는 경향이 있기도 하다. 이런 경우에 지인들 사이의 호혜성이 사회관계의 형성에서 매우 중요한 역할을 수행한다. 근대에 비해 기술과 지식은 (전문화되어 특정의 집단에 의해서만 전유되기보다는) 보다 더 범용의 형태로 여러 종류의 사람들에게 널리 이용된다. 사람과 장소 간의 관계는 마법적이거나 정신적인 의미의 중요성으로 채워진다. 원시 부족들 간의 영역성이 나타나는 방식, 형태, 그리고 영역성이 발현되는 강도는 자급자족적 경제활동의 상황에 영향을 받는다. 여기서 자급자족적 경제활동은 공동체 구성원들 간에 자원을 배분하는 역할을 한다. "영역성의 발현을 기대할 수 있는 이유는 영역성이 공간과 시간에 있어 예측성과 밀도를 확립하는 효율적인 수단이라는 것 때문이다(p. 59)." 즉, 원시 부족들 사이에 사용되는 영역성의 효과는 확실성의 정도를 높여주는 것이다. 이와 더불어 색은 '외부로부터의(p. 60)' 경쟁에 직면한 공동체에서 영역성이 존재할 수 있다고 주장한다. 하지만 이러한 주장은 '외부자'가 누구인지 확인하고 그들을 '내부자'와 차별적으로 바라본다는 점에서 어떤 식이든 영역이 이미 잠재적으로 존재하고 있음을 암시하는 것 같기도 하다. 또한 문자가 만들어지기 이전의 사람들에게 영역적 경계는 비영역적인 경계보다 '소유와 통제의 의미를 주고받는(p. 59)' 효율적인 수단일 수도 있다.

원시적인 영역성에 대한 색의 관점에서 중요한 요소는 공동체 내에서 분배가 이루어지는 방식과 토지소유의 규칙에 관한 것이다. 색이 제시한 일반화된 이론적 개요에 따르면 '공동체'는 어떠한 수단과 절차를 통해서든 그 공동체를 구성하는 개별 가구의 구성원들에게 토지를 나누어준다. 토지를 구획하여 나누어줄 수도 있지만, 그렇다고 개별적으로 구획된 토지, 그것을 분배받은 구성원과 공동체 사이에 소외나 분리가 발생해서는 안 된다. 분배의 또 다른 방식은 토지에서 공동으로 작업을 하는 것이다. 이와 더불어 색은 몇 가지 혼합적 시스템의 가능성을 인정했다. "원시부족들이 영역성을 사용하는 것은 그것이 그들의 기본적 사회조직을 지원하기 때문이다. 공동체 외부의 사람들이 공동체의 자원에 접근하는 것을 막고자 할 때는 영역이 사회 전반에 걸쳐 나타난다. 상이하지만 대칭적인 과업을 개인이나 가구에 배분함을 통해 상호호혜성을 촉진시키고자 할 때는 영역이 공동체 내에서만 사용된다(pp. 62~63)."

인류학적 문헌들의 선별적 독서에 의거하여 전 세계에 걸쳐서 그리고 수천 년의 세월을 통해 존재해왔던 셀 수 없이 많은 '원시' 문화들을 이처럼 단순화하고 축소하는 것은 무리라고 주장하는 것은 그리 공정하지 않은 평가이다. 물론, 색에 의해 선별되지 않은 다른 사례들(제2장에서 언급된 민족지학적인 설명과 같은)은 영역화가 이루어지는 훨씬 다양하고 복잡한 방식을 보여줄 것이다. 그러나 색은 실증적이고 민족지학적인 정확성을 추구한 것이 아니라, 원시성을 탈원시적 근대성과 대비하고자 했다. 여기서 진짜 이야기가 시작되는데, 이는 원시가 문명으로 전환하였음을 보여주는 파열적 사건들과 이러한 전환을 이끌어내는 데 영역성이 결정적인 역할을 수행하였음을 보여주는 논의이다.

문명사회

문명화되었다는 것은, 혹은 어떤 사회체계가 문명화되었다는 표식을 가진다는 것은 무슨 의미인가? 색의 모델에서 문명화되었다는 것은 사람들이 원시사회에서 보다 훨씬 더 크고, 더 비인격적이며, 더 계층화되어 있는 정치경제적 시스템에 살고 있음을 의미한다. 색은 먼저 문명화가 바로 그 장소에서 일어나는 과정('문명화'가 외부로부터 들어와서 토착인들에게 강요된 과정과 대비하여)이라는 가설적 모델을 제시한 후, 이어서 우리들에게 일군의 자율적이지만 서로 연관된 원시적 공동체들이 서로 간의 교역을 통해 연계되어 있는 경우를 상상해보라고 요구한다. 시간이 지나면서 상이한 공동체들은 특정 교역물품의 생산에 각자 특화하기 시작한다. 이와 같이 여전히 원시적인 교역경제에서 생산이 증가했다면 이를 어떻게 설명할 것인가에 대해 여러 다양한 이론들이 존재하겠지만, 색이 관심을 두었던 중심적 사건은 성직자 계급의 등장과 그에 따른 사회적 계층화이다. 성직자들과 그들의 대리인들은 잉여생산을 통제하여 그것의 저장, 분배, 소비를 관리하게 된다. 이는 원시적 공동체의 어느 정도 상호호혜적이고 평등주의적이었던 특성을 약화시킨다. 여기서부터 문명화 과정이 자체적인 탄력과 논리를 지니게 된다. 문명화 과정은 여러 가지의 상이한 경로를 따라갈 수 있다. 문명화 과정의 기본적 요소는 권력 집중의 강화(아마도 원래부터 있던 도시에 권력이 국지화되는 방식으로), 도시화, 상업과 무역에 종사하는 계급의 등장과 강화, 그리고 마지막으로 중심에 의한 주변부 위성 공동체의 지배 등이다. 이제 영역성이 조공을 바치는 지역에 대한 '행정적 관리'에서 중요한 역할을 하게 되고, 이를 통해 통치의 국가구조가 인지할 수 있을 정도로 나타나게 된다. 행정구역과 그에 상응하는 권위가 농민들과 지역 공동체에 부여된다. 문명화와 함께 일종의 수직적 영역성도 나타나게 된다. 색의 이론에서 사회적 조직화의 중간단계에 관해 중요한 주장은 영역성의 역사적 전환은 권력 역사의 변화, 특히 비인격화된 권력관계의 중요성 증가와 분가분의 관계에 있다는 것이다. 이 모델은 직접 그렇게 주장하지는 않지만 이러한 변화 속에서 의사소통을 위한 기술(글쓰기, 문자를 읽고 이해하기와 같은)과 억압을 위한 기술도 덩달아서 변화했다는 암시를 주고 있다.

자본주의

여러 개의 전근대적 문명 중에서 "단지 하나 만이 자본주의와 근대 국가의 등장을 이끌어 내었다(p. 78)." 그것은 전근대 서유럽의 문명이다. 여기서 새롭고 중요한 것은 자본주의적으로 쪼개진 근대성의 출현과 함께 우리가 다음과 같은 것을 알게 된다는 점이다.

유동적으로 부유하는 사람들, 역동적인 사건들을 특정한 방식으로 규정하고, 담아내고, 특정한 틀에 맞추어 주조해내는 도구로서 영역을 반복적이고 의식적으로 사용함으로써 추상적이고 비울 수 있는 공간이라는 관념을 만들어낸다. 이는 공동체를 인공적인 것으로 보이도록 만들고, 미래라는 것이 한편에는 사람과 사건들이, 다른 한편에는 영역적 틀이 위치하여 서로 역동적으로 관계를 맺으면서 형성되는 지리적인 것으로 보이도록 만든다. 그리고 이는 공간이 단지 우발적으로 사건에 관계되는 것으로 보이게 만든다(p. 78).

(색의 책에서) 이러한 세계적인 역사적 변화의 메커니즘들이 또 다시 매우 간단하고 쉽게 제시된다. 이들 메커니즘들은 물질적 조건, 생산에 대한 통제, 지배의 수단 등에서의 변화에 바탕을 두어 설명된다. 상인들의 권력증대와 노동의 점진적 프롤레타리아화는 이런 메커니즘을 생성하는 과정이다. 무엇보다 중요한 것은 생산자들이 자본가라는 새롭게 등장하는 계급에 의해, 그리고 그들을 위해 통제되는 시장경제에 참여하도록 강요되는 수단에 대한 논의이다. 색은 다음과 같이 기술한다. "상인자본이 강력해지는 방법 중의 하나는 농민들을 토지로부터 '자유롭게' 만들어 농민들이 시장에 참여할 수 있게 하고, 동시에 시장에서의 상행위가 실패했을 때 그들이 자급자족의 방식이나 전통적인 생계로 돌아갈 수 없게 확고히 하는 것이다(p. 79)."

여러 세대를 거치면서 생산의 기본적 단위이자 장소로서 존재하던 가족이 약화되고, 그 대신 공장이 새로운 생산의 단위이자 장소로 등장하였고, 이러한 전환이 더욱더 강화되었다. 공장에서는 노동자가 더 이상 생산수단(도구)에 대한 통제권(소유권)을 가지지 못하고, 새롭게 계량화된 시간적 감각에 의해 점점 훈육되었다. 그리고 직주의 분리는 더 나아가 사회생활의 영역적 분화를 심화시키고 위계적 관료제도의 중요성을 증가시켰다. 이는 근대성과 관련하여 고도로 영역화된 생활세계의 등장에 대한 이야기이다. 이와 더불어 색은 근대성의 중요 요소로 자유주의적 국가의 등장, 국가의 정당화 이데올로기인 중립성과 자유에 대한 관념의 출현, 사람과 물자의 이동성 증가, 과학과 혁신적 기술의 사회적 역할 증대 같은 것들을 들었다. 과학은 또한 계량화와 추상이 지배적 지위를 가지게 되는 것과 관련되고, 계량화와 추상은 공간, 시간, 영역을 이해하는 새로운 방식을 불러일으킨다. 애초에 유럽에 위치했던 정치적 권력이 식민주의와 제국주의를 통해 지리적으로 확장하면서, 이러한 새로운 사회공간적 질서가 사실상 전지구상에 펼쳐지게 되었다. 물론 그렇다고 해서 세계가 똑같아진 것은 아니다. 자본주의의 정치–경제–문화적 논리를 통해 근대성의 독특한 영역적 논리가 세상에 등장하게 되었고, 이는 세계 곳곳에서 여러 다양한 변종을 만들어내면서 지속적으로 작동하고 있다. 특히 중요한 것은 이러한 특이한 근대적 사고방식과 실천들이 영역을 이용하여 사회적 공간을 고립시키고, 전체적으로 합치며, 비우기도 하고, 채우기도 한다는 것이다.

색이 이 장에서 7천 년 동안의 인류의 집단적 경험을 수십 페이지 내에 정확하게 담아내고자 한다고 오해해서는 안 된다. 민속지학적이고 역사적인 사실에 대해 어느 정도의 충실함을 가지는 것은 기본적으로 전제가 되지만, 어떤 면에서 정확성은 중요 초점이 아니다. 색의 목적은 우리가 오늘과 같은 지점에 어떻게 도달하게 되었는지를 말하고자 하는 것이 아니라, 영역성의 여러 측면들을 (혹은 그의 이론들의 여러 측면들을) 예를 들어 설명하고, 이것을 변화와 지속성이라는 관점에서 제시하고자 하는 것이다. 색의 목표는 영역성을 사회적 과정과 사회관계의 변화로부터 고립시키려는 경향에 저항하는 것이다. 이런 면에서 보면 이야기가 정확한지 아닌지는 중요하지 않다. 평가를 함에 있어서 오히려 중요한 것은 세계가 어떤 곳인지, 그리고 영역이 이러한 세계의 작동에서 어떠한 역할을 하는지 드러내거나 혹은 애매모호하게 하는 데 있어서, 이러한 논의가 얼마나 유용한가 하는 점이다.

사례 연구
『인간의 영역성』의 제4~6장은 상세한 사례 연구들이다. 각 장은 장기간에 걸친 사회생활의 특정 부분들에서 영역이 어떻게 작동하는지 추적하여, 이전의 3개 장에서 소개되었던 추상적 이론들을 자세히 설명한다. 제4장은 제도화된 기독교, 특히 로마 가톨릭 교회의 오랜 역사에서 나타나는 영역성의 중요 특성들을 기술한다. 색은 초기의 기독교적 실천들이 크게 보아 기독교가 등장하던 시기와 장소에 있었던 유대교의 방식과 연관되어 있음에 주목한다. 그는 어떻게 그러한 영역적 실천들이 교회가 점차 더 위계화되고 사제와 주교의 권력이 교구나 소교구와 같은 영역적 구조에 보다 긴밀하게 연결되면서 변화하게 되었는지 보여준다. 로마제국이 기독교를 받아들이면서 로마제국의 영역적 구조는 교회가 지닌 종교정치적 권위의 형판과 같이 기능하게 되었다. 색은 영역성이 로마제국의 몰락, 봉건제와 그것의 장기간에 걸친 쇠락, 종교개혁, 그리고 최종적으로 근대적 관료화의 힘에 의해 영향을 받는 과정을 간단히 언급한다.

　　제5장에서 색은 미국의 정치적이고 영역적인 체계의 변화에 대해 고찰한다. 이 논의는 탐험과 발견, 그리고 원주민의 말살에 대한 이야기로 시작한다. 이어서 영역성의 식민적 표현에 대한 논의로 진전된다. 특히 흥미로운 것은 연방주의자와 반연방주의자 사이에 벌어진 영역을 둘러싼 논쟁, 그리고 권력의 영역화에 대한 타협이 헌법으로 만들어지는 과정에 관한 이야기이다. 이 장은 또한 서부로의 확장, 그리고 공공재 공급의 영역성에 대한 현대경제적 해석 등에 대한 논의도 포함한다. 마지막 장은 초기 근대시기로부터 현대에 이르는 기간 동안 노동의 영역성이 어떻게 변화하였는지에 대해 주로 논의한다. 그런데 노동의 영역성 변화와 더불어 '가정'이라는 가사 공간과 감옥, 군대와 같은 다른 독특한 근대적 제도의 공간적 조직이 어떻게 동시에 변화하였는지에 대해서도 논의한다. 근대적 영역성을 특징짓는 여러 가지 '경향들'과 '조합들'이 이 장에서 명쾌하게 예시된다.

『인간의 영역성』을 넘어서

『인간의 영역성』이 지니는 가치와 지속적 효용성은 영역에 대한 연구에서 이 책이 지니는 여러 가지의 독창성과 고유성에서 잘 드러난다. 영역의 스케일과 유형에 구애받지 않고, 또한 특정 분과학문의 제한된 관심사에 크게 제약되지 않은 채, 『인간의 영역성』은 우리로 하여금 영역적 실천을 통해 세상을 바라볼 수 있는 능력을 기르게 해주는 풍부한 분석적 개념들을 제공해준다. 권력의 작동을 중심에 둔 고민, 시간성과 역사성에 대한 밀도 높은 관심, 개념적이고 이데올로기적 요인에 대한 강조와 더불어 이루어지는 물질적 경제력의 중요성에 대한 강조 등은 『인간의 영역성』을 역사적 가치 이상을 지닌 '고전적' 저서로 인정하게 해준다. 하지만 상대적으로 작은 분량의 책이고 더구나 명백한 시론적 시도의 저서이다 보니 한계(혹은 울타리)를 지닐 수밖에 없다. 『인간의 영역성』에는 여러 개의 주제들이 간단히 언급만 된 채 그 논의들이 충분히 발전되지 않은 경우도 있고, 저자의 충분한 관심을 제대로 받지 못한 주제들도 많다. 20년 후의 독자에게 부족하다고 생각되는 부분들은 협소한 분과학문적 관심에 사로잡히지 않으려는 저자의 전략에 따른 결과일 수도 있다. 예를 들어, 『인간의 영역성』에는 국제관계, 민족주의, 식민주의, 성, 인종주의, 환경 등에 대한 이슈와 직접적으로 관련되는 논의는 거의 없다. 더구나, 최근 중요하게 부각된 주제와 문제들이 1980년대에는 그렇게 중요하게 고려되지 않은 경우도 있다. 이와 관련된 예로는 경계와 관련된 이론, 탈영역화, 문화이론, 포스트모더니즘, 세계화와 같은 것들이 있다. 여성주의와 같은 이슈는 그 당시 중요하기는 했지만 영역과 관련된 이론이나 책이 제공하는 여러 가지 사례에 많은 정보를 제공해주지는 못했다. 그럼에도 불구하고, 이러한 여러 가지 주제들을 고려하면서 『인간의 영역성』을 읽는 것은 영역에 대한 보다 최근의 논의들 속에서 이 책을 위치 지우고, 그를 통해 이 책의 울타리를 밝히는 데 도움을 준다. 이어지는 글에서 나는 앞에서 언급한 주제들 중 4개 주제(근대성, 담론, 정체성, 정치)와의 관련 속에서 『인간의 영역성』을 계속 탐구해볼 것이다. 그리고 나서 『인간의 영역성』을 데이비드 시블리David Sibley의 『배제의 지리Geographies of Exclusion』와 간략히 비교할 것이다.

근대성

이미 살펴보았듯이, 『인간의 영역성』은 근대성이라는 주제를 깊이 있게 다룬다. 이 책에서 제시하는 많은 역사적 서술들이 전근대적이거나 원시적인 것에 비하여 근대성이 어떠한 특성을 지니는지를 밝히는 데 초점을 두고 있다. 이 책은 우리가 근대적으로 변하는 과정에서 영역성이 어떠한 역할을 수행했는지 논하는 데 많은 부분을 할애하고 있다. 또한 어떻게 영역성이 근대성이라는 조건하에서 특이한 방식으로 표출되는지, 특히 어떻게 영역성이 근대와 관련된 지속적 변화를 밑에서 떠받치고 추동하는지 논하는 데 초점을 두고 있다. 이론에서 특히 중요한 것은 어떻게 영역이 '비워질 수 있는' 것으로 인식되게 되는지, 어떻게 근대적인 영역적 실천이 추상의 인지적 작동에 뿌리를 두고 있는지, 그리고 어떻게 근대적인 영역적 실천이 비인격적인 관계의 형태를 촉발시키는지에 관한 것이다. 이러한 영역성의 작동이 없었다면 근대성은 지금과 같은 모습이 아니었을 수도 있다는—혹은 지금과 같은 모습이 될 수 없다는—주장이 설득력 있게 제시된다.

『인간의 영역성』이 저술되었던 1980년대에는 근대성에 대한 사고 자체—사실 근대성의 존재 자체—에 대한 탐구가 이전과 비교도 할 수 없을 정도로 엄밀하게 이루어졌고(종종 '심문' 당했다고 이야기될 정도로), 이러한 경향은 1990년대 내내 더욱 강화되었다. 뒤이은 학문적 논쟁은 인문학과 사회과학 분과학문의 모든 부분을 건드렸고, 제2장에서 논의되었듯이 이러한 논쟁은 영역성이 어떻게 재인식되는지에 깊은 영향을 주었다. 당연히 나는 이 주제를 깊이 있고 정교하게 다루는 것은 고사하고, 이렇게 넓게 퍼진 논쟁의 지형을 간략히 스케치하기도 어렵다.

따라서 여기서 나의 제한적인 목적은 『인간의 영역성』을 재맥락화하여, 근대성에 대한 질문을 색과는 다르게, 그리고 보다 비판적으로 보는 다른 입장들과 비교해보는 것이다.

보통의 평범한 담화에서 대체로 근대성은 이제는 다른 것으로 교체되어 사라진 '그 시절'에 대한 것이라기보다는 여전히 지속되고 있는 '현재'에 대한 것으로 이해된다. 근대가 언제, 어떻게 시작되었는지, 그리고 예컨대 볼테르Voltaire(프랑스 사상가, 1694~1778)와 조지 부시George W. Bush는 근대적 인물로 간주되는 반면 줄리어스 시저Julius Caesar나 노자는 그렇지 않은데, 이처럼 근대성을 규정하는 특징이 무엇인지에 대한 질문들이 있을 수 있다. 보통 많이 언급되는 근대성의 특징은 원시인이나 고대인들은 원시성이나 고대성에 대해 깊이 생각하지 않았(고 그럴 수도 없었)지만 현대인들은 근대성을 문제삼아 깊이 고민한다는 점이다. 게다가 근대사상은 아주 근대적인 방식으로 스스로를 성찰할 수도 있다. 현대인들이 근대성을 이해할 때 진보라는 찬사와 그와 관련된 계몽, 합리성, 자유 등의 개념을 사용한다. 이런 관점에서 보게 되면, 근대성이 무엇을 의미하던 간에 전체적으로 보아 그것은 근대 이전에 존재하여 근대에 의해 대체되었던 것보다는 나은 것이고, 근대화와 '발전'의 과정은 전반적으로 개선을 향해 나아가는 것으로 이해된다. 하지만 근대성은 이러한 찬양과 더불어 다양한 ('외부적'이기도 하고 '내부적'이고도 한) 비판들을 낳았는데, 이들 비판은 실제로 그랬거나 아니면 상상 속에 존재하는 '그 시절'에 비하여 '현재'가 얼마나 더 어두워졌는지를 강조하는 데 초점을 둔다. 몇몇 포스트모던 사상은 스스로를 근대성의 산물이라 바라보면서, 근대성이 이룬 가장 위대한 업적이라고 평가되기도 하는 자기반성적 자극을 강조하는 주장을 펴기도 한다. 이를 이해하는 또 다른 방식은 '근대성'이 단지 시간(무제한적으로 확장되는 '현재')과 관련된 것도 아니고, '발전의 단계'나 진보의 기반과도 큰 상관없고, 오히려 일종의 성향이자, 근대적 진보라는 것에 책무를 느끼고 그것에 매진하는 태도이자 그러한 태도를 뒷받침하는 이데올로기이고, 그와 관련된 실천들이라는 주장이다. 이 관점에 따르면, '근대 문화'나 '근대 세계'로 불리는 것도, 비록 이것이 의심의 여지없이 새로운 것이긴 하지만 여러 문화적 형태들 중의 단지 하나에 불과하다. 우리를 근대적으로 만드는 것은 (근대적이지 않은) 타자에 대비하여 우리를 상상하는 방식이다. 그런데 이 '타자'들은 급속히 사라져가는 과거에 귀속된 시간적 타자일 뿐만 아니라, 그 절멸이 근대화, 진보, 발전과 같은 자기충족적 담론에 의해 정당화되는 문화적 타자이기도 하다. 근대성에 대한 현대적 비판들은 ─ 크게 보아 '포스트모더니즘'이라고 정확히 분류되지는 않는다 하더라도 ─ 근대성의 이러한 정당화 전략을 밝히는 데 초점을 두기도 한다. 자칭 포스트모더니스트들의 사고가 등장했다고 해서 근대성의 '종말'을 수반하거나 근대성을 다른 것들로(그 後에 오는 어떤 것으로) 대체하는 것은 아니라는 점을 강조할 필요가 있다. 만약 근대성이 어떤 것을 의도한다면 이는 여전히 진행 중이고, 포스트모더니스트들에 의해 제기된 비판들은 아직 근대성의 종말을 야기할 정도로 충분하지 않다. 만약 근대성을 시간에 대한 '사실'이라기보다는 오히려 권력의 역사를 묘사하고 재현하는 방식(즉, 일부의 자칭 현대인들이 그들 자신에 대해서 스스로에게 말하고 싶어 하는 방식)이라고 바라본다면, 영역성과 『인간의 영역성』에 대한 이해방식에 영향을 줄 수 있는 다른 질문들이 제기될 수 있다.

색은 근대성과 진보에 대한 찬양적 언술을 명백하게 거부했다. 이는 가치중립적인 사회적 탐구에 대한 색의 확고한 신념 때문이었다. 그런데 이러한 신념 그 자체가 지식을 생산하고 사회세계를 재현하는 과제(그리고 그들의 가치)에 대한 근대주의적 입장이라고 볼 수도 있다. 가치중립성의 가치는 과학에 대한 특정 이미지와 '객관성'에 대한 과학적 신념, 그리고 진보를 제공함에 있어서 자기겸손이라는 태도에 근거를 두고 있다. 이런 측면에서 『인간의 영역성』은 전형적인 근대적 프로젝트이다. 근대성의 사실성facticity에 대해 회의적인 저자라면 이러한 프로젝트를 수행하지 않았을 것이고, 영역성이 하나의 이론 혹은 하나의 역사를 가질 것이라고 ― 혹은 가질 수 있다고 ― 상상하지도 않았을 것이다. 그런 저자라면 7천 년의 인류 역사와 어마어마한 문화적 다양성을 어떤 책의 불과 30쪽 정도에서 재현되는 작은 일련의 '메커니즘'으로 환원시키는 전략에 대해 경계했을 것이다. 더구나, 그런 저자는 이 주제를 분석적으로 접근하여, 인간 영역성의 광대함을 소수의 '원인(이유)'과 '효과(결과)'로 분해하지 않았을 것이다. '이상적 유형'과 추상적 '모형'도 '경향'과 '조합'의 격자판도 사용하지 않았을 것이다. 포스트모더니스트(혹은 모더니스트가 아닌) 이론가라면 '(사회)과학자'의 중립적이고 객관적인 외양을 그렇게 철저하게 유지하려 하지는 않았을 것이다. 제2장에서 논의되었듯이, 그러한 이론가라면 영역을 그토록 엄격하게 안과 바깥을 구분하여 양자택일의 관점에서 보지 않고, 오히려 애매함, 유동성, 경계성, 이질성과 같은 주제들을 한층 돋보이게 했을 것이다. 물론 두말할 필요도 없이 포스트모더니스트 비평가들이 『인간의 영역성』에 대해 가장 강하게 비판하는 이러한 요소들이 거꾸로 다른 이들에게는 가장 가치 있고 칭찬할만한 것이 될 수도 있다.

글쓰기의 스타일과 관련된다고 여겨질 수 있는 이러한 특징들과 더불어, 『인간의 영역성』에 크게 영향을 준 또 다른 중심적인 근대주의적 가정은 사람은 어떠해야 하는가에 관한 것이다. 『인간의 영역성』이 전근대와 근대의 차이에 많은 강조점을 두고 있지만, 이러한 차이를 가로지르는 연속성과 관련하여 중요한 한 가지 주제는 통제의 주체(즉, 영역성의 사용자)가 합리적이고, 계산적이며, 도구적인 지향을 지닌 행위자라는 가정과 관련된 것이다. 바로 영역성 자체를 정의함에 있어서 영역성은 기본적으로 전략, 즉 목적을 지향하는 수단으로 이해된다. 다른 여타의 도구들과 마찬가지로 영역성은 특정 장점과 단점을 가지고 있다. 그런데 한편으로 색이 전근대와 근대의 구분을 비합리(미개)와 합리를 구분하는 대용물로 사용하지 않았다는 것은 중요한 사실이다. 사실 영역성의 '마법적'인 효과는 과거와 현재에 똑같이 확인될 수 있다. 하지만 다른 한편으로 누군가는 합리성을 선험적으로 가정하는 그 자체가 신화적이라고 생각할 수도 있다. 비록 색 본인은 이러한 해석을 거부하지만 합리성을 우선시하는 것이 전형적으로 근대적 태도라는 것은 사실이다. 어떤 경우에든 계산적인 합리성이 영역성을 (그것이 근대적이든 아니든) 둘러싼 비밀의 자물쇠를 열 수 있는 최고의 열쇠라고 완전한 확신을 가지고 말할 수는 없다. '지금' 처럼 '그 시절'의 인간들도 합리적인 계산을 할 능력은 충분히 가질 수 있다(나는 내가 합리적일 수 있는 능력을 가졌다고 기쁜 마음으로 믿는다). 그리고 근대적 문화에서 이러한 실제를 추구하는 경향은 의심의 여지없이 찬양된다. 하지만 이와 동시에 우리는 합리성 추구보다 더 많은 것을, 그리고 합리성 추구 이외의 다른 것을 지향하기도 한다. 우리는 종종 비합리적이고, 합리성을 벗어나 그에 무관심하기도 하며, 감정적이기도 하다. 그렇다면 영역성도 '통제의 전략' 그 이상일 수도 있는 것이다. 모든 종류의 영역적 실천들을 욕망, 두려움, 역겨움, 혼돈, 권력의지, 잔인함, 혹은 심지어 '무의식'의 작동에 의한 것으로 해석하는 것이 보다 더 정확할 수 있다. 요점은 인간성이나 자아에 대한 관점을 복잡하게 하면 영역성의 이론도 복잡해진다는 것이다.

또한, 목적의 합리성에 대한 평가는 수단의 합리성에 대한 평가와 분리될 수도 있고, 분리되지 않을 수도 있다. 홀로코스트의 영역적 구성은 최고 수준의 합리적인 수단을 사용한 것으로 파악되지만, 그 합리적 수단은 심각하게 비합리적인 목적을 위해 봉사했다. 인간의 사회적 관계에서 비합리성이 어느 정도로 깊이 침투해 있는지에 좀 더 관심을 기울이면 민족주의, 사유재산, 난민수용 등의 영역화, 그리고 심지어 고프먼식의 '자아의 영역들'의 영역화 과정에서도 비합리적인 요소들을 쉽게 찾을 수 있다. 어떤 이는 근대적 영역성의 특징으로 그 스스로의 행동을 '합리성'의 측면에서 정당화하고 싶어 하는 일종의 광기를 꼽기도 한다. 영역성을 전략으로 사용하는 것의 장점과 단점을 평가함에 있어 『인간의 영역성』을 관통하는 핵심어는 '효율성'이다. 영역성을 이해함에 있어서 근대주의적인 스토리에 덜 집착하는 접근은 효율성, 질서, 확실성 등과 같은 테마들에 덜 집중하고, 오히려 혼돈, 애매함, 정신분열증 등의 요소들을 더 크게 강조하는 것일지도 모른다.

색이 바라보기에 영역은 따로따로 나뉘어져서 울타리 쳐진 공간이다. 이 책에서 가장 일반적으로 제시되는 예시는 울타리 쳐진 운동장, 방, 행정지구, 정부에 의해 무상으로 불하된 토지, 작업장 등과 같은 공간들이다. 하지만 경계와 울타리 쳐짐은 일반적으로 당연한 것으로 아주 손쉽게 받아들여진다. 그러다 보니 경계이론에 대한 최근의 연구와 비교했을 때 (색의 책에서 제시된 이러한 예시들에서는) 경계 그 자체가 상대적으로 덜 문제시된다. '지역에 따른 분류'는 영역을 — 통제자의 의도라는 측면에서 — 확고한 양자택일의 상황에 있는 것으로 보여 지게 만든다. 다시 말하지만 제2장에서 논하였듯이 보다 최근의 이론들은 통제하는 위치에 있는 영역의 생산자들이 그들 자신에 대해 말하는 이야기들을 해체하고, 그 이야기들을 다른 이야기로 대체하여 (영역의) 투과성을 드러내고, 영역성을 특징짓는 중첩들이 유동적인 것으로 보이도록 시도하고 있다.

예를 들어, 색의 이론은 미국과 멕시코 국경이 별도의 두 주권적 공간을 분리하여 명백한 분류와 의사소통이 가능하도록 하는 선이라 바라보는 입장을 재강화할 수 있다. 더구나 (영역이 지닌) 가장 근본적인 세 가지 경향들 중의 세 번째인 '집행'의 경향은 더 많은 문제를 지니고 있다. (미국, 멕시코 등과 같은) 주권적 영역은 근대적 영토이고, 따라서 가상적으로 인정되는 비워질 수 있음, 추상, 비인격화된 관계 등과 같은 특징을 보여준다. 이 관점이 확실히 틀린 것은 아니지만, 동시에 완전히 정확하지도 않다. 제2장에서 간단히 다뤘듯이, 다른 많은 사람들은 이러한 독특한 예를 완전히 다른 방식으로 해석할 것이다. 상호배제적이거나 상호구성적이며, 안팎의 구분이 뚜렷한 이분법적인 방식으로 해석하기보다, 복잡하게 상호침투하고 유동적이어서 '이것도 포함하고 저것도 포함하는' 식으로 이야기할 것이다. 다른 경계들과 마찬가지로 미국과 멕시코 사이의 국경은 단지 (사람, 사물, 관계들을) 단순하고 쉽게 분류하고 분리시키는 수단인 것만이 아니라, 그와 동시에 구성하고 조합하는 수단이기도 하다. 빅터 오티스Victor Ortiz는 『국경의 참을 수 없는 모호함The Unbearable Ambiguity of the Border』이란 책에서 다음과 같이 말했다.

> 그 접경지역은 국가가 아닐 뿐만 아니라… 그곳은 그 자체의 특성 때문에 국가도 아니다. 그것은 지속적이고 만연한 혼란과 탈구(물론 이는 관련된 개인과 기관에 따라 차별적으로 경험되겠지만)에 의해 특징지어지는 극적인 역사, 경제적인 역동성을 지닌 사회정치적 경관이다. 이러한 대조와 불평등의 만연 때문에, 그곳에서 일어나는 대부분의 상호작용과 경계구분에는 모호함이 지속적으로 침투해 있다… 경계에 대한 끊임없는 도전과 재강화의 과정은 접경지역에 대한 모순적 인식을 만들어내는데, 어떤 때에는 연결이 이루어지는 지역으로 인식되기도 하고, 군사적 무력개입이 심화되는 상황에서는 분단의 지역으로 인식되기도 한다. 이처럼 접경지역은 분쟁적 영역이나 변경 이상의 어떤 것이 있는 곳이다 (Ortiz 2001, 98).

이런 관점에서 보면 색이 제시했던 입장은 통제자의 입장에서 구성된 이야기에 가까운 것처럼 보인다. 하지만 어디든 이야기에는 그 이상의 뒷이야기가 있고, 항상 하나 이상의 이야기가 존재한다.

영역성 이론의 또 다른 기본 요소는 '의사소통', 특히 경계에 의해 이루어지는 의사소통이다. 아마도 색이 제시한 많은 예에서 다루어졌듯이, 경계의 원형은 '접근금지("그러지 않으면.. 하겠다"는 암시적인 추가부칙과 함께)'라고 말하는 (구두나 문자에 의해 이루어지는) 표시이다. 여기서 우리는 ① 의사전달자(분류하고 통제하는 주체), ② 의사수용자(통제받는 사람), ③ 명확한 메시지(접근금지)로 구성된 하나의 의사소통 모델을 상상할 수 있다. 근대성의 조건하에서 이러한 의사소통적 사건은 (개별 인간관계의 수준에서 나타나는) 개인적 특성만큼이나 비개인적인(특정 개인이 아니라 '전 세계'를 대상으로 지시되었다면) 특성을 보일 가능성이 크다. 하지만 누군가는 영역, 경계, 권력의 의미에는 이러한 상대적으로 투명한 명령과 지휘의 메시지가 제시하는 것 이상의 의미가 포함된다고 주장할 수 있다. 영역을 덜 근대적인 시각에서 바라보는 관점은 이러한 투명한 의사소통 모델의 정확성에 의문을 표하고, 대신에 담론과 영역의 담론성에 대한 질문에 더 많은 주의를 기울일 것이다. 이 주제에 대해서는 밑에서 다시 언급하겠다.

다시 한 번 강조하지만 (색의 주장에 대한) 이러한 대비될 수 있는 입장들을 제시하는 것이 그 자체로 『인간의 영역성』을 비판하는 것은 아니다. 내가 근대적이지 않은 다른 관점을 공개적으로 지지하는 것도 아니다. 사실 누군가는 완전히 포스트모던한 방식으로 『인간의 영역성』을 하나의 (원형적) 포스트모더니즘적인 텍스트로 독해해보기를 권할 수도 있다. (『인간의 영역성』에서 보이는) 진보와 근대성에 대한 찬양적 언술에 대한 거부, 일종의 상대주의를 공개 지지하는 것으로 이해될 수 있는 가치중립성, 수직성에 대한 강조, 다학제성에 대한 신념 등은 이 책을 그런 식으로 바라보는 것도 가능하다 생각할 수 있게 해준다. 하지만 이런 식의 독해는 궁극적으로 『인간의 영역성』이 이룬 성취뿐만 아니라, 포스트모더니즘적 입장의 유용성도 정당화시켜주지 못할 것이다.

근대성이라는 주제에 대해 마지막으로 한 마디 덧붙이자면, 사람들은 근대와 포스트모던 사이의 구분이 단지 학문적이거나 심미적인 기질의 문제가 아니라, 전근대와 근대 사이의 구분과 같이 (시대적) 단절을 표시하고 새로운 세계의 도래를 의미한다고들 말한다. 지금 이 세상에서 세계화의 강화, 탈영역화, 세계 지배를 둘러싼 동서경쟁구도의 몰락, 사이버 혁명 등은 1980년대에 색이 예상하지 못했던 방식으로 영역성이 출현하고, 새로운 영역성의 '경향'들이 나타나도록 만들고 있다.

담론

『인간의 영역성』이 출판된 이후의 여러 해 동안 사회이론과 영역성에 대한 지리학적 연구에서는 담론과 재현이라는 주제를 강조하는 쪽으로 학문적 관심이 이동하는 중대한 변화가 있었다. 『인간의 영역성』에서 이와 관련된 주제는 이데올로기, 혹은 보다 넓게 '관념'이라는 측면에서 논의되었다. 제2장에서 논의되었듯이 담론은 그 이상의 의미를 지니는데, 이는 사회행위자들의 사회화에 영향을 주는 큰 스케일의 문화-인지적 구성체와 언어적 구조를 지칭하며, 이들 문화-인지적 구성체와 언어적 구조는 사고나 의식, 그리고 실천을 특정한 방식으로 조건 지운다. 담론은 믿음이나 이데올로기의 단순한 집합체가 아니다. 이는 차이와 동일함이 표명되는 개념의 장이다. 담론은 심지어 분명히 표현될 수조차 없고, 단지 수행되고 벌어지는 것이다. 담론은 사고하고 말하는 방식으로서 사회질서 내에서 유포되는 것이라고들 한다. (그런 면에서) 담론은 지식의 생산과 어떤 현상에 이름을 붙여주는 (그리하여 사회적 실제에 공식적인 합의를 부여하는) 전문가적인 권위와 밀접히 관련된다. 특정 담론은 권력관계를 통해 등장하고, 그러한 권력관계를 유지한다. 하지만 담론은 동시에 권력이 작동하는 방식을 약화시키거나, 그렇지 않으면 변형하기도 한다. 따라서 담론은 정당화의 기능을 하기도 하고 비판적이기도 하며, 순치하기도 하고 부자연스럽게 만들기도 한다. 담론과 담론성에 대한 관심은 개별적 의도성을 탈중심화하고(또는 최소한 재맥락화하고), 우리의 현재 논의의 맥락에서 보면 의사소통적 행위와 사건들을 다른 시각에서 볼 수 있게 해준다.

영역성에 대한 짧은 소개서인 이 책에서는 담론분석의 두 가지 측면에 주목해야 한다. 첫째는 사회적인 요소들을 기본적 대상으로 하면서, 영역적 개체들이 구성되고 탐색되는 것에 맞추어 사회적 요소들을 채택하는 담론이다. 둘째는 영역성 자체에 대한 보다 좁은 의미의 담론이다. 전자의 측면에서 보면, 사회세계를 이해하는 데 관련된 수없이 많은 담론들이 있다. 어떤 담론들은 다른 것에 비해 보다 일반적인 중요성을 가진 것으로 인식된다. 우선 여기서 중요한 것은 어떻게 이러한 상이한 중요성을 가진 담론들이 동시에 놓여질 수 있는가 하는 점이다. 이는 다음의 질문들과 관련된다. 이들 상이한 담론들의 구성적 차이를 보여주는 가장 적절한 기준은 무엇인가? 이 담론들이 습관적으로 행하는 프레이밍은 무엇인가? 이 담론들은 무엇을 배제하는가? 이들의 개념적 위계는 어떠한가? 둘째 질문은 이 담론들이 어떻게 사회적 실천에서 역할을 수행하는가이다. 사회적인 것에 대한 담론들은 움직이고 변화하며 이질적이다. 핵심은 이 담론들이 서로 결합되고 서로 강화하기도 하며 때로는 서로에 도전한다는 것이다. 어떤 담론은 '지배적'이거나 '헤게모니적'인 것으로 부상하여 상식이라는 외형을 차지할 수도 있다. 이러한 담론들과 이들에 직접 도전하는 담론들 모두 영역성을 이해함에 있어 특히 중요하다. 사실 인간 영역성은 상이한 정체성을 지닌 담론들이 물질세계의 분절된 부분들에 자신을 각인시키는 데 필요한 기술로 이해할 수 있는 경우가 많다.

예를 들어, 앞 절에서 나는 '근대성'이 비록 특정한 시점에 등장했고 시간이 지남에 따라 극적으로 변화해왔지만, 그것을 어떤 특별한 역사적 시간이라기보다 복잡한 서술의 방식(즉, 담론)으로 볼 필요가 있다는 아이디어를 소개했다. 이 담론의 핵심적인 구성요소들 중에서 전근대적인 것(이것이 '원시적'이든 '고대적'이든 간에)에 대비하여 '근대적인 것the modern'의 특성을 근본적으로 나타내는 요소들은 ① 진보, 그리고 그것에 동반하는 개념인 ② 자유와 합리성을 둘러싼 이야기, ③ 개별주체의 가치 높이기, ④ 효율성을 규범적으로 우선시하기, ⑤ (인간에 비해) 자연을 부수적인 것으로 보는 담론과 그로 인해 촉발되는 과학주의 등이다. 어떤 시간과 장소에서 근대성에 대한 담론은 인종과 섹슈얼리티에 관한 담론과 결합되면서 식민주의를 비롯한 다양한 (피억압자에 대한) 지배의 형태에 대한 서술적 감성을 만들어낸다. 이와는 다른 맥락에서 근대성의 담론이 인종적 지배에 저항하는 역할을 하기도 한다. 즉, 근대성의 담론은 자유주의뿐만 아니라 사회주의적 담론과도 쉽게 결합할 수 있다. 여기서 즉각적으로 제기하고 싶은 요점은 근대성의 담론들과 이 담론들의 **실용적 활용**은 영역적인 각인의 과정에 엄청난 영향을 줄 수 있다는 것이다. 영역성은 어떻게 이 근대성의 담론들이 세상에서 구체적인 규정력을 발휘하는가에 있어서 근본적으로 중요하다.

예를 들어, 이성애적인 남성성은 여러 가지 방식으로 영역화될 수 있다. 제2장에서 언급되었던 게이바에 대한 라이먼과 스콧Lyman and Scott의 논의를 살펴보자. 그들은 "바의 고객들이 드러내는 패션과 어투는 즉

각적으로 (바의 다른) 동성애자에게 그가 안방영토에 도착했다고 알리는 역할을 할 수 있다(1967, 240)"고 강조한다. 하지만 다른 곳에서는 이러한 패션과 어투가 즉각적으로 다른 이들에게 그가 장소에 어울리지 않고, 경계와 선 바깥에 있다고 알리는 역할을 할 수 있다. 게다가 (게이 스타일에 거부감을 느낀) 다른 사람들은 남성성에 바탕을 둔 동성애혐오증에 기대어 그 게이에 대한 폭력을 정당화할 수 있다(Herek and Berrill 1992; Kantor 1998). 이와 마찬가지로, 인종 또한 영역화될 수 있는데, 이는 단지 '백인 외 출입금지'와 같은 표지판을 설치하거나 강제로 어떤 이들을 공간에서 쫓아버리는 방식을 통해서만 이루어지는 것이 아니라 보다 은밀한 방식으로 복종이나 존중과 같은 정형화된 행동 방식을 통해 사회적으로 규범화된 인종적 에티켓의 '관례화된' 코드를 규정함으로써 이루어질 수도 있다.

제2장에서 우리는 주권, 민족주의, 식민주의, 반식민주의, 문화, 자아, 사생활 등과 같은 담론에 대해 언급한 적이 있다. 인종에 대한 담론이 세계 곳곳에서 영역의 형성에 미친 지대한 영향을 생각해보면 쉬울지도 모른다. 물론, '인종race'이라는 사고 그 자체는 역사적 우발성 속에서 생겨난 것이고, 어떤 측면에서는 그것이 식민주의를 정당화하는 것이라기보다는 식민주의의 효과라고 보는 것이 더 나을 수도 있다. 특정한 역사적 상황에서 만들어진 담론적 구성체로서 19, 20세기의 과학적 인종주의가 있는데, 이 담론은 인종주의를 당연한 것으로 받아들이게 하고, 백인 우월주의를 규범화하며, 과학을 이용해서 (인종적) 배제 정책과 집단학살을 정당화한다. 21세기 초반에 유포되고 있는 인종적 담론은 매우 다르다. 따라서 영역을 만드는 데 있어서의 인종적 담론의

역할 또한 다르다. 마찬가지로 성과 섹슈얼리티를 둘러싼 담론들도 역사적인, 그리고 현 시기의 영역형성에 깊은 영향을 주고 있다. 특히, 공사 구분과 성과 섹슈얼리티의 담론이 결합되었을 때, 이들 담론이 영역형성에 미친 영향은 더욱 두드러진다. 또 다시 말하건대, 인종에 대한 담론은 섹슈얼리티에 대한 담론과 쉽사리 분리되지 않는다. 그리고 이 담론들은 권리와 자유주의에 대한 담론들과 상이한 방식으로 결합되면서 매우 복잡한 방식으로 영역적 배열을 구조화한다.

예를 들어, (문명적) '성숙함'의 상대적인 정도에 따라 '인종집단들'을 위치 지우는 인종에 대한 역사적 서술방식은 강탈, 지배, 분리, 배제 등을 정당화하는 데 널리 이용되었다. 어떤 맥락에서 이들 담론들은 섹슈얼리티에 대한 담론들과 결합되어 성욕이 지나치고 성숙되지 않은 흑인 남성과 순수하고 나약한 백인 여성에 대한 한 쌍의 이미지를 만들어내고 인종적 지배를 정당화하기도 했다. 이 글의 목적을 위해 더 중요한 것은 이 담론들이 인종과 성을 고도로 영역화시키는 정당화의 근거를 제공한다는 것이다. 하지만 이 담론들은 통상적으로 백인 남성과 흑인 여성에 대해서는 매우 달리 결합되어, 흑인 여성은 백인 남성의 성폭력에 훨씬 취약하고, 백인 남성은 인종–성적 경계를 뛰어넘는 행위에 대해 비난이나 처벌을 받을 책임이 없는 것으로 이야기되기도 했다. 또한, 인종과 섹슈얼리티에 대한 담론이 사회적 영역화에 영향을 주는 방식은 상이한 맥락에서, 예를 들어 미국 남부나 남아프리카에서, 혹은 1910년대와 1960년대에, 의심할 여지없이 달랐다. 이처럼 인종과 섹슈얼리티라는 축을 따라 형성되는 권력의 영역화는 권력에 대한 담론(이 담론은 통제를 위한 특정의 영역적 '전략'을, 그리고 '분류', '의사소통', '집행'을 위한 특정의 영역적 행동을 이끌어내는 큰 사회적 맥락을 형성하는데)을 통해서 구성되고, 또한 그 담론을 통해서 알아들을 수 있게 되었다.

따라서 담론과 담론적 실천에 대해 더 많은 주의를 기울일 경우 『인간의 영역성』에서 제시된 이론들에 영향을 준 (다소) 투명한 의사소통 모델이 훨씬 복잡해질 수 있다. 이는 영역화가 권력, 의미, 그리고 경험 간의 관계에 영향을 주는 방식에 대한 우리의 이해를 복잡하게 만든다. 이런 면에서 담론에 주의를 기울이면 (인종과 성이 영역과 결합되어 복잡하게 표출되는 것과 같은) 영역적 복합체를 그것이 지닌 문화적이고 역사적인 특수성의 측면에서 더 많이 이해할 수 있고, 이와 더불어 분리, 추방, 퇴거, 감금 등과 같은 행위들을 합리적 행위자들의 의도적 전략이라기보다 문화적 수행이란 측면에서 이해할 수 있다.

그런데 보다 구체적으로 보면 사회적 담론의 소용돌이가 영역성의 작동에 매우 크게 영향을 주지만, 동시에 특정의 영역적 담론 그 자체가 이러한 사회적 담론들에 거꾸로 영향을 줄 수도 있다. 여기서 근대(아마 보다 정확하게는 식자literate) 문화의 추상적 성질에 대한 색의 강조는 매우 중요하다. 제2장에서 보았듯이 주권, 사적 소유, 자아 등에 대한 담론들은 모두 다 영역에 대한 특정한 입장(즉, 영역을 날카롭게 나뉘어진 '내부/외부'의 구조를 사회적 공간으로 구획 지우는 것으로 바라보는 입장)에 기대어 그 의미가 선명해졌다.

정체성

여성주의이론, 포스트식민주의이론, 비판적 인종이론, 퀴어이론, 문화이론 등과 같은 최근의 학문적 흐름 속에서 정체성에 대한 질문들 또한 『인간의 영역성』이 출판된 이후 보다 더 깊이 탐구되었다. 정체성에 대한 질문들 중 상당수는 제2장에서 논의되었던 영역성에 대한 새로운 인식과 연결된다. 내가 앞에서 지적하였듯이 영역에 대한 전통적 담론들은 정체성에 대한 지배적인 인식을 뒷받침하고 있다. 정체성과 영역 사이에 동일한 구조를 지닌 관계가 있다고 가정하는 전통적 영역담론에 대한 비판은 정체성에 대한 지배적인 이해방식에도 도전했다. 이러한 문제는 민족주의와 관련된 부분에서 가장 선명하게 드러난다. 『인간의 영역성』은 이러한 문제를 거의 취급하지 않는다. 『인간의 영역성』에서 기껏 해야 정체성은 (내부자와 외부자가 있다는 식으로) 매우 단순하게 가정되었고, 정체성, 차이, 동일함, 위계 등과 관련된 문제들은 이론에서 거의 아무런 역할을 수행하지 않았다. 색에게 있어서 근대적 영역성의 가장 전형적인 특징 중의 하나는 근대에 이르러 사회적 관계를 영역적으로 정의하는 방식(마치 '회원자격membership'과 같이)이 매우 중요한 의미를 지니게 되었다는 점이다. 물론 이것이 어느 정도 정확한 일반화라는 점에는 의심의 여지가 없지만, 이 부분을 지나치게 강조할 경우 정체성의 형성과 부여의 과정에 존재하는 복잡성, 이질성, 미끄러짐의 측면들을 제대로 못 보게 된다. 따라서 영역성이 이러한 과정에서 수행하는 역할의 일면만을 보여줄 것이다.

지배적인 영역적 담론들(예, 민족주의와 관련된 담론들)은 정체성을 매우 본질주의적 입장에서 취급한다. 즉, '우리'는 아주 단순히 우리들이고, '그들'은 명확하게 '우리'가 아닌 사람들로 취급된다. 비슷하게 인종, 섹슈얼리티, 성과 같은 것들은 사람들을 아주 자연스럽고 당연하게 서로 별개로 구분하는, 그리고 지속적인 힘을 가진, 범주들로 아주 단순하게 취급된다. 영역적 실천들은 보통 정체성(차이)과 경계를 적절히 수사적으로 조응시키려는 태도를 지향하는 경향이 있다. '외부자'들을 배제하기 위해서 사람들은 그들이 누구이며 우리는 누구인지 사전에 이미 알아야 한다. 하지만 앞에서 지적되었듯이 만약 정체성의 많은 요소들이 객관적이고 안정적이며 영속적인 '사실'을 반영하기보다는 담론적으로 창조되고 수정되며 타협을 통해 만들어지는 것이라면, 정체성과 영역과의 관계는 다른 방식으로 이해될 필요가 있다. 정체성과 관련된 문제는 담론성discursivity이란 주제와 깊이 연관된다. 정치지리학자인 파씨Anssi Paasi는「사회적 구성물로써의 영역적 정체성Territorial Identities as Social Constructs」이라는 제목의 논문에서 학자들이 "국가적 정체성에 대한 언술, 상징, 제도 등이 창조되는 데 영향을 주는 실천들과 담론들, 그리고 그러한 실천과 담론들이 일상생활의 '침전물sediments'이 되어 집단적 형태의 정체성과 영역성이 재생산되는 궁극적 기반으로 작동하는 과정"에 더 많은 관심을 기울여야 한다고 주장했다(Passi 2000a, 93). 그리고 파씨는 정체성의 정치를 세계화의 맥락에 위치시키면서, "생각과 물건뿐 아니라 사람까지도 이동하고 신기술의 발달로 인해 고국을 떠나 떠돌면서 살아가는 사람들 간의 상호작용이 점차 더 손쉬워지는 현재와 같은 흐름의 세계에서 정체성은 어떻게 이해되어야 하는가?"라는 질문을 던진다.

월슨Wilson과 돈난Donnan은 새롭게 등장하는 정체성의 정치에 대해 "시민권, 민족, 국가를 정의하는 (전통적인) 방식들이 성, 섹슈얼리티, 종족성, 인종 등과 같이 정치적 중요성을 새롭게 인정받은 정체성들과 현대세계에 대해 대중과 학문사회가 상상하는 방식을 지배하기 위해 서로 다투고 있다(Wilson and Donnan 1991, 1)"고 언급한다. 이러한 정치는 영역, 특히 무엇보다 경계가 어떻게 이해되는가에 직접적인 영향을 미친다. "경계는 그것이 지닌 한계적이고 경합적인 성격 때문에 자주 바뀌고 다중적인 성격을 지닌 정체성들로 특징지어지는 경향을 보이는데, 이러한 특징은 (변덕스럽고 다중적인) 정체성들을 담아내는 특정한 국가적 배치에 의해 구조화되는 방식을 통해, 그리고 사람들이 국경에서의 생활에 대한 그들의 경험에 의미를 부여하는 방식을 통해, 드러난다. 이는 국가정체성뿐만 아니라 종족성, 계급, 성과 섹슈얼리티 등과 같은 정체성에서도 나타나고, 또한 접경지역에서 국가의 다른 곳에서 정체성이 구성되는 것과는 상이한 방식으로 (혹은 다른 곳에서 정체성이 구성되는 방식을 새롭게 바라볼 수 있게 해주는 방식으로) 구성되는 정체성에서도 나타나는 사실이다(p. 13)."

이와 같은 논의들은 세계화와 탈영역화가 이루어지는 흐름의 세계에서 나타나는 국민적 정체성의 분절화와 유동성의 문제, 그리고 국민적 정체성과 정치적 영역을 등형적 구조로 연결시키던 사고방식이 지니는 문제점에 초점을 둔다. 하지만 이 외에도 집단적이거나 개별적인 정체성(이는 강요되거나 스스로 각인된 것인데)의 여러 다른 측면과 요소들이 영역에 대해 당연시되던 가정들을 문제시하는 데 기여한다. 여기서 또 다시 인종과 성은 유용한 예시를 제공해준다. 미국의 역사에서 인종이 고도로 영역화되는 과정에 '검둥이 피'라는 것이 '한 방울'이라도 섞이면 (즉, 얼마나 오래 전인지 상관없이 아프리카인 선조가 한 명이라도 있으면) 그 사람은 '검둥이'라고 분류되는 (다시 말해, '유색인종'으로 정의되는) '한 방울 법칙'이 부분적으로 기여했다. 따라서 '검둥이'라는 이름이 한 번 붙여지고 나면, 그것에 귀속되는 모든 배제, 불이익, 혹은 이익은 그 후손들 모두에게 (비록 그들이 완전히 '백인종'과 같은 외모를 가지고 있다 하더라도) 영속적으로 영향을 미치게 된다. 아메리카에서 인종이 사회적 담론 속에서 알려지게 된 계기를 제공해준 '물라토mullato', '옥타룬octaroon', '혼혈인mixedblood'과 같은 혼성적 범주들은 '검둥이'나 '백인종'과 같은 배타적인 법률적 범주에 의해 사라지고, 한 방울 법칙에 의해 통제되게 되었다. 이러한 상황에 대한 대응으로 어떤 사람들은 백인으로 '통하기' 위해 인생을 뒤바꾸는 결정을 함으로써 백인 우월주의의 구속적 영역화를 피할 수 있었다. 인종은 사회적으로 각인된 여러 정체성 중의 단지 하나에 불과하다. 우리가 상이한 방식으로 '인종화' 되듯이, 우리는 상이한 방식으로 '젠더화' 되고, '연령화' 된다. 이러한 권력의 축을 따라서도 (특정의 정체성 집단에 속하기 위해서는 어떤 기준을) '통과해야' 하는 현상이 나타난다. 이러한 권력의 축이 영역화되어 있는 경우에 '통과하느냐' (또는 못하느냐) 혹은 자신의 정체성을 가리고 있던 덮개가 벗겨져서 '아우팅' 되느냐는 영역성이 경험되는 방식에 의해 크게 영향을 받게 될 것이다. '정체성'을 이런 식으로 문제시하게 되면 우리는 영역을 찾아 헤매면서 영역에 대해 협상하는 다른 방식에 관심을 가지게 된다. 이를 통해 우리는 영역적 실천이 색이 제시한 모델의 핵심에 놓여 있는 분류, 의사소통, 집행보다 훨씬 큰 것임을 알 수 있게 된다.

이 외에도 난민, 원주민, 세입자, 죄수, 감시인, 도망자, 점유자, 외국인, 관리인 등과 같이 셀 수 없을 정도로 많은 정체성들이 영역의 실제적 작동에 기반을 두고 있다. 이들은 또한 경계와 더불어 여타의 다른 '벗어날 수 없는' 것처럼 보이는 사회적 범주들(국적, 인종, 성, 연령 등)과 충돌하고, 결합하고, 또는 그들로부터 갈라진다. 이제 정체성이 변화무쌍한 것으로 인정이 된다면, 정체성의 표피적 중요성을 당연한 것으로 (영역에 의해 어느 정도 고정된 것으로) 받아들이는 영역적 요소들은 크게 의문시될 수밖에 없다. 이런 측면에서 보면 정체성을 둘러싼 이슈는 『인간의 영역성』에서 중요한 고려사항이 아니었다. 그런데 일단 정체성이 문제시되면, 영역성에 대한 우리의 이해도 문제시된다. 다음 장에서 우리는 영역성과 '이스라엘' 과 '팔레스타인' 이라는 정체성이 구성되는 과정에는 어떤 복잡한 관계가 있는지 살펴볼 것이다.

정치

『인간의 영역성』이 저술되던 시기에 정체성, 담론, 탈근대성 등과 같은 주제들은 영역과 관련된 학문적 논의에서 그렇게 중요하지 않았다. 그리고 비록 그 주제들이 그 당시 중요했다 하더라도 색의 이론에서 그 주제들에 대한 언급이 없는 것이 반드시 결함이라고 볼 수도 없다. 하지만 조금 달리 본다면 색이 정치에 대해서 훨씬 더 중요하게 다뤘더라면 더 좋았을 것이다. 이는 색의 모학문인 지리학에서 영역이 오랫동안 정치지리학자들의 주제로 인정받아왔다는 사실에 비추어보면 더욱더 그러하다. 색은 영역성이 권력을 가지고 있거나 권력을 행사하기를 갈망하는 사람들에 의해 작동한다고 확신했다. 하지만 그의 이론은 권력에 대해 깊이 있는 독해를 보여주지 않는다. '정치' 를 어떻게 정의하든 간에 그것에 대한 논의는 거의 존재하지 않았다. 하지만 설사 정치라는 주제가 영역에 대한 색의 논의에서 중요하지 않았다 하더라도, 흔히들 '정치'라고 이해되는 사건, 관계, 실천들이 한 세대 전에 정치라고 널리 인정되던 것과는 다소 다르다는 사실에 우리는 주목할 필요가 있다.

제2장에서 보았듯이, '정치적인 것'이 무엇인지에 대한 규정 그 자체가 영역에 대한 선험적인 가정에 의해 영향을 받을 수 있다. 예를 들어, 전통적인 '현실주의적' 국제관계이론은 '정치적인 것'을 주권국가들 사이에서가 아니라 그 내부에서만 존재하는 것으로 본다. 다른 전통적 견해에 따르면 정치적인 것은 국가의 통치를 위한 투쟁이나 민주주의의 절차와 실행과 관련된다. 하지만 여기서 또 다시 말하지만 여성주의, 마르크스주의, 후기구조주의, 비판인종이론 등과 같은 비판이론의 영향하에서 '정치적인 것'은 이제 사회생활의 거의 모든 요소의 내부에서 존재하는 것으로 이해된다. 따라서 정치는 영역화가 일어나는 거의 모든 사건과의 관련 속에서 발견된다. 사실 '정치적인 것'이란 용어를 사회관계의 작동에 연결시키지 않는 것 자체가 일종의 전술적 탈정치화, 즉 하나의 정치적 작전으로 이해될 수 있다. 따라서 만약 '정치적인 것'이 모든 곳에 있고 또 그것이 (가능한) 모든 영역적 사건에서 제거할 수 없는 요소라면, 『인간의 영역성』을 보다 정치적으로 독해한다는 것의 의미는 무엇인가? 근대성, 담론, 정체성 등의 주제와 함께 나는 여기서 몇 가지 제안을 할 수 있다. 여기서 나의 목적은 단지 색의 영역론이 지니는 몇 가지 울타리(혹은 한계)를 표시하려는 것뿐이다.

첫째, '정치적'이란 것은 무엇인가? 권력이 스며든 모든 관계는 일종의 정치와 연루된 것이라 볼 수 있다. 정치란 지배, 종속, 갈등, 저항, 협력, 연대, 합의, 타협 등으로 특징지어지는 사회적 관계를 둘러싼 모든 사회적 활동과 사건을 일컫는다. 이러한 사실은 정부 간 관계나 국가행위자와 비국가행위자 간의 관계에서만 그런 것이 아니라, 젠더관계, 인종관계, 젊은이와 권위 사이의 관계, 작업장에서의 관계에서도 그러하다. 따라서 영역성을 표현하는 것은 무엇이든 (예를 들어, 영역화된 격자망을 원주민들에게 강요하는 것, 아이들을 방에 들어오지 못하게 하는 것, 난민들을 캠프에 수용하는 것, 불법점유자들을 건물에서 내쫓는 것, 여성들을 컨트리 클럽에서 배제하는 것 등) 정치적 차원을 지니고 있다. 이와 동시에 모든 형태의 정치적 행동(정체성의 정치, 사회운동의 정치, 젠더정치, 환경정치 등)은 복잡한 방식으로 영역과 연관된다. 권력이 사회관계에 스며들어 있다면 정치도 사회관계에 스며들 수밖에 없다. 담론분석이 강조하는 요점 중의 하나는 비정치적이라 추정되는 사건들에 연결되어 있는 정치적 요소를 드러내고 이 세상의 구성요소에 의미를 부여하는 정당화 이데올로기와 반대 이데올로기 모두를 밝혀내는 것이다. 『인간의 영역성』은 자신의 의지를 다른 이들에게 강요하려는 사람들의 관점을 취한다. 따라서 통제하려는 시도를 받게 되는 쪽에서는 어떤 일이 일어날지, 혹은 (그러한 시도에 대해) 저항하거나 혹은 (그것을) 회피하려는 노력이 어떻게 영역화의 과정에 영향을 미칠지 등에 대해서는 거의 관심을 기울이지 않았다. 좀 더 일반화하면, 색의 관점에 따르면 피통치자들은 (통치에) 복종하거나 아니면 벌을 받게 된다. 이러한 관점은 영역성이 실제로 세상에서 작동하는 과정에 대해 매우 왜곡된 시각을 제공할 수 있다. 그리고 이는 사회적 세계가 영역성을 통해 창조되고 수정되며 그 유지되는 방식에 대해 왜곡된 감각을 제공한다.

　관련하여 『인간의 영역성』이 제공하는 수많은 예시와 사례들 중에서 폭력이 영역화의 과정에서 행하는 역할에 대한 것은 하나도 없다. 통치자의 지시는 '집행되고', 위반자는 '처벌을 받는' 것으로 설명이 된다. 하지만 여기서 사용되는 ('집행', '처벌' 등과 같은) 용어들은 문제의 영역적 배열을 건전하게 보이도록 만드는 성향이 있다. 따라서 『인간의 영역성』 제1장에서 다루어진 치폐와 부족의 영역성의 변화에 대한 논의에서 영역성이 변화하는 과정 속에 나타났던 폭력과 고통에 대해서는 아무런 언급이 없다. 이와 비슷하게 자본주의의 등장과 지속에 수반되는 변화의 과정은 다음과 같이 묘사된다. "상인자본이 강력해지는 한 방식은 농민들을 토지로부터 '자유롭게' 만들어 농민들이 시장에 참여할 수 있게 하고, 동시에 시장에서의 상행위가 실패했을 때 그들이 자급자족의 방식이나 전통적인 생계로 돌아갈 수 없게 확고히 하는 것이다(p. 79)." 그런데 어떻게 이러한 상황을 '확고하게' 만들 수 있었는가? 어떻게 농민들이 자신들을 먹여살려주는 수단을 버리고 자유를 선택하게 되었는가? 영역성의 표출은 많은 경우에, 아니 아마도 대부분의 경우에, 폭력의 직접적 사용에 의해 야기되지는 않는다. 하지만 '통치자들'이 원하는 것을 얻지 못하는 상황에서 이루어지는 영역성의 표출은 최소한 암묵적 위협이라도 수반할 수밖에 없다. (근대적 영역성의 근본적인 두 축이라 할 수 있는) 주권과 사유재산권 그 자체도 폭력과 공포의 작동에 뿌리를 두고 있다. 따라서 『인간의 영역성』은 인간의 사회-공간적 조직에서 매우 혼돈스럽고 감성적으로 불안한 부분에 대한 다소 냉정한 설명이라 할 수 있다. 만약 색이 영역적 관계의 이러한 다른 측면들을 보다 깊이 들여다보았다면, 그가 제시한 것과는 다른 중요한 경향들과 조합들을 발견할 수 있었을 것이다.

영역을 통해 세상을 보는 다른 방법들

이 절의 목적은 『인간의 영역성』이 지닌 울타리를 다시 한 번 살펴보고, 그 견해에서 배제되고 주변화된 것들이 무엇인지 밝혀주는 것이다. 이를 위해 색의 책과 데이비드 시블리David Sibley의 『배제의 지리Geographies of Exclusion』(1995)라는 책을 간단히 비교하는 것이 유용할 것이다. 시블리의 책은 영역성의 영토를 이론적으로 둘러보는 것은 아니다. 시블리는 또한 색처럼 광범위한 역사적 고찰을 하고자 하지도 않았다. 시블리는 그 책을 '탈분과학문적인post-disciplinary' 관점에서(p. xv) 집필하였지만, 책의 내용은 기본적으로 보통 사람에 대한 심리분석과 민족지학을 바탕에 둔 사회지리이다. 시블리는 기본적으로 개인 간 관계의 공간적 측면에 관심이 있었는데, 이는 개인 간 관계가 차이의 담론에 의해 구조화되기 때문이었다. 시블리에게 특히 중요했던 것은 인종, 성, 연령을 둘러싼 담론과 그 담론들이 '외부자들에 대한 담론적 생산(p. xv)'에서 수행하는 역할이었다. 시블리가 보기에 영역성의 가장 중요한 특징은 그것이 주변화와 억압이라는 사회적 과정에 기능하는 방식에서 나타난다. 그는 '사회적 통제social control'를 색과 비슷한 방식으로 정의한다. "사회적 통제는… 지배적 위치에 있는 개인이나 집단이 (다른) 개인이나 집단의 행위를 조절하려는 시도이다(p. 81)." 하지만 색과는 — 그리고 대부분의 다른 이론가들과는 — 대조적으로 시블리의 출발점은 영역이 어떻게 경험되는가 하는 것이다. 그는 다음과 같이 말한다. "나는 사람들이 다른 사람들에 대해 느끼는 감정에서 출발하고 싶다. 왜냐하면 감정이 사회적 상호작용에 (특히 인종차별이나 여타 다른 종류의 억압의 상황에서) 중요하기 때문이다(p. 3)." 그가 논의를 이끌어가기 위해 던지는 질문들 또한 매우 특별하다. 그는 다음과 같이 질문한다. "장소는 누구를 위한 것이며 누구를 배제하는가? 그리고 어떻게 이러한 금지와 배제가 현실에서 지속되는가? 배제에 대한 설명은 사법제도와 사회통제집단의 행위에 대한 탐구 외에도 배제당하는 사람의 관점에서 그들의 행위에 대해 주어지는 장애, 금지, 제약에 대해 이해하는 것을 필요로 한다(p. x)." 특히 흥미로운 것은 "어떻게 불완전하며 주변적이라고 평가되는 사람들에 대한 배제를 통해, 그리고 그들 자신을 사회에서 정상적이고 주류라고 생각하는 집단에 의해 경계가 만들어지는 과정을 통해, 통제의 과정이 구체적으로 표출되는지(p. xv)"를 이해하는 것이다. 이러한 과정들 중에는 '비천함abjection'과 '정화purification'의 조건들을 계산해내는 데 관련되는 것들이 있다. 비천함은 "배제를 이해하는 데 있어 핵심적이다(p. 11)." "깨끗함과 지저분함, 정돈된 것과 무질서한 것, 그리고 '우리'와 '그들' 사이의 분리를 만들어, 비천한 자들을 축출하도록 권고하는 것이 서구 문명에서 장려되고 있고 이 때문에 불안감이 발생되는데 왜냐하면 그러한 분리가 결코 완전하게 달성될 수 있는 것이 아니기 때문이다(p. 8)." 그리고 "분리는 정화 과정의 한 부분으로 더럽고 오염된 것을 피할 수 있는 수단이다. 그런데 분리한다는 것은 순수한 것과 오염된 것에 대한 분류를 전제로 한다(p. 37)."

근대의 가정에서 나타나는 영역성에 대한 시블리의 독해는 색의 논의와 뚜렷하게 대조를 이룬다. "'집을 천국으로 보는 것'이 '집을 갈등의 원천으로 보는 것'보다 (사회과학에서) 훨씬 더 일반적인 관점(p. 92)"이라는 사실을 인정하면서도, 시블리는 최소한 일부의 가정에서 일어나는 영역, 권력, 경험의 작동에 관심을 기울인다. "정화된 환경에 대한 욕망이 가구의 모든 구성원들에 의해 공유되지 않은 경우에 그 가정은 갈등의 장소가 된다(p. 91)." "가사영역에서 지배적인 개인들은 공간적 경계의 유지(예를 들어, 어린이들이 성인의 공간에 들어가지 못하게 막는 것)와 아이들의 행동에 대한 시간적 조절에 많은 관심을 둔다. 통제를 지속한다는 것은 경계를 명확하고 애매하지 않게 유지해야 함을 의미한다(p. 96)." 이러한 영역을 더 큰 사회적 과정과 연결시키면서, 시블리는 다음과 같이 추론한다.

지속적인 배제와 엄격한 경계의 집행 그리고 아이들의 삶과 생활공간에 대한 끊임없는 침입은… 아이들과 청소년의 행동결함을 유발할 수 있다… 가정용 가구 공급자들의 가구배치도에서 보이는 것처럼 고도로 질서 잡히고 오염되지 않은 공간으로 가정을 상상하게 되면, 아이들과 같이 호흡하는 환경을 제공하지 못한다. 상업적으로 재현된 이상적 가정의 상(여기서 아이들은 오염된 존재로 취급된다)은 배제의 성향을 증폭시킨다(p. 98).

근대 가정에서 나타날 수 있는 영역성의 작동방식에 대한 시블리의 상당히 부정적인 입장은 배제되고, 주변화되고, 존엄이 훼손된 사람들에 대한 공감에서 비롯되었다. 영역 그리고 우리들의 고도로 영역화된 생활세계는 이러한 관점과는 다르게 보이고 느껴진다. 사실 이 관점은 그 자체로 영역성의 탐구에서 널리 배제되어왔다. 그런데 여기서 요점은 시블리의 관점이 옳다거나 색의 입장이 수정될 필요가 있다는 것이 아니다. 시블리와 색은 둘 다 모두 불완전할 수밖에 없다. 『배제의 지리』는 『인간의 영역성』이 지닌 울타리의 일부를 드러내는 데 기여한다. 그리고 『배제의 지리』를 염두에 두면서 『인간의 영역성』을 읽게 되면, 색이 열거했던 것에 추가되는 '경향들' 을 발견할 수 있다. 이러한 식의 독해는 또한 『인간의 영역성』에 상당한 영향을 주었던 합리주의에 대한 믿음을 뒤흔들고, 모든 스케일에서 존재하는 근대적인 영역적 배열에 독특한 방식으로 스며들어 있는 사회병리학적 요소들을 전면에 내세워 부각시킨다.

제4장

팔레스타인/이스라엘 해부

서론

"위험. 군사지역. 철책을 넘거나 만지는 사람은 누구든 그에 해당하는 책임을 감수해야 함." 철책에 걸린 표지판에는 이런 문구가 적혀 있다. 이 노란 철문은 점령지의 최신 혁신이라 할 수 있다. 농부와 밭 사이를 갈라 놓은 분리장벽의 통과지점들은 굳게 닫혀 있다. 감히 추측해보면, 국경 경찰이 새장 속에 갇힌 농부들에게 문을 열어주려고 주기적으로 찾아오는지 아닌지에 따라 이 '인도주의적' 질서는 곧 끝나게 될 수도 있다. 농부들이 밭으로 갈 수 있도록 문을 열어주는 것은 세상에서 가장 인도적인 군대의 선의에 따른 제스처이다(Levy 2003).

이 장에서는 이 짧은 개론서에서 이제까지 제시했던 많은 주제들을 보다 일관된 경험적 맥락 속에서 검토해보고자 한다. 이런 목적에 비추어

보았을 때 이스라엘/팔레스타인을 선택한 것은 무모한 일인지도 모른다. 무엇보다 그곳의 상황이 워낙 유동적이기 때문이다. 이 책이 출판될 때에는 그 현장의 사실들이 판이하게 달라져 있을 수도 있다. 게다가 그런 사실들을 어떻게 평가할 것인가에 대한 동의도 거의 형성되어 있지 않으며, 많은 이들에게 극단적인 감정을 불러일으키는 상황이라는 점에서 이스라엘/팔레스타인을 사례로 삼는 것은 분명 골치 아픈 일이다. 하지만 이스라엘의 지리학자 데이비드 뉴맨David Newman이 최근 다음과 같이 지적한다.

> 이스라엘/팔레스타인은 정치지리를 연구하고 갈등해소를 시도하는 데 있어 더 할 나위 없이 좋은 살아 있는 실험실이다. 여기에는 국경을 구분하려는 시도, 배타적인 단일종족 정주지와 근린으로 유대인과 아랍인들의 거주지를 분리함으로써 자원(토지, 정주지, 물) 소유권을 통제하려는 시도 등 여러 층위의 영역 및 영역변화에 대한 연구가 관련되어 있다… 중요한 것은… 이것은 아무리 세상이 '경계 없이 비영역화' 되었다 하더라도, 그리고 세상에서 가장 작은 영역이라 하더라도 공간의 정치적 구성을 이해하기 위해서는 영역적 측면이 얼마나 중요한가를 보여주고 있다는 점이다(2002, 632).

제1장에서 주장한 바와 같이 영역성에 대한 사고와 실천은 명료화와 단순화라는 소통적인 과정들을 통해 작동하는 것으로 알려져 있었다. 이 지점에서 나는 연구자들이 영역성을 통해 그 숨겨진 복잡성과 모호함, 혹은 영역성이 감추는 데 일조하는 복잡성과 모호함을 밝히는 데 주력할 것을 제안했다. 이스라엘/팔레스타인 땅에서 영역성이 작동하는

방식은 대단히 복잡하고도 모호하다. 주지한 바와 같이 이 주제(와 이 주제 아래 수집된 경험들)는 엄청나게 논쟁적이다. (따라서) 이 상황을 멀리서 냉정하게 분석할 수 있을지부터 따져볼 필요가 있다. 나는 그 어떤 분석도 비판에서 자유로울 수 없다는 점을 인정하면서도 냉정한 분석이 가능하다고 생각한다. 이미 그곳을 '이스라엘'이나 '팔레스타인' 혹은 '팔레스타인/이스라엘' 혹은 '팔리스라엘리스타인Palisraelestine[6]'이 아닌 '이스라엘/팔레스타인'이라고 명명하는 것부터 잘못된 출발점이라는 비판을 받을 수 있다. 이 상황에서 한 가지 분명한 점은 그곳이 엄청난 인류의 비극에 휘말려 있다는 사실이다. 이는 그곳이 영역성의 전개를 연구할 적소라는 주장의 좋은 근거이기도 하다. 추상상태의 '권력'에 대한 박제화된 이야기가 아니기 때문이다. 영역성을 주입하고 그에 저항하기 위해 동원되는 폭력은, 그리고 그 과정에서 발생하는 고통은 아주 구체적이다. 적어도 (카페를 대상으로 한 자살폭탄테러로 완수되든 난민캠프의 불도저로 완수되든) 이스라엘/팔레스타인의 폭력적인 영역화와 재영역화는 영역이 왜 중요한지를 실감나게 각인시켜준다.

이스라엘/팔레스타인을 둘러싼 사실들의 복잡성과 이에 대한 다양한 관점들을 고려했을 때, 또한 이 짧은 개론서의 제한된 지면을 고려했을 때 다소 피상적인 접근이 불가피할 것이다. 이 책은 이스라엘/팔레스타인에 대한 책이 아니라 영역에 대한 책이기 때문이다. 나의 당면한 제한적 목적은 상황전반을 아우를 수 있는 정보를 제공하는 것이 아니라, 이미 제시했던 중요한 주제들과 관련된 일관된 예시를 드는 것이다. 이에

---

6) 팔레스타인과 이스라엘을 분리해서 상상하는 것이 힘들다는 것을 보여주기 위해, 두 이름을 합쳐서 만든 조어(역주)

나는 권력의 여러 가지 형태들이 영역성을 통해 어떻게 표현되는지, 그리고 영역성이 삶의 방식에 어떻게 영향을 미치는지를 추적할 것이다. 나는 영역성의 집합체가 시간에 따라 펼쳐짐을 강조할 것이다. 이때 영역성이라는 집합체의 전개는 육화된 메커니즘으로서, 주어진 상황 속 행위자가 경험세계를 의미 있게 만드는 조건이자 그 결과이다. 여기서 나는 분절된 용기容器로서의 영역이 아니라 복잡하고 유동적인 배열 constellation을 구성하는 구성요소로서 영역에 초점을 둘 것이다. 처음 몇 개의 절에서는 색이 확장시켜 예시한 방식과 유사하게 영역의 계보학을 거칠게 그려 보여줄 것이다. 여기서 나는 재영역화와 관련된 핵심적인 이야기들과 그 배열의 중요한 요소들을 다룰 것이다. 그 뒤에는 더 큰 배열의 핵심 요소라 할 수 있는 토지소유권과 재산관계의 변화를 좀 더 자세히, 하지만 아직도 일반적인 수준에서 고찰할 것이다. 여기서 중요한 것은 '적정 이스라엘israel proper'과 1967년 이후 '점령영역occupied territories' 안에서 영토의 '유대화judaization'와 관련된 기획과 실천들이다. 그다음에는 소위 '이스라엘 통제시스템(Kimmerling 1989)'을 구성하는 가장 중요한 요소 중 몇 가지를 공시적으로 탐구한다. 나는 이것을 이스라엘의 **영역적** 통제시스템이라고 부를 것이다. 이는 권력을, 특히 물리적 힘을 (물론 이에만 국한된 것은 아니지만) 순환시키고 분배하며 경험시키는 도구이다. 이 시스템의 구성요소에는 난민캠프, 점령영역의 유대인 거주지, 검문소, 통행금지령, 단계화된 '봉쇄령' 같은 이동방해 수단들이 있다. 이런 영역시스템에 가장 최근에 새롭게 추가된 것은 분리장벽이다. 이 장벽은 (일부) 이스라엘인들과 (대부분의) 팔레스타인인들을 떨어뜨려놓기 위해 점령영역 안에 건설되고 있다. 이런 영역적 통제시스템의 구성요소들을 제시한 뒤 이 책의 몇 가지 주요 주제의 관점에서 오늘날 이스라엘/팔레스타인의 영역성을 논하겠다.

나는 개략적인 밑그림을 그리기 위해 이 영역시스템의 구성요소들을 이미 검토한 바 있는 이스라엘 및 유대인 역사가, 지리학자, 인류학자, 사회학자, 건축가, 법학자, 인권활동가, 언론인들의 말을 전적으로는 아니지만 두루두루 차용했다. 이들의 관찰과 평가가 특히 중요한 이유는 이 영역시스템이라는 것이 이들 이스라엘인들을 위해, 그리고 이들 이스라엘인의 이름으로 축조되어 유지되어왔기 때문도 있지만, 이들의 목소리에는 이스라엘의 영역적 프로젝트에 대한 내부비판의 증거들이 담겨 있기 때문이다. 다시 말해서 이 시스템의 효과를 지지하는 이스라엘인들과 이에 반대하여 권력의 다른 영역화 방식들을 주창하는 이스라엘인들을 구분할 필요가 있다는 것이다. 따라서 권위 있는 전문가이자 동시에 영역의 재이미지화 프로젝트에 참여하는 이런 이들의 의견을 경청할 필요가 있다. 이스라엘의 영역적 통제시스템을 상세하게 묘사할 경우 그것을 창시하고 유지하는 이들의 정당화 논리를 더욱 부각시킬 수 있을 것이다. 이 정당화 논리란 이스라엘 시민들을 잔혹한 반反이스라엘 폭력에서 보호해야 할 국가로서의 이스라엘의 권리이자 필요, 그리고 의무를 말한다. (여기서 팔레스타인 과격세력들이 민간인들을 상대로 벌이는 무차별적 폭격은 유대인만 죽이거나 불구로 만드는 것이 아니라 아랍인들 또한 손쉽게 상해를 입힐 수 있음을 주목해둘 필요가 있다.) 하지만 이스라엘의 영역적 통제시스템을 상세하게 들춰내다보면 역으로 집단처벌을 위한 혹독한 조치는 '안보'를 보장해주기는커녕 오히려 위협한다는 주장이 힘을 얻게 될 수도 있다. 어떤 경우든 이스라엘의 영역적 통제시스템을 거론하다보면 결국 영역복합체가 팔레스타인인인들의 소유권을 박탈하고 배제하며 추방하고 유폐시키기 위해 만들어져서 몇 번의 수정을 거쳐 유지되고 있음을 짚고 넘어가지 않을 수 없다.

주권의 전개

19세기만 해도 '이스라엘'이나 '팔레스타인'은 존재하지 않았다. 최소한 이 장소들에 대한 이해방식이 오늘날과는 달랐다. 따라서 당연히 이스라엘인도, 팔레스타인인도 존재하지 않았다. 하지만 19세기 중반 지중해와 요르단 강 사이에 있는 지중해 남동쪽 모서리 근방의 지역에는 분명 수십만 명의 사람들이 살아가고 있었다. 이들 대부분은 아랍어를 사용하는 무슬림들이었고, 일부는 유대인이었으며 기독교를 믿는 아랍인들도 있었다. 대부분은 자급농업과 가축을 돌보는 정도의 자작농들이었고 일부 베두인인들(유목집단)도 있었다. 대부분은 작은 마을에서 살았고 나블루스, 헤브론, 예루살렘, 자파 같은 소읍에 사는 이들도 있었다. 혈족집단이나 대가족집단이 중심이 된 거대한 사회조직은 여러 층으로 구분되어 있었다. 실세계에서 영역성은 사회적 삶의 중요한 한 측면이었다. 접근권을 둘러싼 복잡한 규정은 토지이용과 토지소유권, 마을생활, 가정생활, 종교활동을 좌우했다. 이 장 뒷부분에서 이 중 몇 가지를 자세하게 다룰 것이다.

농촌생활, 마을과 소읍의 생활이 펼쳐지는 이 경험적 공간 속에는 소위 정치적 주권과 행정의 영역성이 더해져 있었다. 엄밀히 보았을 때 이 지역은 오스만제국의 정치적 중심지 이스탄불에 비해 상대적으로 주변적인 지위를 차지했다. 오늘날의 이스라엘/팔레스타인/요르단 땅은 다른 주변 장소들이 그렇듯 통치자들에게는 세금과 징집의 원천이라는 의미를 가질 뿐이었고, 오늘날의 기준에서 보았을 때 중앙당국의 직접적인 관여는 느슨한 편이었다(Kimmerling and Migdal 2003). 이 지역을 영역적으로 통제하던 방식은 주州, vilayets와 군郡, sanjaqs이라는 행정구역시스템이었다(지도 1 참조). 1831년 무하마드 알리가 진두지휘한 군사작전의 결과 이 지역 대부분은 이집트에게 점령당했다. 1840년 오스만 제국이 이 지역에 대한 통제를 재차 선언한 이후 오스만 당국은 이 지역의 전략적 중요성을 더 높게 평가했고, 따라서 중앙 정부의 존재감이 더 분명해졌다. 이것을 보여주는 단적인 예가 토지소유권을 합리화하려는 노력에서 반포된 1858년의 오스만토지규약이었다. 이는 일상생활의 영역성에 대한 개입으로 이해할 수 있다. 최소한 이 토지법은 이후 재영토화 작업의 기초가 되는 가장 밑바닥의 퇴적층이라는 의미를 갖는다.

이와 함께 전 지구적인 정치경제상의 큰 변화 또한 괄목할만한 영향을 미치기 시작했다. 면, 깨, 오렌지 같은 환금작물의 도입이 토지이용과 노동에 영향을 미쳤고, 그 결과 농촌의 자급패턴과 가계경제 또한 일정한 영향을 받게 되었다(Kimmerling and Migdal 2003; Pappe 2004). (또한) 예루살렘과 '성스러운 땅' 이 유럽인들과 미국인들에게 관광지로 부상하자 중앙 정부는 이 지역에 훨씬 더 많은 관심을 기울이기 시작했다. 하지만 이후 이 지역에서 영역화를 촉발한 가장 중요한 요인은 유럽 시오니즘의 탄생이었다.

시오니즘은 19세기 말 유럽에서 여러 다른 민족주의의 등장과 함께, 그리고 그에 대한 대응으로 발달한 유대민족주의 이데올로기로서 다양

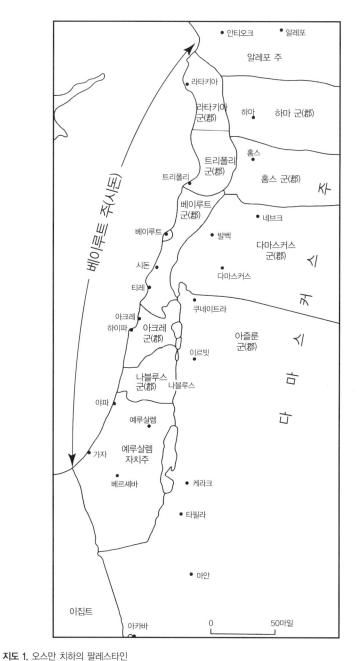

지도 1. 오스만 치하의 팔레스타인

출처 : Kimmering and Migdal 2003. Harvard University Press; Cartography Department, Hebrew University.

한 형태와 기능을 갖고 있다(Dieckhoff 2003). 시오니즘과 그에 관련된
여러 담론들은 소위 '유대인 문제'에 수반된 문제점을 해결하기 위한 야
심찬 해법으로 제시된 것이었다. 한편으로는 동유럽에서 꾸준한 박해에
시달리고, 다른 한편 서유럽에서는 동질화라는 또 다른 문제에 직면한
데다, 그들이 흩어져 살고 있던 지역 전체에서 나타나는 반유대주의 정
서에 골머리를 앓던 테오도어 헤르츨Theodor Herzl 같은 일부 유대인 정치
사상가들은 자결自決을 위한 지리적 전략을 제시하기에 이르렀다. 이는
유대인들이 전 세계를, 그리고 결국 이들 식대로 표현하자면 에레츠 이
스라엘Eretz Yisrael, 즉 영원한 유대인들의 조국을 식민화하는 것을 말한
다. 키멀링이 『시오니즘과 영역Zionism and Territory』에서 밝힌 것처럼, 중
요한 것은 "시간이 갈수록 시온개념은 더욱 형이상학적이고 추상적이
되어 갔다. 그 중심지인 예루살렘을 제외하고는 모든 경계에 대한 규정
이 불분명했다"는 것이다(1983, 8~9).

　하지만 이 시온은 추상적이긴 했지만(그리고 아마도 부분적으로는 이 때
　문에) 유대민족운동을 동원하는 상징이 되었다. 세계전역에 있는 유대인
　상당수를 집단적인 정치·사회·경제적 행위에 동원하여 이민이나 신사
　회 건설에 적극적으로 참여하게 하거나 혹은 이 운동의 도덕적 혹은 물
　질적 후원인이 되게 할 수 있을 정도로 강력한 상징성을 지닌 것은 에레
　츠 이스라엘밖에 없다는 것이 분명해졌다. 그 외에도 몇 가지 영역적인
　대안들이 제시되었지만(우간다, 시나이반도 북부, 아르헨티나, 심지어는
　소련의 비로비잔에 유대공화국을 건설하자는 제안도 있었다), 시오니스
　트 운동 내에서 엄청난 논란만 불러일으킨 채, 결국 '시온주의적이지 못
　하다'는 이유로 모두 폐기되었다(1983, 9).

이 상상 속의 시온에 적절한 장소에는 또 다른 중요한 특징이 있었다. 가지-왈리드 팔라Ghazi-Walid Falah가 지적하는 바와 같이 "이스라엘/팔레스타인 갈등에서 토지담론상의 논쟁에 접근할 때 '땅 없는 민족을 위한 민족 없는 땅'이라는 시온주의자들의 슬로건을 고려할 필요가 있다(2003, 182)." 물론 이 같은 재현은 현실과 완전히 동떨어져 있었다. 잘해봤자 희망사항이거나 실제 그곳 주민들에게서 토지를 빼앗고 추방하기 위한 담론적 밑밥인지도 몰랐다. "1882년 시온으로의 대거 이주가 시작되자 사람들은 찬물을 뒤집어 쓴 듯 정신을 차렸다… 현실은 상상했던 것과 완전히 판판이었다. 비어 있는 땅은 거의 찾아볼 수가 없었다(Kimmerling 1983, 10)." 앞으로 자세하게 다루게 되겠지만 이런 장애물(사람들이 이미 살고 있다는 점과, 따라서 땅을 이용할 수 없다는 사실) 때문에 실행계획에 상당한 차질이 생길 수도 있었지만 사람들은 이것을 극복할 수 있다고 생각했다. 게다가 시온이 공식적으로는 오스만 제국의 일부였다는 사실은 '법적인 문제로 인식될 뿐'이었고 다른 이들이 이 땅을 소유하고 있다는 점은 모금을 통해 해결할 수 있는 '재정문제'로 치부되었다(Kimmerling 1983, 9). 이스라엘 땅을 유대인들의 모국으로 되돌리려는 시온주의자들의 기획은 주권과 재산권이라는 두 가지 영역적 측면에서, 그리고 그 교차점에서 동시에 진행되어야 했다. 1903년까지 20개의 유대인 거주지가 만들어졌고 도합 1만 명의 인구가 그 속에서 살기 시작했다(Bickerton and Klausner 1995, 22). 배런 로스차일드Baron Rothschild는 여기에 상당한 재정을 지원했다.

바루치 키멀링 Baruch Kimmerling은 "팔레스타인에 변경frontier 따위는 일절 존재하지 않는다"는 말로 북미의 정착자 식민지 같은 다른 정주자운동과 유대인들의 정주자운동을 대비시키고 있다(1983, 13). 하지만 어떤 점에서 보면 정주지의 전략적 입지 때문에 사실상의 '변경'이 생겨났다. 이스라엘의 정치지리학자 이프타첼Oren Yiftachel은 다음과 같이 이야기한다.

시온주의자들의 문화에서 '변경'은 핵심 아이콘이 되었고, 변경에 대한 합의는 최고의 성취로 인정받았다. 집단농촌마을인 변경 키부츠를 일례로 삼자면, 복원된 히브리어에는 *aliya lakorka*(직역하면 '땅에 오르는 길', 즉 정주지), *ge'ulat korka*(토지 상환), *hityashvut, hitnahalut*(유대인 정주지를 일컫는 성서상의 긍정적 표현), *kibbush hasmama*(사막 정복), *hagshama*(직역하면 '충족'이지만 변경의 정주지를 의미한다) 같은 민족적 구원에 대한 종교적 신화에서 차용된 긍정적인 이미지들이 가득했다(2002a, 228).

이 같은 구원과 정복 담론은 '유대화'라는 영역 프로젝트에 영향을 미쳤고, 정체성 형성과정과 불가분의 관계에 있었다. 이프타첼은 다음과 같이 말한다.

공간에 대한 인종적 통제와, 이 공간의 '정화'는 핵심 목표가 되었다… 경합의 대상인 어떤 공간에 대한 주권을 획득하고 이를 선언하는 것은 그 공간에 대한 다른 주장들을 부정하는 것과 긴밀하게 연결되어 있다. 다시 말해서 타자의 역사, 장소, 정치적 열망은 전적으로 거부해야만 하는 위협적으로 이해된다… 지리적 유대화 프로그램은 시오니즘의 등장 이후 자라난 헤게모니적인 신화를 기초로 한다. 그리고 이것을 버티게 해주는 것은 '이 땅Ha'aretz'이 오직 유대인들의 것이라는 '민족-국가'

신화이다. 새로운 국가는 유대이민자들을 재빠르게 '토착화' 하고, 또한 이 땅에 서려 있는 팔레스타인의 과거를 숨기거나 별 의미 없어 보이게 만들기 위해 배타적인 인종—민족적 문화를 만들어 제도화하고 이를 지키기 위해 무력을 사용한다(2002a, 227~228).

정체성의 구성과 영역성의 관계에 대해 이프타첼은 다음과 같이 말을 잇는다. "'새로운 유대인'를 구축하는데, 핵심은 변경을 미화하는 것이다. 여기서 이 새로운 유대인은 신체적 강인함과 한없는 시적 사랑을 겸비하고서 그 땅을 정복할 준비가 된 정착자이자 전사戰士이다(2002a, 228)." 그 신화적 공간 속에서는 유대인이 아닌 팔레스타인인들은 침입자이다. 궁극적으로는 디아스포라의 과정에서 형성된 다양한 종족적 정체성(동유럽인, 서유럽인, 중동인, 북부 아프리카인 등과 같은)과 구분되는 (유대적인) 이스라엘인 정체성을 구축할 필요가 있었다. 하지만 (이것이) 사회구조, 정치권력, 궁극적으로는 일상적인 경험에 미친 파괴적인 영향 때문에 (유럽에서 온) 유대인 식민자들의 정체성에 반발하여 피식민자로서의 팔레스타인 정체성이 구축될 수 있는 기초가 마련되었다(Farsoun 1997; Khalidi 1997). 예를 들어 키멀링에 따르면 "1913년 7월과 8월 아랍어 신문 〈팔레스타인〉은 나블루스, 예루살렘, 자파, 하이파, 가자 출신의 부유한 사람들이 애국적 팔레스타인 조직을 설립하여 시온주의자들보다 한발 앞서 정부 소유의 땅을 사들여야 한다고 주장했다(Kimmerling and Migdal 2003, 15).

『시오니즘과 영역』에서 키멀링은 "…영역적 레짐에 대한 세 가지 통제형태인 주둔presence, 소유권, 주권" 간의 상호작용이라는 관점에서 시온주의자들의 전략모델을 설명한다(1983, 20). 먼저 '주둔'은 "면적이 얼마나 되든지 간에 유대인 정주지가 존재하는 상황… (그리고 그러한 주둔이 이루어졌다는 것을) 돌발적으로 기정사실 faits accomplis로 만들어서 땅에 대한 통제력을 다지는 것(p. 20)"을 일컫는다. 둘째, "이스라엘의 경우 공적 혹은 제도적 소유권이… 결정적인 역할을 했고, 주권이 존재하기 전에는 주권의 역할을 대신 수행하기도 했다. 아랍인 소유에서 유대인 소유로 넘어간 땅을 그 상태로 동결시키기 위해서는 공적 소유권을 이용하는 방법밖에는 없었기 때문이다(p. 21)." 우리는 뒤에서 이 과정의 메커니즘을 더 자세히 살펴볼 것이다. 1901년 유대민족기금 Jewish National Fund의 설립은 이런 영역전략을 성공으로 이끄는 데 기념비적으로 중요한 역할을 했다. "유대민족기금은 주권국가와 동등한 기능을 꽤 많이 수행했다. 유대민족기금은 미국이 1803년 프랑스에게서 루이지애나를, 그리고 1867년 러시아에게서 알래스카를 구입한 이유와 같은 이유로 땅을 사들였다(p. 23)." 영역전략에 대한 키멀링의 분석은 다음과 같다.

소유권과 주둔전략이 결합된 경우… 이는 각별한 의미를 가진다… 유대인들은 1948년 주권을 획득하기 전에 이미 영역을 획득하여 안정시켰고, 영역들 사이에는 영역적인 연속체가 형성되었다… 이 두 가지 통제수단을 기초로 국가 건설 수단이 개발되었다. 주로 인접한 땅을 확보한 뒤 그 위에 정주지를 만드는 방식이었다. 이 방식은 심지어 이데올로기화되어 '실천 시오니즘'이라는 정치운동으로 표현되기도 했다. 이들의 모토는 이곳에 '한 두남(대략 4분의 1 에이커의 면적), 저곳에 한 두남'이었는데, '이곳'과 '저곳'의 모든 두남을 모아서 단일한 영역을 만들자는 심산이었던 것이다(1983, pp. 23~24).

사람들이 궁극적으로 바라는 것은 세 번째 통제형태인 주권이었다. 후세인Hussein과 맥케이McKay에 따르면 "(유대민족전선에서) 토지를 한 번 구입하고 나면 비유대인들은 거기서 배제되어 그 땅에서 나오는 그 어떤 이익도 얻지 못하도록 차단당했다. 유대인들은 유대민족전선에서 확보한 토지를 '되찾은 것'으로, 또한 유대민족 전체의 소유물로 자동적으로 인식했다(2003, 68)." 팔레스타인 지리학자 가지-왈리드 팔라는 다음과 같은 방식으로 그 과정을 해석한다.

> 아무리 작은 규모라 하더라도 팔레스타인인에게서 두남을 추가로 구입할 경우 국가와 유대 시민들은 이를 애국적인 '성취'로 해석했다. 반면 동시에 토착 팔레스타인들의 눈에 그것은 배신행위로 비춰졌다. 이처럼 양분된 인식은 기본적인 대치상황이 영역화 현상임을 훌륭하게 보여준다. 유대인들과 아랍인들은 토지소유행위에 그 경제적 교환가치를 훨씬 넘어서는 추가적인 가치를 부여했다. 실제로 토지(그리고 물)와 그에 대한 통제는 갈등의 중요한 상징이자 표출구가 되었다(2003, 183).

이를 테면 1905년 이스르엘 평야Jezreel valley에 위치한 어떤 작은 땅을 생각해보자. 이 땅을 소유한다는 것은 '접근금지'라는 표지판에 담긴 의미보다 훨씬 더 많은 것을 의미한다. 이 땅에 대한 소유권은 더 넓은 (그리고 기획된) 영역적 복합체의 일부로 볼 수 있다. 이 소유권의 의미는 민족주의, 종교적 상징, 박해에 대한 대응, 디아스포라의 비극 등 여러 요소들이 결합되어 형성된 시오니즘 담론과 시오니즘 운동을 지원하기 위한 국제적 기금망을 고려해야 제대로 이해할 수 있다. 또한 유럽출신 유대인들을 미개한 아랍인들과는 다른 문명의 주체로 설정하는 오늘날의 강력한 식민주의를 고려할 필요가 있다. 직접적으로 말하자면 이 모든 것에 대한 경험은 박탈, 배제, 좌절로 표현될 것이다.

1910년에 시오니스트들이 영역프로젝트에서 승리를 거두었던 것도 결코 필연적이기만 한 일은 아니었다는 점을 기억해둘 필요가 있다. '주둔'과 '소유권'을 무시하고 주권영역을 구축하려는 전략을 구사하기 위해서는 첫째, 주둔반대세력이 필요했다. (또한 이 반대는 이미 유대인에 대한 폭력의 형태를 취하고 있었다.) 둘째, 자진해서 나서는 아랍 판매자가 있어야 했다. 셋째, 국가가 묵인해주거나 최소한 토지이전을 금할 능력 혹은 의사가 없어야 했다. 또한 시오니즘 자체는 다소 주변적이고 하찮은 운동에 머물렀을 가능성도 있었다. 20세기 초에는 유럽출신 유대인 중에서 시온주의자가 상대적으로 적었고, 최소한 처음에는 유럽을 등지고 팔레스타인으로 건너오는 유대인들이 극소수에 불과했다. 하지만 시온주의자들의 영역 프로그램은 국지적인 성공을 거두어 두 세대만에 세계적 차원에서 역사적인 중요성을 갖는 전환을 일구어내기에 이르렀다.

앞선 개괄은 시온주의자들의 영역전략을 구성하는 요소들을 아주 포괄적으로만 보여주고 있다. 뒤에서 우리는 소유권 영역 밖에서 주권영역을 구축하는 동학에 대해 다시 살펴볼 것이다. 여기서는 이데올로기, 정체성, 영역 간의 복잡한 상호작용을 강조하는 것으로 충분하리라고 본다. 이프타첼에 따르면 이 상호작용에 대한 여러 종류의 이해 중에서 중요한 것은 "팔레스타인인들은 자신들의 집단적인 영역 정체성을 땅에 근거하여 사고하지만(즉, '아직 시온주의에 때 묻지 않은' 유대인들을 포함해서 팔레스타인 거주민 모두를 팔레스타인인으로 생각했다), 시온주의자들은 새로 정착한 유대인들만을 유대민족의 구성원으로 여겼다 (2002a, 225)." 즉, 색의 이론에 비추어보았을 때 팔레스타인인들은 사회적 관계의 영역적 정의를 보다 근대적인 방식으로 내리고 있다면, 시온주의자들은 전근대적인 방식으로 영역을 규정했다.

주권의 재영역화

이 국지적인 영역화의 움직임은 시온주의나 신흥 팔레스타인 민족주의와는 처음부터 아무런 관련이 없는 전혀 다른 곳의 영역화 전략에서 큰 영향을 받았다. 지중해와 페르시아만 사이에 위치한 이 지역은 1914년 당시 오스만 제국의 일부였다. 오스만 제국은 1차 세계대전 당시 독일, 오스트리아와 동맹관계에 있었다. 1차 세계대전의 가장 중요한 결과 중 하나는 오스만 제국의 '분열'이었다. 이는 어마어마한 규모의 재영역화 과정이기도 했다. 오스만 제국이 있던 자리에 터키라는 국민국가가 나타났고, 나머지 지역은 대부분 유럽전승열강들의 식민지로 전락했다. 뒤이은 사건 중에서 특히 중요한 것은 영국과 프랑스가 남은 지역을 분할하는 과정에서 벌어진 소소한 사건들이었다.

아직 전쟁이 진행되고 있을 당시 마크 사이크스 경 Sir Mark Sykes과 프랑수와 조르주-피코 Francois Georges-Picot는 전후 이 지역을 분할하기 위해 의견을 조율했다. 이들의 구상에는 프랑스직접통제 구역, 프랑스 '간접' 통제구역, 영국통제구역, 영국 '간접' 통제구역이 있었다. 팔레스타인 땅의 많은 부분이 불-영공동통제하에 들어갔다(지도 2 참조). 하지만 이

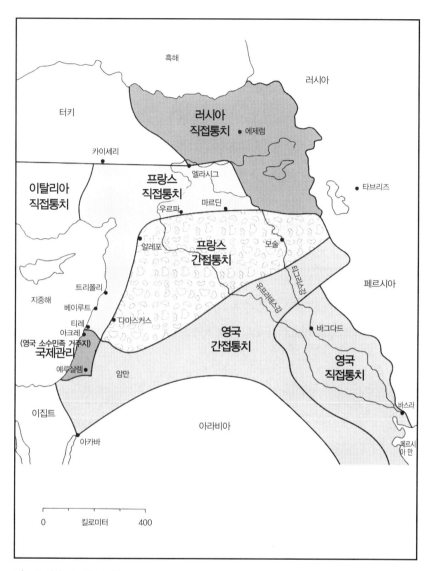

지도 2. 사이크스-피코 분할안
출처 : Anderson 2000. Routledge.

기간 동안 영국은 팔레스타인 땅에 아랍국가를 건설하는 문제와 관련하

여 메카의 샤리프 후세인과도 협상을 진행하고 있었다(Bickerton and

Klausner 1995, 36~38). 그리고 1917년 영국정부는 팔레스타인에 건설될 유대인들의 조국을 지지한다고 밝혔고, 이는 이후 밸푸어 선언이라는 명칭을 얻게 되었다. 분명 이 지역의 주권 재영역화는 모순과 모호함 투성이었다. 1920년 이 안의 일부가 세브르협약을 통해 명료해졌다. 비커톤Bickerton과 클라우스너Klausner의 표현을 참고하자면

> 이곳의 영역은… 영국세력권, 프랑스세력권, 국제지역 등과 같은 방식 대신 '위임통치권'이라는 새로운 방식으로 분할되었다. 해당 지역주민들이 독립과 자치의 기틀을 마련할 때까지 프랑스와 영국은 국제연맹의 관할하에 위임통치권을 행사하라는 결정이 내려졌다… 전쟁 당시 아랍인들과 유대인들에게 했던 서약과 약속은 완전히 헌신짝처럼 버려진 것은 아니었지만 모두 연기되었다(1995, 42~43).

결국 1943년 독립된 국민국가의 면모를 갖추게 된 오늘날의 시리아와 레바논은 프랑스에, 1932년 국민국가로 독립하게 될 오늘날의 이라크는 팔레스타인과 마찬가지로 영국에 '수여'되었다. 과거 '팔레스타인'으로 불리던 지역은 오늘날의 이스라엘과 점령영역, 요르단을 포괄하고 있었다. 1921년 트랜스요르단이라고 하는 새로운 지역이 떨어져 나와 별도의 위임통치지역으로 확정되었다. "팔레스타인 위임통치령의 서문에서는 영국이 밸푸어 선언을 발효할 의무가 있음을 재차 확인했다." 영국은 '적당한 조건하에 유대인들의 이민을 촉진시켜야' 하고 '유대인들이 견실한 정주지를 만들도록' 독려해야 했다(Bickerton and Klausner 1995, 43). 또한 비커톤과 클라우스너의 지적에 따르면 "위임통치와 관련된 법률문서들은 아랍인들을 일절 거론하지 않았다(p. 43)." 요컨대

팔레스타인은 이제 영국 식민지가 되었고 시오니즘은 공식적인 식민정책이 된 것이다. 이 거시-영역적 움직임은 그저 머릿속의 지도상에서 일어난 일이 아니었다. 영역복합체의 재구성을 통해 권력관계가 재편되었고 이렇게 재편된 권력은 폭력과 위협으로 유지되었다. 게다가 식민지국가의 대리인들이 폭력을 행사하자 아랍인들과 유대인들 모두 이에 대항하기 위한 또 다른 폭력을 휘둘렀다.

  팔레스타인 위임통치기간에는 사회생활이 전방위적으로 완전히 탈바꿈했다. 경제적인 측면에서 일부 해안지역은 국제화와 환금작물 중심의 경작을 통해 국제시장에 더욱 견고하게 편입된 반면 내부고원지역은 저발전상태에 머물러 있었다(Kimmering and Migdal 2003). 팔레스타인의 이 같은 불균등한 '근대화' 때문에 숱한 사회적 변화가 일어났다. 아랍사회구조 내에 계층질서가 강화된 것도 이렇게 나타난 변화 중 하나였다. 다른 한편 현지에서는 마치 여러 배타적인 유대인 기관과 정주지의 형성이 그랬듯 가속적으로 빠르게 시온주의자들이 땅을 매입했다. 갈수록 격리 수준이 높아지는 이중사회가 분명한 형태를 갖추기 시작했다. 1936년부터 1939년까지는 유대인들의 지속적인 이민과, 유대인들에 대한 부동산이전에 맞서 아랍인들이 광범위한 봉기를 일으켰다. 제1차세계대전 발발 당시 팔레스타인에 살던 유대인들은 약 6만 명(팔레스타인 인구의 10% 미만)이었고 이들은 토지의 3%를 소유하고 있었다. 하지만 1939년에 이르러 이들의 수는 60만 명(31%)으로 늘어났고, 이들은 대체로 유대민족전선을 통해 팔레스타인 땅의 20% 이상을 장악하게 되었다(Farsoun 1997). 1936년부터 1939년 사이에 일어난 '아랍 저항'을 진압한 것은 영국이었다. 반유대정서에 기초한 폭력적 저항은 영국의 후원에 힘입어 영국식으로 훈련받은 더 잘 조직된 유대준군사조직에 가로막혔다(Pappe 2004). 팔레스타인에서 사회생활의 군사화는 순조롭게 진행되었다. 1939년 영국은 유대인들의 이민과 토지매입을 규제하는 '백서'를 출간하면서 팔레스타인은 10년 내에 독립하게 될 것이라고 선언했다. 팔레스타인에서는 아랍인들이 압도적인 다수를 차지했기 때문에 이는 마치 소수의 유대인들이 살고 있는 아랍국가가 독립될 것임을 의미하는 듯했다. 하지만 제2차 세계대전와 유대인학살, 그 외 국지적 사건들이 연이어 터지면서 이 가능성이 수포로 돌아갈 상황에 놓이게 되었다.

히틀러 치하 제3제국의 출현, 또 다른 세계전쟁의 시작, 유대인학살의 이루 말할 수 없는 참상을 거치며 유대인들 사이에서는 모국을 통해 자결과 자기방위 수단을 확보하지 못하면 결코 안전할 수 없다는 믿음이 굳건히 다져졌다. 제1차 세계대전이 종식되면서 팔레스타인이 재영토화되었듯 제2차 세계대전 이후에도 역시 팔레스타인은 다시 한 번 재영토화를 겪었다. 이번에는 승전국들이 이스라엘국가건설에 합의한 것이다. 하지만 팔레스타인인들이 그곳에 존재한다는 엄연한 사실에는 변함이 없었다. 이들은 유대인들이 권리와 염원을 들이밀며 (게다가 자신들의 땅에서) 안보를 매매하려는 이유를 전혀 이해하지 못했다. 또한 심란하게도 전쟁이 종식되자 시리아, 이집트, 레바논, 요르단, 이라크, 사우디아라비아 모두 주권국가가 되었다. 팔레스타인 땅에는 현실적인 문제가 분명 존재했기 때문에 여러 사람들이 이스라엘/팔레스타인에서 살고 있는 아랍인들과 유대인들에 대한 다양한 영역적 해법을 제시했다. 1947년 유엔은 난해하게 생긴 2개의 초소형국가와 예루살렘시를 둘러

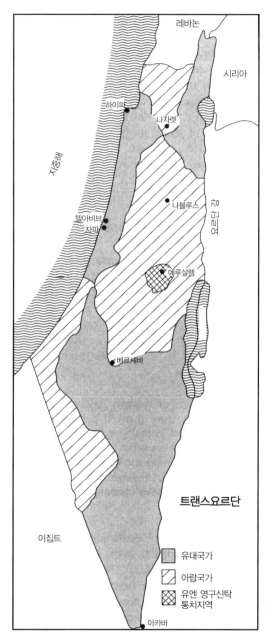

레바논

시리아

하이파

나자렛

지중해

나블루스

요르단 강

텔아비브

자파

예루살렘

베르셰바

트랜스요르단

이집트

아카바

유대국가

아랍국가

유엔 영구신탁
통치지역

지도 3. 1947년 팔레스타인의 두 국가 문제 해결을 위한 유엔권고안
출처 : Kimmerling and Migdal 2003. Harvard University Press; Cartography
Department, Hebrew University.

싼 '국제' 구역으로 분할하는 계획을 놓고 협상에 들어갔다(지도 3 참조). 이 같은 재영역화 구상은 이전 60년간 안착된 '주둔'과 '소유권' 유형에 기초한 것이었다.

　1948년 이 모든 논의가 물거품이 되자 다른 영역적 실천들이 작동되기 시작했다. 국제외교라는 상황을 무시한 채 유대 및 아랍의 준군사세력과 테러리스트들이 무장충돌에 휘말리기 시작했던 것이다. 유대인들은 주로 곧 선포될 이스라엘 국가의 지위를 공고히 하고자 했고, 팔레스타인인들은 이를 막고자 했다. 1948년 5월 14일 위임통치정부는 사실상 증발해버렸고 이스라엘은 자신들이 독립국가로서 전 세계의 주권국가들과 어깨를 나란히 함을 천명했다. 바로 다음날 시리아, 이라크, 요르단, 이집트, 레바논, 사우디아라비아의 군대가 쳐들어왔다. 제1차 아랍-이스라엘 전쟁이 시작된 것이다. 이스라엘은 반 년 만에 아랍연합군을 사실상 물리쳤다. 이 전쟁의 결과 이스라엘은 유엔의 분할안보다 20% 더 커져서 위임통치시절 팔레스타인 땅의 약 80%를 차지하게 되었다. 그린라인이라는 이름의 휴전선이 사실상 이스라엘의 국경이 되었다. 이스라엘에 장악되지 않았던 요르단강 서쪽의 팔레스타인 지역(서안)은 요르단에 병합되었고, 가자시 주변에 있는 해안지역(가자지구)은 이집트에 점령되어 이들의 관리를 받았다(병합된 것은 아니었다, 지도 4 참조). 하지만 여기서 우리는 다시 지도상의 선과 사회적 현실은 아주 다를 수 있음을 기억할 필요가 있다. 군사교전 이후 이스라엘에 배속될 지역에는 160만 명이 거주하고 있었는데, 이 중 30%는 유대인이었고 약 70%가 팔레스타인 아랍인들이었다. 만일 이 상대비율이 지속될 경우 새로운 주권국가 이스라엘은 다인종국가가 아닌 유대인들만의 국가를 유지하는 데 어려움을 겪을 수도 있는 상황이었다. 이 지점에서 이 난국을 타개하려는 시도가 또 다른 재영토화 방안에 반영되었다.

1948년 이후

이스라엘정부가 최초로 시행한 주권행위 중 하나는 귀환법law of return을 통과시킨 것이었다. 이 법안에 따라 이스라엘로 이주하는 유대인은 누구든 공식적인 귀화 과정을 밟을 필요 없이 자동적으로 시민권을 얻을 수 있게 되었다(Davis 1987). 하지만 이러한 영역적 유대화 과정은 색이 말한 '비워질 수 있는 공간emptiable space(제3장 참조)'의 비극적 측면을 보여주기도 한다. 이스라엘에서 독립전쟁이라고 부르는 이 전쟁은 팔레스타인인들 입장에서는 참사al-Naqbah로 귀결되었다.

> 팔레스타인 서부지방의 아랍인 절반 이상이 난민으로 전락하고 지역공동체는 무너졌다. 네게부를 제외한 이스라엘 전 지역의 60% 이상에 팔레스타인인들이 공식적으로 거주하고 있었다. 게다가 자파, 아크레, 리다, 라믈, 베이트 쉰, 마즈달을 비롯한 388개의 도시와 마을 전체가 이스라엘로 넘어갔다. 이스라엘에 있는 건물의 4분의 1(10만 채의 집과 1만 개의 상점, 상업시설, 가게)이 공식적으로 팔레스타인의 것이었다(Bickerton and Klausner 1995, 105).

팔레스타인인 100만 명 중 약 4분의 3이 "피난을 가거나 유대군에 의해 살던 곳에서 쫓겨났고, 420개가 넘는 팔레스타인 마을이 파괴되었다(Yiftachel 2002a, 227)." 이제 '난민' 상태로 전락한 이들은 전쟁에 참여했던 국가들 간에 휴전협정이 체결되자 집과 마을로 돌아갈 수도 없

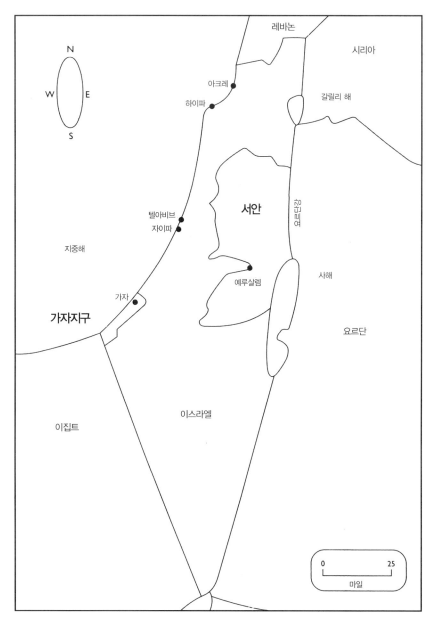

지도 4. 1949년의 휴전선

출처 : Bornstein 2002b. University of Pennsylvania Press.

게 되었다. 일부 유민들은 이웃 아랍국가에서 피난처를 찾기도 했지만 대다수는 결국 레바논, 요르단, 시리아, 서안, 가자의 난민캠프를 전전했다. 이 이야기는 다시 뒤에서 이어서 하도록 하겠다.

이스라엘에 남은 팔레스타인인들은 약 16만 명 정도였다. 이들에 대한 영역성은 통제의 극대화를 목적으로 심혈을 기울여 짜여졌다.

이스라엘에 있는 팔레스타인 출신 아랍인들은 군사 통치를 받게 되었고 허가 없이는 정해진 구역 밖으로 이동할 수 없었으며 정치정당을 만들 수도 없었다. 1966년 방위(위급) 규제가 해제되기 전까지는 군사정부가 팔레스타인인들에 대한 전방위적 권력을 행사했다. 아랍인들은 아무런 이유도 없이 추방당하거나 체포되어 구금될 수 있었고 '안보구역' 이라는 선언만으로 마을과 토지를 몰수할 수 있었다(Bickerton and Klausner 1995, 106).

'이스라엘 거주 아랍인' 에 대한 영역성의 특수한 작동방식에 대해서는 간단히 언급하도록 하겠다. 이프타첼에 따르면

결국… 유대인 거주지(이 안에서는 유대인이 아니고서는 집을 구입할 수 없음)가 대부분의 팔레스타인 마을을 침범하여 소수의 팔레스타인인들이 사실상 게토화되는 형국이 되었다. 이 과정에서 이스라엘의 팔레스타인 시민들은 개인재산을 잃었을 뿐 아니라 많은 영역적 자산을 박탈당했다. 대부분의 국유지는 모두 유대인에게 넘어갔기 때문이다(1998, 10).

팔레스타인인들의 절반 가량이 난민으로 전락했다면 이스라엘 쪽에 남은 이들은 '독 안에 든 소수집단' 신세가 되었다(Rabinowitz 2001).

　이스라엘의 전술은 권력을 (탈/재)영토화하기 위한 전략의 일환이라 할 수 있지만, 다른 한편 '인종청소(Falah 1996, 257)'나, '식민정복 (Home 2003)', 아파르트헤이트(Glazer 2003; Halper 2002)의 사례까 지는 아니라 하더라도 이런 것들과 유사하다고 보는 비판가들도 최근 나타나고 있다. 이런 초반의 움직임은 이스라엘 내에 이프타첼이 말한 '이민족 정치ethnocracy'의 기초를 놓았다. 이는 "경합 중인 영역에서 나 타나는 특수한 민족주의의 표현방식인데, 지배적인 인종집단이 그 사회 를 정치적으로 장악한 상태에서 해당 사회와 영역에 특정한 인종색을 입히기 위해 국가수단을 이용하는(2000, 730)" 것이다. 이에 대한 평가 는 분분할 수 있겠지만 여기서 중요한 것은 해당 지역에 대한 통제권을 주장하기 위해, 그리고 영역성을 통해 사람들을 추방하고 배제하며 차 별적으로 포섭하고 이 과정에서 관계와 활동을 결정하기 위해, 무력을 사용하고 있다는 점이다.

　1948년 이후 몇십 년간 이루어진 영역성의 전개는 정체성 형성이라는 복잡한 과정을 고려하지 않고는 파악할 수 없다. '유대인'과 '아랍인', 혹은 심지어 '이스라엘인'과 '팔레스타인인'이라는 자명해보이는 정체 성만이 아니라 '유대이스라엘인'과 '아랍이스라엘인', 공식적으로 팔 레스타인의 비이스라엘 구역에 있는 '난민'(이제는 3세대와 4세대에 접 어들고 있다)과 비非난민, 팔레스타인이 아닌 다른 나라의 캠프에 있는 난민들과, 아예 그 인근을 떠나 더 넓은 디아스포라 공간에 거주하는 난 민들이라는 차별화된 정체성이 구성되어 있으며, 이는 부분적으로는 영 역화 과정을 통해 만들어졌다. 또한 영역과 정체성의 구성적인 역할은 시오니즘을 비롯해서 팔레스타인 민족주의, 여러 상충되는 종교담론,

'민주주의', '안보', 국제인도주의담론 등 여러 가지 정당화 담론의 복잡한 작용을 고려하지 않고서는 이해할 수 없다.

팔레스타인인들은 재난의 영향을 꾸준히 느끼며 살아가고 있다. 실제로 1948년 이후 몇십 년간 재난의 여파는 증폭되었다. 1948년 이후 팔레스타인 활동가들은 난민과 그 후손들의 '귀환권'을 주요 요구로 삼았고 지금도 이것을 꾸준히 요구하고 있지만, 대부분의 협상참가자들은 이것을 협상대상으로 보지 않았다.

1967년 이후

(영역적으로나 다른 측면에서나) 안 그래도 복잡했던 상황이 1967년 훨씬 더 복잡해졌다. 이집트, 요르단, 시리아의 도발적인 군사행동에 대한 대응으로 이스라엘이 예방적 공격을 감행한 것이다. 6일 만에 이스라엘은 다시 이들 군대를 패퇴시켰고 막대한 영역을 추가로 손에 넣었다. 이렇게 추가로 확보한 땅에는 이집트의 시나이반도(이 지역은 이스라엘보다도 훨씬 더 크다), 시리아의 골란 고원, 그리고 가장 중요한 서안(예루살렘 동부의 아랍구역을 포함한)과 가자지구도 있었다. 즉, 이제 팔레스타인 전체(와 그 이상)가 이스라엘 군부에 장악된 것이다(지도 5 참조). 이 공간에는 100만 명이 넘는 팔레스타인인들이 살고 있었다. 동예루살렘은 즉시 이스라엘에 합병되었고 나머지 서안지역과 가자는 '점령팔레스타인영역'라는 새로운 정체성을 갖게 되었다. '점령'이라는 수식어가 어떻게 '영역'이라는 명사를 수식하게 되었는지는 뒤에서 살펴보도록 하고 여기서는 이 점령영역을 따라 새로운 종류의 영역이 나타났음을 간단히 언급해두도록 하겠다. 점령영역이란 1967년 전쟁 이전의 그린라

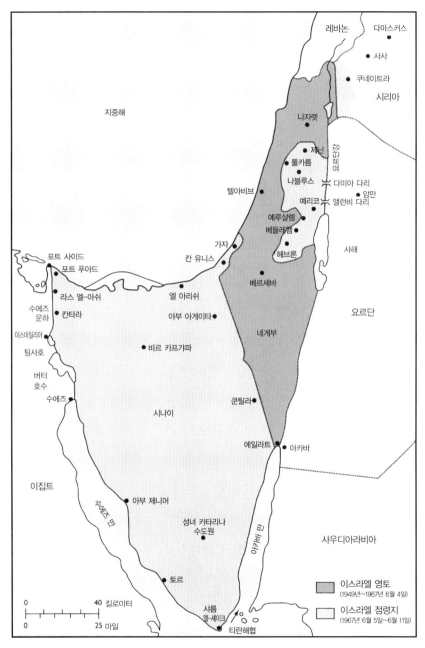

레바논

다마스커스

사사

쿠네이트라

시리아

지중해

나자렛

제닌

툴카름

나블루스

다미아 다리

텔아비브

예리코

앨런비 다리

암만

예루살렘

베들레헴

가자

헤브론

사해

칸 유니스

베르셰바

요르단

포트 사이드

포트 푸아드

라스 엘-아쉬

엘 아리쉬

수에즈
운하

칸타라

아부 아게이타

이스마일리아

네게부

팀사호

비르 카프가파

버터
호수

수에즈

쿤틸라

시나이

에일라트

아카바

이집트

아부 제니머

성녀 카타리나
수도원

사우디아라비아

토르

샤름
엘-셰이크

티란해협

| 이스라엘 영토 |
| (1949년~1967년 6월 4일) |

| 이스라엘 점령지 |
| (1967년 6월 5일~6월 11일) |

지도 5. 1967년 이스라엘 점령지
출처 : Bregman 2002. Routledge.

인 서쪽 국가를 의미하는 '적정 이스라엘' 혹은 '작은 이스라엘'과 대비되는 '대大이스라엘'의 공간을 말한다. 키멀링 (1989)이 말한 '이스라엘 통제시스템'도 이 같은 다양한 종류의 점령지들 간의 복잡한 상호작용 속에서 40년간 작동했다.

키멀링에 따르면 "'통제시스템'은 여러 하부 자치단위로 구성된 하나의 영역적 독립체로서, 이는 순전히 군사력과 경찰력, 그리고 그와 연장선상에 있는 민간기구(관료제나 점령자들 같은)를 통해 유지된다(1989, 266)." 통제시스템의 중요한 특징은 "공통의 정체성이나 기본가치시스템을 만들어 폭력을 이용한 시스템 유지를 합리화하거나, 무력과 권위에 대한 (폭력에 바탕을 두지 않은) 다른 종류의 충성심을 길러내는 일에 대해 지배분파가 전혀 관심을 두지 않았고, 동시에 그렇게 할 능력도 없다는 것이다(p. 266)." 영역은 사회공간의 안팎을 분명하게 나타낸다고 생각하는 관례적인 이해와는 달리 1967년 이후 진행된 영토화 과정으로 인해 대다수의 팔레스타인인들은 '적정 이스라엘' 외부에 위치하지만 동시에 '대大이스라엘'의 통제시스템 내부에 놓이게 되어 이 두 지역의 왕래를 규제하는 상황이 벌어지게 되었다. 이스라엘의 점령영역에 대한 영역적 통제시스템의 다른 요소들에 대해서는 이후 더 자세히 검토할 것이다. 여기서는 점령 이후 근 40년간 주권의 영역적 전개 과정에서 나타난 몇 가지 중요한 사건들만 간단히 언급하도록 하겠다.

1977년과 1978년 이집트와 이스라엘의 관계는 정상화되었고, 그 결과 1979년 이스라엘군은 시나이반도에서 철수했다. 1988년 요르단은 서안에 대한 권리주장을 철회했고 그 결과 서안은 요르단의 합병에서 벗어났다. 또한 1993년 이스라엘과 팔레스타인 해방기구는 공식적으로 서로의 존재가 적법함을 인정했고 갈등해소를 위한 협상에 직접 들어갔다. 이 협상 중에서 우리가 다루고 있는 주제와 특히 관련된 부분은 점령영역에서 이스라엘군과 행정력이 '단계적인 철수'를 하고 일부 권력을 야세르 아라파트를 수장으로 하는 팔레스타인 당국에 이양하려는 계획에 대한 합의였다. 오슬로합의에서 논의되기 시작한 이 계획안에 따르면 점령영역은 서로 분리된 세 종류의 구역으로 분할되었다(지도 6 참조). "A구역에서는 팔레스타인인들이 전적인 통제력을 행사할 수 있다. B구역에서는 시민사회는 팔레스타인인들이 통치하고 안보는 팔레스타인과 이스라엘 양측이 공동으로 관리한다. C구역은 이스라엘이 전적으로 통치한다(Reuveny 2003, 355)." 하지만 현실은 이 같은 단순한 지도상의 계획보다 훨씬 복잡하다. 많은 이들이 재영역화를 염원했지만 원안에서 A구역은 서안의 1.1%밖에 안 되었고 나머지는 모두 C구역이었다. 홈Home은 이에 대해 다음과 같이 설명한다.

> 오슬로합의로 인해 서안은 120개의 분절된 팔레스타인 구역으로 쪼개졌다. 이 잘잘한 지역 밖에서는 모든 개발이 계획단계에서 혹은 여타 규정을 통해 제한되었다… 표면적으로 팔레스타인 당국에 이전된 지역이라 하더라도 이스라엘의 군사적 통제를 받았고, 팔레스타인 당국과 이스라엘 간에는 물리적인 경계구분이 존재하지 않았다(2003, 304).

즉, 서안 전체가 그러했듯이, 명목상의 '통제' 하에 놓인 모든 소규모 팔레스타인 독립거주지들 각각이 이스라엘의 통제를 받는 영역에 둘러싸이게 될 상황이었다. 일각에서는 이 계획을 통해 스스로 치안을 유지하는 개방형 감옥이 산개한 군도群島가 만들어졌다고 보기도 했다. 에드워드 사이드 Edward Said에 따르면 "이스라엘은 1948년에는 팔레스타인의 78%를, 1967년에는 나머지 22%를 차지했다. 지금 문제가 되는 것은 나중에 차지한 22%뿐이다(2001, 33)." 이스라엘의 인류학자이자 반점령 활동가인 제프 핼퍼 Jeff Halfer는 이스라엘의 전략을 남아프리카공화국의 아파르트헤이트 정부와 이들의 '반투스탄' 건설전략에 견준다. 반투스탄은 기본적으로 달갑잖은 사람들을 몰아넣는 토착민 구역을 의미한다. 반투스탄은 명목상으로는 자율적이지만 실제로는 남아프리카의 통제를 받는다. "이스라엘의 관점에서 보았을 때… 관건은 그 땅을 통제하는 동시에 그곳에 살고 있는 팔레스타인 인구에 대한 책임에서 벗어나는 방법, 그러니까 일종의 동의에 의한 점령이 가능한 방식을 찾아내는 것이다(Halper 2002, 38)." 이 재영역화 작업의 가장 중요한 요소는 점령영역 내에서 유대인들이 급속하게 정착하고 있다는 사실인데, 이 점에 대해서는 이 장 뒷부분에서 자세히 검토할 것이다. 오슬로합의는 부분적으로 이행되기는 했지만 1990년대 후반 끔찍한 폭력의 소용돌이 속에 공중분해되기 시작했다. 일부 팔레스타인 무장세력은 오슬로합의를 거부할 뿐만 아니라 이스라엘의 존재를 부정했고, 그와 동시에 이스라엘의 존재를 인정한 팔레스타인해방기구의 권위를 부정했다. 이들은 적정 이스라엘 내에 있는 이스라엘 민간인들을 상대로 잔혹한 자살폭탄테러를 감행하기 시작했고 그 과정에서 수백 명이 희생되었다. 이에 대해 이스라엘은 대규모 무력으로 대응했다. 그 결과 1987년부터 2004년까지 약 4천 명의 팔레스타인 민간인이 사망했고, 2만 6천 명 이상이 심각한 상해를 입었다(B' Tselem 2003a). 동시에 많은 팔레스타인인들이 점령에 저항하여 소위 (제2차) 인티파다, 즉 '각성'에 참여했다. 이 역시 야

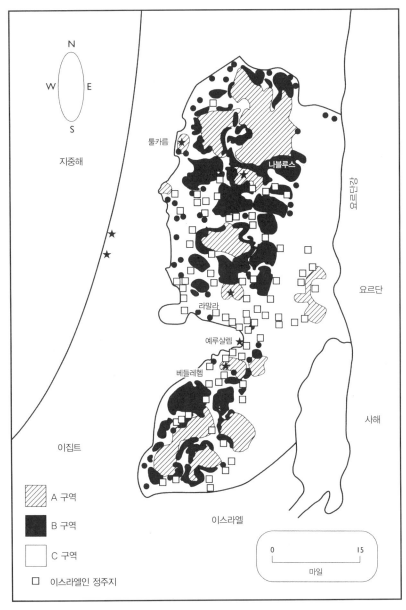

지도 6. 1994년 이스라엘-팔레스타인 잠정합의안

출처 : Bornstein 2002b. University of Pennsylvania Press.

만적인 진압을 면치 못했다. 21세기 초 이스라엘/팔레스타인의 폭력과 공간관련 작업은 악몽 같은 영역성으로 귀결되었다.

이 절에서는 주로 지중해와 요르단강 사이에 있는 서남아시아지역에서 전개된 주권의 영역화와 재영역화와 관련된 핵심적인 사건 몇 가지를 개괄적으로 살펴보았다. 1915년에서 2000년까지 85년간, 나블루스를 예로 들면, 오스만 제국 당시에는 다소 주변적인 마을이었다가 국제연맹 주관하에 영국의 식민지가 되었고, 그 뒤 국민국가 요르단에 공식적으로 속했다가 다시 이스라엘의 점령을 당했으며 최종적으로는 비국가 상태의 독립체로 구성된 이례적이고도 모호한 집합의 일부가 되었다. 이스라엘에 편입된 다른 지역들의 경우 그곳에 살던 주민들은 추방당하기도 하고 이스라엘에 흡수되기도 했다. 거시적 수준의 영역재편은 부동산 거래, 식민통치, '열강' 외교, 전쟁, 테러리즘 같은 수단들을 통해 완성되었다. 하지만 어떤 점에서 주권의 영역성(혹은 힘 있는 정치-군사당국)은 우리에게 이 같은(혹은 모든) 영역레짐의 가장 앙상한 구조를 보여줄 뿐이다. 일상생활에서는 삶의 방식과 사회공간에서 권력이 순환하는 방식의 여러 측면들을 결정하는 부동산 혹은 토지 소유권의 영역성이 주권의 영역성 못지 않게 중요하기 때문이다.

부동산의 재편

앞서 살펴본 것처럼 이스라엘이 들어서기 이전(오스만 제국과 위임통치 기간)의 시오니즘은 매우 발달된 영역프로그램을 가지고 있었는데, 이는 부동산을 축적하여 주권을 획득하는 것을 목표로 삼았다. 물론 대체로 실용적인 차원에서 주권은 어떤 영역 안에서 법규를 만들 수 있는 배타적인 역량을 의미한다. 모든 사회적 질서 안에서 가장 중요한 법규는 토지소유권과 관련된 것이다. 이 절에서는 위임통치이전의 토지법이 위임통치기간 중에 어떻게 개정되었는지 살펴볼 것이다. 그리고 난 뒤 이스라엘이 독립 이후 몇십 년간 부동산의 거의 완벽한 유대화를 완수하는 데 사용한 다수의 법적 장치들(즉 공식적인 국가령)을 둘러본다. 부동산의 유대화 과정은 지금도 진행 중이다. 이런 법적 장치를 살펴보는 이유는 주권과 정치적 식민화만을 검토했을 때보다 더 정교한 분석 수준에서 영역성의 작동방식을 들여다볼 수 있기 때문이다.

시오니즘과 팔레스타인 민족주의가 탄생하기 이전, 혹은 상당수의 유럽정착자들이 건너오기 이전 팔레스타인 땅의 토지소유권은 아랍세계가 공유하고 있는 다소 복잡한 토지보유권체계(그리고 이는 오스만법에도 반영되어 있다)를 바탕으로 법적으로 인정되었다. 키멀링은 다음과 같이 말한다. "팔레스타인에는 두 가지 주요한 토지소유권 유형이 있었는데, 이 두 형태의 가변성은 아주 상이했다. 가장 일반적인 형태는 무샤 Mushaa라고 하는 집합적인 마을소유권이었다(1983, 31)." "두 번째로 중요한 형태는… 큰 부동산에 대한 사적 소유권이었다(p. 33)." 이스라엘의 법학자 알렉상드르 케다르Alexandre Kedar에 따르면

오스만 제국의 토지규약(OLC)은 토지를 여러 범주로 정의하고 있으며 각각은 특수한 규정을 따른다. 토지를 완전히 보유하는 것을 물크Mulk라고 하는데, 이런 경우는 거의 없고 보통 도심이나 마을 중심지에서만 나타난다. 사람들이 살고 있는 지역에서 가장 보편적인 범주의 토지는 미리 Miri라고 하는데, 이 토지에 대한 공식적인 최종 소유권은 국가가 보유하

고 개별지주는 상당 정도의 보유권과 이용권을 가진다. 거주지나 경작지로 거의 사용되지 않는 땅은 메왓Mewat(죽은) 토지로 규정되는데, 이 땅을 입수하기 위해서는 특별한(동시에 손쉬운) 규정이 적용되었다(2001, 932~933).

사람들이 살아가는 경관 속에 존재하는 사회공간의 특수한 단위인 이 범주들은 지역의 영역시스템을 구성하는 핵심요소였다. 각 범주에는 '고유한 규정들이 딸려 있었기' 때문에 이런 규정들(그리고 이에 대한 해석)은 사회적 공간이라는 측면에서 권리와 책임, 관계를 결정했다. 따라서 예를 들어 "오스만법은 죽은 땅(메왓)을 되살린 최초의 사람에게 그 땅을 획득할 권리를 부여했다… 메왓의 자격을 갖추기 위해서는 지역공동체에서 충분히 떨어져 있는 황무지여야 했다. 오스만토지규약 103조에 따르면… 공식적인 허가를 받지 않고 메왓에서 농업행위를 한 사람조차 그 땅을 구입할 수 있는 권리를 가지도록 되어 있었다(2001, 934~935)." 또한 키멀링에 따르면 "토지소유제도 외에도 (유목부족사회의 유산으로) 개인이 소유한 것이든 그렇지 않든 간에 토지 사용에 대한 공적 권리(마트루카matruka)가 존재했다. 마트루카에는 목축과 관개, 물과 통로를 사용할 권리 같은 것들이 있었다(1983, 38)." 이런 범주들은 시온주의자들이 발을 들이기 전 팔레스타인에서 영역성의 일상적인 요소에 의미를 부여하고 실용적인 중요성을 더한 개념적 자원들이었다. 케다르의 지적처럼 "'근대적인' 관점에서 보았을 때 오스만 시기 팔레스타인의 토지소유시스템은 짜임새도 없고 불분명했다." 하지만 아랍마을들은 보통 응집력이 강하고 공동체 구성원들 간에 오랫동안 친밀한 관계가 쌓여 있는 작은 공동체이다. 토지소유에 대한 비공식적인 사회적 약속이 공식적인 등기시스템의 대안으로 발달해 있으며, 공동체 참여자들은 그 조건을 분명하게 이해하고 있다(2001, 934).

1858년 오스만토지규약은 "1969년 이스라엘의 토지법이 만들어지기 전까지 1세기가 넘는 기간 동안 팔레스타인과 이스라엘 토지시스템의 초석 역할을 하게 되었다(2001, 932)." 그런데 오스만토지규약 자체가 그 당시 점차로 중앙집권화되던 정치권력에 의해 만들어진 것이라는 점을 고려하면, 이 지역의 사회적 삶에 대한 재영역화 과정은 시오니스트들의 영역프로젝트가 시작되기 이전부터 이미 진행 중이었던 것을 알 수 있다.

대규모 사유지가 형성되면서 부재지주계급과 갈수록 많은 수의 무토지노동자들이 이미 생겨났다. 이렇게 만들어진 사유지 중에는 정부가 몰수해서 베이루트나 카이로에 살고 있는 도시엘리트들에게 재할당한 경우도 있었다(Kimmerling and Migdal 2003). 자발적인 토지판매자와 (오스만 제국과 영국) 정부의 어느 정도의 묵인이 없었다면 시오니스트의 영역프로젝트는 성과를 거두지 못했을 것이다. 그렇지만 토지공간 매입행위와, 매입된 토지가 유대인들의 것임을 명문화하는 조건들은 그 자체로 상당한 변화를 몰고 왔고, 박탈과 배제, 추방과 분리가 더욱 심화될 수 있는 영역적 기초를 세우는 데 핵심적인 역할을 했다. 앞서 언급했던 바와 같이 이런 변화는 대개 의도적이고 전략적이었다. 키멀링은 다음과 같이 주장한다.

매입한 토지의 위치는 특히 중요한 문제였다. 계곡이나 해안평야 같은 한 지역에서 큰 부지를 구입하고 난 뒤 소유권의 경계를 최대한 넓혀가는 것이 지배적인 경향이었다. 그 결과 몇몇 지역에서는 유대인들의 영역이 연속체를 이루어 강력하고 동질적인 정치단위라는 외적 이미지(이는 유대인 경제와 아랍경제 간의 분화 과정과 함께 진행되었다)와 유대공동체인 이슈브Yishuv의 안보의식 및 자아상에 기여했다(1983, 40 : 원저자 강조).

그 외에도 여러 가지 효과가 있었다. "필요한 경우 정주지들의 영역적 연속성은 서로를 효과적으로 보호하는 데 도움이 되었다. 국가 혹은 심지어 지역단위의 준군사조직이 등장하기 이전에는 공격이나 위협이 있을 때 서로를 재빠르게 도와줄 수 있었기 때문이다(Kimmerling 1983, 40)." 게다가 "유대인 자치단위의 물리적 경계가 '현장의 사실(유대국가의 영역이 유대인들이 소유하고 정착하고 있는 모든 장소를 포함한다는 것)'에 의해 결정된다는 점이 대략 1937년 이후부터 점차 더 명확하고 중요하게 되면서, 전통정주지에서 멀리 떨어져 산개해 있는 토지를, 특히 갈릴리와 네게브에 있는 토지를 구입할 필요가 절실해졌다. 키멀링은 1937년 시오니스트 집행위원회의 연설문 중 일부를 다음과 같이 인용하고 있다.

우리가 우리나라의 경계를 최대한 안전하게 확보하기 위해서는 정주지 중심부에서 떨어진 장소를 손에 넣기 위해 노력해야 합니다. 또한 사실 토지매입프로그램이 만들어졌을 때 인적이 드문 먼 지역에 정주지를 만든다는 이 같은 목표는 이미 우리 머릿속에 있었습니다… 정치적 관점에서 보았을 때 이는 현실적인 경계의 정복입니다. 이런 점에서 작년 한 해

동안 유대민족전선은 활동의 범위를 넓혀 북쪽 경계와 동쪽 경계를 가능한 한 빨리 확보하기로 결정했습니다… 결국 우리는 농업문제만 다루지는 않게 되었습니다. 우리는 무엇보다 우리 민족에게 최대한 넓은 경계를 확보하기 위해 노력하고 있기 때문입니다(Kimmerling 1983, 40에서 인용).

이런 움직임은 수많은 의미에서 영역적인 성격을 띠고 있었다. 가장 분명한 것은 특정한 분할단위나 묶음들이 그 자체로 영역이며, 이 영역들에 따라서 접근과 배제를 비롯한 여러 가지 권리와 의무가 설정되고 이행되었다는 점이다. 유대민족해방 같은 기관들이 이런 분할구역이나 묶음들을 '탈환'하여 관리하고 있었기 때문에 이런 영역들은 인종 혹은 종족적 색채를 띠고 있었다. 또한 전략의 측면에서 이런 영역들은 소유권과 주권을 행사할 수 있는 영역구성단위로 인식되었다.

오스만 제국에서 영국식민통치로 전환되면서 사회적 삶의 재영토화에, 좀 더 특수하게는 영역의 유대화(혹은 탈팔레스타인화)에 중요한 변화가 나타났다.

오스만토지규약에 대한 최초의 법적 개정 중에는 메왓 토지확보를 어렵게 만드는 것도 있었다. 메왓토지조례(1921)는 오스만토지규약 103조 마지막 문단을 없애고 다음 문장으로 대체했다. "행정부의 동의 없이 버려져 있던 땅을 파헤치거나 경작한 사람은 이 땅의 부동산증서를 얻을 권리를 갖지 못할 뿐 아니라, 무단침입으로 기소당할 수 있다." 이 부분에 대한 법적 함의의 잠재력은 막대하다. 오스만 통치하에서는 '죽은' 혹은 '버려진' 땅을 '복원'시킨 사람은 당국의 허가를 얻지 않았더라도 그 땅에 대한 합당한 권리를 즉시 얻을 수 있었다. 하지만 개정 법규에서 그런 사람은 그 땅을 얼마나 오래 경작해왔는지에 관계없이 무단침입자로 인식되었다(Kedar 2001, 936).

영국은 공식적인 등기시스템을 확립하여 토지소유권을 '근대화' 하기도 했다.

시온주의조직들은 영국정부에 광범위한 토지조사를 이행하도록 압력을 행사했다. 밸푸어 선언의 정신에 입각해서 유대인들이 정주지를 만들 수 있는 버려진 미경작 국유지를 찾아낼 목적이었다. 이들은 소유권의 신뢰도를 증진시켜 민간보유지 매입을 촉진할 수 있도록 소유권 안정화 작업을 지원하기도 했다. 날로 넓어지는 팔레스타인 지역에서 유대인이 명백한 소유권을 갖는 것은 팔레스타인 내 이스라엘의 주권을 실현할 수 있는 시오니스트들의 중요한 수단으로 인식되었다(Kedar 2001, 937~938).

영국은

당국이 공식적으로 '정주지역' 이라고 선언한 지역에 집중하면서 소유권 안정화를 선별적으로 이행했다. 유대인과 아랍인들 간에 분쟁이 있는 곳이나, 유대인 구역은 대부분 이런 식으로 용도지정되었지만, 갈릴리나 네게브 같은 아랍지역은 용도지정을 해주지 않았다. 소유권안정화작업을 거친 땅 대부분은 나중에 이스라엘 공화국에 편입될 영역에 속했다(Kedar 2001, 939).

위임통치기간 동안 나타난 토지소유권제도의 변화(1930년대 말 유대인 토지매입을 제한했던 정책을 포함해서)는 그 자체로 중요하긴 했지

만, 그 중요성은 이스라엘 주권 확립으로 인해 토지소유권제도상에 또
다른 변화가 나타나기 이전에 퇴색해버렸다. 1947년만 해도 오늘날의
이스라엘 땅 중에서 유대인조직이 보유한 것은 불과 6%밖에 되지 않았
지만, 1960년대가 되자 94%를 넘어섰다(Kimmerling 1983). 이런 변화
의 대부분은 법과, 이 법에 대한 사법적인 해석을 통해 이루어졌다
(Kedar 2001). 1948년 전쟁의 가장 중요한 결과로서 폭력과 뒤이은 피
난으로 75만 명의 팔레스타인 난민들이 발생하게 되었음을 되짚어보자.
이스라엘 밖으로 피난을 떠난 사람들의 경우 1948년 전쟁의 결과 집이나
마을로 돌아가지 못하게 되기도 했다. 『거부된 접근 : 이스라엘 내 팔레
스타인 토지권Access Penied: Palestinian Land Rights in Israel』(2003)에서 후세
인과 맥케이는 다음과 같이 적고 있다.

> 팔레스타인 난민들이 점유하고 있지만 내부적으로는 소유권이 불분명한
> 땅을 소유하고 통제하기 위해 이스라엘은 주로 1950년에 만들어진 '부
> 재자 부동산법Absentee's Property Law'을 법적 수단으로 삼았다. 이 법에
> 따르면 '부재자'로 규정된 사람에게 속한 모든 부동산은 자동으로 부재
> 자부동산 관리인에게 넘어갔다. 부재자부동산을 소유한 사람은 이를 관
> 리인에게 인수해야 하며, 그렇지 않을 경우 범죄자로 간주되었다(p. 70).

'부재자'의 정의에는 자신의 거주지를 버린 팔레스타인인도 포함되
었다. 엄밀하게 말해서 이 정의는 아랍인들만이 아니라 전쟁으로 난민
이 된 유대인들에게도 적용될 수 있었다. 실제로 케다르(2003, 425)는
어느 법학자의 말을 인용하고 있다. "입안가들은 이 규정을 이스라엘에
살고 있는 유대인들에게도 적용시키려는 의도를 가지고 있었을까? 만일

이 규정을 아랍인들에게만 적용할 생각이었다면 평이하면서도 분명하게 표현할 필요가 있었을 것이다. 실제로 이 규정에는 유대인들을 '부재자' 지위에서 상습적으로 제외시키는 복잡한 메커니즘이 들어 있다... 동시에 수만 명의 아랍인들은 이스라엘 시민이 된 뒤에도 부재자 신세를 면치 못하고 '현존하는 부재자'라는 모순적인 지위에 놓인 후 남은 평생을 그렇게 살게 되었다(p. 425)." 이 모든 것은 색이 말한 '개념적으로 비어 있는 공간'의 극단적인 형태라고 보는 것이 타당할 것이다.

법정관리인이 '해당 지역이나 장소의 개발을 위해' 해당 토지를 소개할 필요가 있다고 결정한 경우 관리인은 불법적인 점유자만이 아니라 보호받고 있던 임차인마저 쫓아낼 수 있는 권리를 가지게 되었다… 1953년 법정관리인은 자신이 관리하던 모든 부동산을 개발당국에 넘겼다. 개발당국은 다시 헌법 수준의 입법을 통해 자신들이 관리하던 부동산을 국가와 내부아랍난민의 정착을 담당하던 기관, 혹은 지방행정당국으로 이전시켜야 했다. 이때 유대민족전선은 가장 먼저 매입할 땅을 고를 수 있는 특권을 손에 넣었다. 1950년대와 1960년대에는 이스라엘 정부 감시자가 팔레스타인 마을과 소읍에 파견되어 법정관리인을 대신해 부재자로 볼 수 있는 사람들의 토지를 몰수했다. 전쟁 때문에 텅 비어버린 마을들만 영향을 받은 것은 아니었다. 법정관리인들은 전쟁을 견뎌낸 아랍공동체 안에서도 상당량의 토지에 대한 권리를 주장했다. 난민들의 토지를 침범해 들어와서는 해당 토지에 대한 소유자로서(독자소유든 공동소유든 상관없이) 부동산에 대한 권리를 주장하기도 했다(Husseain and McKay 2003, 70~73).

'현존하는 부재자'라는 법적 범주에 특히 주목할 필요가 있다. 이는 이스라엘에 남아 있지만(따라서 이스라엘 시민이 되었지만) 1947년 11월 29일에 집에 있지 않았던 7만 5천 명가량의 팔레스타인인들을 말한다. 페레츠Peretz에 따르면 "신도시 아크레에 부동산을 보유한 모든 아랍인들은 구도시 밖으로 거의 나와본 적이 없다 하더라도 부재자로 분류되었다… 전쟁 후반부에 베이루트나 베들레헴에 당일치기로 갔다온 사람들은 모두 자동으로 부재자가 되었다(1958, 152. Kedar 2003, 426에서 인용됨)." 결국 키멀링은 다음과 같이 말한다.

> 토지의 이스라엘화는 법 이외의 수단을 통해서도 이루어졌다. 1949년과 1959년 사이 아랍인들은 개인이든, 마을이든, 부족이든 간에 자신들의 땅에서 떠밀려났다. 이스라엘 안에 있는 다른 곳으로 쫓겨간 이들도 있고, 휴전선 너머로 가버린 이들도 있었다. 마그달 마을의 인구는 1944년에는 9910명이었지만 전쟁이 끝난 후 남은 이는 2천 5백 명뿐이었다. 1950년 8월 거의 모든 마그달 마을 주민들은 가자지구로 이전되었다(1983, 139~140).

부재자재산규정 이외에도 이스라엘/팔레스타인의 삶을 근본적으로 재영역화(하고 정당화)하는 것을 목적으로 하는 공적 규정들이 있었다. 위임통치기간에 처음으로 시행된 긴급조치들이 여기에 해당된다. 따라서 "125조에 따라 군사정권은 '폐쇄지역'을 선언하고 그 누구도 허가서류가 없이는 출입하지 못하게 했다. 팔레스타인인들이 살던 지역은 작은 구역으로 분할되었고 이렇게 분할된 모든 구역은 폐쇄지역으로 선포되어 출입이 엄격하게 통제되었다(Hussein and McKay 2003, 80)." 또한 "긴급조치(보안구역) 1949에 따라 국방부장관은 이스라엘의 변경

에 접한 지역을 보안구역으로 선언하고 그곳에 있는 모든 사람들에게
그 지역을 떠날 것을 명령했다. 국방부장관은 이 권한을 이용해서 팔레
스타인인들을 레바논 국경에서 가까운 이브릿과 비림 마을에서 쫓아냈
다(2003, 83)." 이스라엘 공화국은 팔레스타인인들의 소유지가 있는 지
역을 '군사지역' 이라고 선언하거나 공공목적조례에 따라 토지를 몰수
하기도 했다. 여기서 '공공' 은 거의 예외 없이 유대인들을 위한 공공을
의미했다. 또 다른 박탈의 법적 수단에는 1969년의 부동산법이 있었다.
이 법에 따라 적정 이스라엘 지역과 점령영역 양측에서 모두 오스만시
절의 토지구분이 폐기되었다. "마트루카Matruka 토지는 국가나 지방행정
부에 등록되었고, 마왓mawat은 국가에 등록되었다. 개인 소유권이 없는
토지는 공공부동산으로 다시 분류되거나 (공공이익을 위한) 부동산, 즉
해안선이나 도로망 같은 용도로 지정되었다(Home 2003, 297)."

　　1948년 이전의 영역체제는 주도면밀하고도 체계적으로 파괴, 배제,
축출, 박탈되었고 그로 인해 철두철미한 '유대화' 가 일어났다. 그리고
그로 인해 수많은 심원한 사회적 · 실존적 결과가 나타났다. 이 중 영역
성을 이해함에 있어서 특히 중요한 것은 이스라엘 사회학자 댄 라비노
위츠Dan Rabinowitz가 말한 '독 안에 든 소수집단a trapped minority' 이 형성된
것이었다. '독 안에 든 소수집단' 은 재영역화가 팔레스타인 출신 이스라
엘인들, 다시 말해서 유대민족의 구성원은 아니지만 이스라엘 공화국의
행정적 시민으로서 적정 이스라엘에 살고 있는 아랍후손들의 정체성과
의식에 미친 영향을 나타내기 위한 용어이다. 라비노위츠에 따르면

　　1948년 전쟁에서 팔레스타인인들이 이스라엘에게 패하면서 이들의 소

속감과 정체성에 핵심적 역할을 하던 고도古都들이 사실상 지워져버렸다. 유대교 이스라엘인들의 요새가 급격하게 팽창하면서 자파, 람라, 리드, 예루살렘, 비르사바를 비롯한 팔레스타인의 중심지들과 이들의 농촌 배후지들은 작아지거나 사라졌다. 이제 이스라엘인들의 요새에는 해외에서 유입된 유대교이민자들이 살기 시작했다. 팔레스타인인들은 대부분 고립되고 분절된 마을에 버려졌다. 1950년대에는 많은 마을들이 막대한 양의 경작지와 목초지를 유대 공화국에 빼앗겼는데, 대체로 몰수된 것이나 다름없었다(2001, 66).

그는 다음과 같이 글을 이어갔다. "이스라엘에 남은 팔레스타인 시민들은… 토지에 대한 권리 등을 분명하게 요구했지만, 자신들의 고향땅에서 벌어지는 토지사용과 개발, 복지를 결정하는 대부분의 정치 과정에서 꾸준히 배제되었다(p. 66)." 게다가 "그 결과로 나타난 공간적 단절로 인해 팔레스타인인들 사이에 존재하던 공동체적 시절에 대한 감각과 결속력 있는 정체성을 형성하던 능력이 훼손되었다(pp. 66~67)." 라비노위츠는 사회적 공간이 재영역화되면서 집단의식과 정체성이 분할되었음을 지적하고 있다. 하지만 더 중요한 것은 '질식' 당하는 느낌이 나타나게 되었다는 점이다(p. 67). "이스라엘 북부지방의 팔레스타인인들은 아크레, 나자렛, 하이파로 구성된 작은 삼각지역 내에서만 이동할 수 있다. 나머지는 공식적으로 누구나 접근할 수 있다고는 하지만 실제로는 갈 수 없다(p. 67)."

라비노위츠는 이 같은 영역적 과정에 대한 몇 가지 경험적 측면들을 보여주고 있다. "팔레스타인인들을 독 안에 가두는 작업은 마치 드라마처럼 전개되었다. 처음에는 안전한 줄 알았던 공간이 갑작스런 외부 개입과 함께 폐쇄되기 시작했다. 문이 달히고 울타리가 세워지며 시멘트 벽이 만들어졌다. 이로써 위험한 폐쇄지가 되었고 사람들은 갑자기 감옥살이를 하게 되었다(p. 73)." 이 감옥살이는 다시 여러 가지 효과를 낳는다. 라비노위츠는 독에 갇힌 소수집단들이 이중적인 주변화에 시달린다고 주장한다. 첫째, 이들은 이스라엘 공화국 내에서 주변화된다. "이 소수자들을 독 안에 가둔 새로운 공화국에서 주도권을 잡고 있는 지배집단은 이들을 동등한 시민으로 대우하지 않는 경향이 있다(p. 73)." 하지만 동시에 '아랍세계에서 보았을 때'

> 이스라엘의 팔레스타인 시민들은 국가영역에서 아직 그 지위를 결정할 수 없는 모호하면서도 문제적인 요소이다. 팔레스타인 국가에 대한 이들의 충성 또한 의심의 대상이다… 예를 들어 1960년대와 1970년대에 추방당한 팔레스타인 지도자들은 이스라엘에서 거주하는 팔레스타인 시민들이 자기중심적이고 타락한 집단이며, 시오니스들이 조국을 점령하는 데 협력했다고 생각했다… 독 안에 든 소수자들은 쉽게 동화되지 않았다… 독 안에 든 소수집단의 구성원들은 모국의 문화와 거주국가의 문화 사이에서 갈팡질팡하면서 주도적인 문화의 언어, 연극, 음악, 영화, 미디어, 민속을 생산하고 소비하는 데 어려움을 겪었다. 특히 이런 주도문화의 생산은 민족정체성의 배타적 중요성과 관련되어 있었기 때문이다 (Rabinowitz 2001, 74, 76~77).

이와 관련해서 "독 안에 든 소수자들은 이데올로기적으로나 정치적으로 만성적인 내부분열을 드러내는 경향이 있으며, 따라서 국가 안팎에서 통일전선을 형성하는 데 어려움을 겪는다(p. 77)." 즉, 여기서는 영역적 재편에 이데올로기의 분열과 분기分岐가 포함되는 것으로 이해한다.

하지만 물론 그렇다고 해서 팔레스타인 출신 이스라엘인들과 '적정 이스라엘' 밖에 있는 팔레스타인인들(특히 점령영역에 있는 팔레스타인인들)이 경계선을 중심으로 서로 다른 곳에 위치해 있다는 것은 아니다(또한 여기서는 가족들이 떨어져 지낼 수 있고, 영역적으로 떨어져 지내는 가족 구성원들이 몇 마일 내에 거주하는 경우도 있을 수 있음을 염두에 둘 필요가 있다). 영역적으로 갇혀 지내는 소수자들이 분열의 경향을 보인다는 것은 완벽하지는 않더라도 강하게 영역화된 권력의 성좌星座 내에서 이들이 서로 다른 위치를 점하고 있다는 것을 의미한다. 또한 독 안에 가두는 작업이 공간적인 형식으로만 일어나는 것은 아니다. 영역성과 교차하는 시간적 측면도 존재하기 때문이다. 지배적인 시오니스트 담론에서는 "아랍 소수집단을… 마치 하늘에서 뚝 떨어진 사람들처럼 취급한다. 이들의 역사는 잘려나갔고, 인접한 영역에 살고 있는 팔레스타인인들과 아랍인들 간의 공간적 연속성은 차단되었다. 이스라엘의 현존이라는 허구에서 시작된 포위작업이 완성된 것이다(Rabinowitz 2001, 80)." 하지만 같은 담론 안에서 영역이 만들어낼 수 있는 차이(즉, 이스라엘 공화국의 팔레스타인 시민들과, 그린라인 밖에 거주하는 수많은 팔레스타인 적들 간에 존재할 수 있는 차이)는 쉽게 사라질 수 있다. "독 안에 든 소수집단을 억압하기는 쉽지 않다. 이들은 경계를 넘어 인접국가나 해외에 있는 다른 영역으로 퍼져나가 적군과, 그리고 생면부지의 이들과 동맹을 형성한다… 다수가 가진 외국인 공포증과 증오라는 가장 어두운 면을 드러내는 수사에서는 외국거주민들을 질병의 매개체에 비유하는 경우(국가라는 신체에 침입하여 내파內波의 위협을 가하는 외래 개체)가 종종 있다. 따라서 독 안에 든 소수자가 된다는 것은 골치

아프고 혼란스러운 문제일 뿐 아니라 잠재적으로 위험한 일일 수 있다 (pp. 78~79)."

이스라엘의 영역적 통제시스템

이스라엘 거주 팔레스타인 시민들이 독 안에 든 소수자라면 점령영역에서 살고 있는 팔레스타인인들은 독 안에 든 다수자라 할 수 있다. 이들은 여러 가지 의미에서 그 안에 갇혀 있다. 이 절에서는 점령영역에서 작동하는 이스라엘의 영역적 통제시스템의 주요 구성요소들을 재산권과 주권에 대한 분석보다 좀 더 미세한 수준에서 개괄적으로 살펴볼 것이다. 결국 여기서 보여주고자 하는 것은 제2장에서 다룬 고프먼식의 '자아의 영역들'이다.

점령이라는 단순한 사실에서 출발해보도록 하자. (동예루살렘과 골란고원을 제외한) 서안과 가자지역은 이스라엘에 합병되지 않았다. 대신 '점령되었다'. 즉 공식적으로는 이스라엘 공화국과는 다른 존재로서 그 밖에 위치하고 있지만 동시에 이스라엘 군대를 비롯한 여러 국가기구의 통제를 받았다. 뒤에서 자세히 살펴보겠지만 요새 같은 '정주지'에 살고 있는 이스라엘 시민들이 이 구역을 점점 더 점령해 들어오기도 한다. 물론 점령은 영역적 관계의 하나이다. 영역은 점령이 일어나는 공간이다. 하지만 영역만 점령되는 것이 아니다. 사람, 생활, 시간 등 사회적 현실이 모두 점령된다. 타인들의 이익 때문에, 그리고 타인들의 이익을 위해 점령되는 것이다. 점령과정과 점령행위의 손길을 피할 수 있는 것은 아무 것도 없다. 점령은 권력을 유지하기 위해 일상적으로 폭력을 행사하

고 사람들을 업신여기는 것을 의미한다. 사마리아와 유대의 복권이라는
시오니스트 담론에 '안보' 담론이 결합될 때 점령은 점령자들과 관련 참
관인들에게 유의미해진다. 점령영역은 비국가적, 비주권적 공간이다.
공식적으로 이 공간에 거주하는 360만 명은 시민권자가 아니며 타인의
폭력에서 보호해줄 국가 또한 없다. 물론 이들은 공식적으로 인권을 갖
지만 이들의 인권은 비일비재하게 침해된다(Amnesty International
2003). 따라서 기능적으로 보았을 때 점령영역은 이스라엘의 식민지이
다. 이 절에서는 그린라인, 난민수용소, 검문소, 봉쇄와 통행금지령, 정
주지, 수직성의 지정학, 분리장벽과 경계지역seam area 같은 영역시스템
의 주요요소들을 간단히 개괄하도록 하겠다.

그린라인

점령영역은 분절된 두 지역으로 되어 있다(지도 4 참조). 서안은 내륙이
기 때문에 어떤 경우에도 이스라엘은 적정 이스라엘과 요르단에 면한
경계를 통해 서안을 통제할 수 있다. 앞서 언급한 바와 같이 서안 전체는
거대한 원주민 보호구역에 비유될 수 있다. 주지하다시피 서안은 아파
르트헤이트시절의 반투스탄과 개방형 감옥에 비유되기도 했다. 이스라
엘은 출입방식과 개방공간을 통제한다. 가자는 아주 작고 길쭉하게 생
긴 땅으로 인구가 밀집해 있으며 해안가에 있다. 하지만 경제적인 측면
에 있어서 점령영역은 이스라엘과 긴밀하게 통합되어 있다. 일자리가
거의 없으며, 특히 1990년대 이후로는 실업률이 대단히 높다. 1967년부
터 1990년대까지는 적정 이스라엘과 점령영역 간의 경계가 상대적으로
개방적이었기 때문에 팔레스타인인들은 이스라엘인들의 사업에서 상대

적으로 값싼 노동력으로 활용되었다. 하지만 인티파다 이후로 이 경계
는 주기적으로 봉쇄되었고, 이는 당연하게도 팔레스타인인들의 경제상
황에 지대한 영향을 미쳤다. 최근 들어 이스라엘은 볼리비아와 가나처
럼 먼 곳에서 대체노동자들을 수입하고 있다(Bartram 1996).

서안에 살면서 그린라인의 민족지를 집필한 바 있는 미국의 인류학자
본스타인Avram Bornstein은 아래와 같이 적고 있다.

> 서안사람들에게 있어서 그린라인(서안과 적정 이스라엘을 가르는 구舊
> 유대이스라엘 휴전선)은 생계의 기회를 통해 그 어느 때보다 위력적으로
> 일상을 결정한다. 경계와 관련된 정책들은 팔레스타인인들의 농업과 산
> 업을 제약했고, 이에 많은 이들은 이스라엘의 생산자와 소비자들을 위해
> 일할 수밖에 없었다. 수만 명의 서안노동자들은 거의 매일 같이 경계를
> 넘어 이스라엘에 있는 일터로 갔다. 자동차정비공, 직물노동자 등 또 다
> 른 수만 명의 노동자들은 서안에서 이스라엘인들을 위해 일했다. 대부분
> 의 경우 이들 노동자들은 이 경계선 때문에 자신의 노동을 이용하여 수
> 익을 올린 이들에게 할 수 있는 요구를 다 하지 못했다. 경계를 넘나들며
> 사업을 할 수 있는 하청계약대리인들 또한 경계로 인한 제약에 시달렸
> 다. 하지만 이들은 경계를 통해 새로운 부의 원천을 얻었고 이로 인해 전
> 에 없던 새로운 내적 긴장이 나타났다. 경계지역의 노동과 생산 과정은
> 민족분쟁의 중요한 요소였지만 이스라엘−팔레스타인 분쟁을 설명할 때
> 누락되는 일이 많았다(2002b, p. ix).

따라서 그린라인은 양측을 갈라놓는 동시에 통합시키기도 한다. 동시
에 극단적인 불평등이 횡행했다. 본스타인은 다른 곳에서 이로 인해 '초超
착취'가 벌어진다고 표현했다(2002a). 이 초착취는 팔레스타인인들의 정

체성을 통합하는 측면도 있지만 어떤 점에서는 분열을 조장하기도 한다.

경계는 문화세계를 가르는 장소가 되었다. 서안인들 대부분의 결혼과 나이, 성역할을 둘러싼 관습은 경계 너머 겨우 몇 킬로미터 떨어진 곳에서 살고 있는 친지들의 관습과 분명 달랐다. 팔레스타인인들 사이에는 문화적으로 종족 간 경계와 종족내적인 경계가 만들어지고 있었다. 관습에는 불평등과 연대가 반영되었고, 개인의 정체성뿐만 아니라 경계가 만들어낸 관계들이 다시 각인되었다. 경계가 만들어지면서 서안과 이스라엘 거주 팔레스타인인들은 서로 구분되기도 하고 이어지기도 했다. 또한 역사상의 팔레스타인 안에 남은 자들과 요르단, 걸프만을 비롯한 타지의 디아스포라 공동체에서 살아가는 자들 역시 구분되었다(2002b, p. ix).

본스타인이 말한 '색 부호color-coded 관료제'가 전개되면서 영역성의 여파가 확산되었다.

서안주민들은 신분증을 오렌지색 껍데기에 넣고 다녔다. 가자인들의 경우는 빨간색, 이스라엘인들은 파란색이었다. 이와 유사하게 차량도 색 부호 번호판으로 쉽게 식별할 수 있었다. 이스라엘 차량은 노란색, 서안인들의 차는 파란색이었다. 서안의 파란색 판에는 히브리어로 해당 차량이 어느 구역에 등록되어 있는지도 적혀 있었다(2002b, 206).

뒤에서 보겠지만 경계는 이스라엘 당국의 의지에 따라 개폐되었고 때로 상당히 자의적인 판단에 따른 것으로 보이는 경우도 있었다.

검문소는 열려 있는 경우에도 중무장을 한 군인들이 발포를 하거나 사람들을 구금시킬 구실을 찾아다니는 곳이었다. 이 때문에 검문소를 드나드는 것은 위험천만한 일이었다. 이곳을 통과한다는 것은 구금으로 가는 첫 관문이기도 했다. 그 뒤 조사를 받는 동안 투옥과 고문을 경험하게 될 수도 있었다. 이와 같은 신체적 폭력의 잠재적 위협 때문에 상징적인 폭력은 흔해빠진 일이 되었다. 팔레스타인인들은 군인들의 모욕적인 질문이나 수색 같은 단순하면서도 끔찍한 수치를 빈번하게 감내해야 했다. 그런 일을 겪지 않고 그린라인을 평화롭게 넘어가더라도 노동자들의 권리와 팔레스타인인들의 사업가능성을 제약하는 경제적 폭력이 수반되었다. 지정학적 경계는 종종 폭력의 구조적 형태 밑바닥에 깔린 극악한 폭력의 중요한 유형이다(2002b, 16).

이 폭력은 통제자와 통제대상의 삶 양자 모두에서 영역적으로 작동한다. 가자지구와 이스라엘을 갈라놓는 경계는 전기울타리이다. 팔레스타인인들은 가자에서 이스라엘로 넘어갈 때 다섯 곳의 심사장을 거쳐야 한다. 이스라엘의 언론인이자 반反 점령활동가인 하스Amira Hass에 따르면 "다섯 번째 심사장에는 '이스라엘 광장'이라는 이름의 이스라엘 구역을 향해 돌아가는 회전문 19개가 쭉 늘어서 있다. 여기에는 컴퓨터 모니터와 금속 탐지기, 전자문이 있어서 효율적이고 엄격한 보안검색이 이루어진다. 누군가 여기까지는 몰래 숨어들어올 수 있을지라도, 더 이상 들어가지는 못할 것이다(1999, 268)." 이스라엘인 정착자들이 가자로 넘어갈 때는 아무런 장애가 없었다. 하스는 영역의식이 전도되었다고 주장하며 다음 글을 썼다. "내부라는 말은… 역전되었다. 1967년 이스라엘의 경계 안에 들어 있던 땅(팔레스타인의 모든 도시 및 마을을 포함하여)을 '내부'라고 부르는 것은 이스라엘 명칭을 사용하지 않기 위해서기도 하지만 1967년까지 그 이전의 경계 내부로부터 벗어난 난민들이 그 경계의 바깥에 살았다는 지정학적인 사실을 반영하는 것이기도 하다.” 147평방마일의 출구 없는 길쭉한 땅에서 ‘내부’는 드넓은 개방공간과 동의어가 되었다.

난민수용소

추방된 자들과 그 후손들이 머무르고 있는 소위 난민수용소는 이스라엘의 영역적 통제시스템의 핵심 요소이다. ‘소위’라고 말한 이유는 그곳에 살고 있는 사람들 대부분이 법적인 ‘난민’ 지위를 갖고 있기는 하지만 태어날 때부터 영역적으로 규정된 난민지위를 타고났기 때문에 모국에는 한 번도 가본 적이 없기 때문이다. 또한 ‘수용소’라는 단어는 임시거처를 의미하지만 팔레스타인 난민수용소 중에는 이제 50년이 넘은 것도 있어서 정비가 안 된 도시근린의 모습에 더 가깝다. 그린라인 반대편에 있는 일부 팔레스타인인들이 ‘현존하는 부재자’라면 밖에 있는 많은 팔레스타인인들은 ‘영구적인 임시거주자들’이다. 팔레스타인인들의 3분의 1이 난민으로 등록되어 있고, 이 난민 중 3분의 1이 시리아, 요르단, 레바논의 수용소에서 살아가고 있으며, 서안거주자의 40%와 가자거주자 70%가 난민들이다(www.un.org/unrwa). 이 난민수용소에서는 분산과 억제의 지리를 발견할 수 있다. 유엔 최대 조직인 유엔팔레스타인난민구호기구에서 이들에게 일부 서비스를 지원하기도 한다. 이 기구는 팔레스타인인들에게 가장 많은 일자리를 제공하고 있기도 하다.

가자지구에는 8개의 난민수용소가 있고 약 33만 9천 명이 그곳에 살고 있으며, 이 중 55%가 난민이다. 32만 명에 달하는 다른 난민들은 가자의 신구新舊주택지구에 흩어져 있다. 가자시 외곽에 있는 186에이커의 알샤티수용소에는 6만 6천 명이 살고 있다. 가자지구 중심부에 있는 알보레지는 과거 영국군 주둔시설이었다. 1948년 약 1만 3천 명의 난민이 그곳에 모여들어 낡은 군대 막사에 들어가 살거나 인근의 천막에서 살았다. 총 면적은 132에이커이다. 오늘날 그 수는 2만 7천 명으로 불어났다 (Hass 1999, 171).

그린라인이 팔레스타인인들의 정체성과 의식을 분열시켜놓은 것처럼 난민수용소는 점령영역 팔레스타인인들의 정체성과 의식을 심각하게 갈라놓고 있다. 수용소 주민들과 비非난민 가자토박이인 **무와타닌** 사이에는 현격한 차이가 감지된다. 하스에게 자료를 제공한 어떤 이의 말에 따르면

어머니와 함께 시장에 갈 때마다 어머니는 난민수용소와 가자시 사이에 있는 경계를 가리키곤 합니다… 우리(메하제르들)는 수용소 밖에 나갈 때 군인들에게 구구절절 설명을 늘어놓아야 하지만 **무와타닌** 아이들은 그럴 필요가 없어요. 그리고 우리가 군인들을 피해 오렌지 과수원에 숨어들면 **무와타닌**은 우리를 쫓아내요. 무서운 거죠. 가자시 아이들은 점령이라는 상황에 잘 적응하고 있다고 생각하게 되었어요(Hass 1999, 176).

이와 유사하게 본스타인은 서안상황을 다음 같이 전한다.

수용소 출신 남자아이들은 마을에 있을 때는 의심 섞인 감시를 받았다. 이들은 다른 사람들처럼 정중한 환영인사를 받지 못하는 것이 일반적이었다. 간혹 친구가 되는 일이 있어도 드문 축에 속했다… 마을출신 고등

학생들은 큰 마을에 있는 학교에 갈 때 불필요하게 몇 킬로미터를 더 걷기도 했다. 수용소를 가로질러 가지 않고 빙 돌아서 다녔기 때문이다 (2002b, 20).

팔레스타인 이산민들 사이에서는 의식의 영역화 또한 분명하게 나타났다. 페레츠는 다른 아랍국가에 살고 있는 팔레스타인 난민을 다룬 글에서 다음과 같이 주장했다. "수용소에 있는 팔레스타인인들과 그 밖에 있는 팔레스타인인들 사이에 존재하는 가장 두드러진 세계관 차이는 수용소 거주민들이 어느 정도로 팔레스타인 의식을 갖출 것인가 하는 지점이다… 아이들과, 많은 경우 그 부모들조차 팔레스타인을 본 적도 없으면서도 팔레스타인이 고향이라고 믿는다(1993, 27)." 억제의 영역인 난민수용소는 이스라엘 당국의 의지에 따라 폐쇄되지만 군인들은 과격분자들을 색출하기 위해 수시로 수용소를 드나든다.

검문소

공식수용소 안이든 밖이든 점령영역 전역에는 영역적 통제시스템이 침투하여 작동하고 있다. 주지한 대로 오슬로합의 때문에 "보안통제의 성격에 따라 다른 지위를 갖는 영역들('A', 'B', 'C')이 모자이크 모양으로 형성되었다. 섬처럼 점점이 흩어진 A구역과 B구역에서 살아가는 사람들은 그 사이에 놓인 거대한 바다 같은 C구역 때문에 고립되어 있었고, 수백 개의 마을과 여남은 개의 소읍은 전략적인 위치를 점하고 있는 바리케이드와 배수로, 탱크와 (이스라엘 측의) 저격수 등 때문에 완전히 마비되어, 경제 전반이 파괴되고 모든 사회생활이 무너질 지경에 놓였다(Hass 2002, 9)." 서안과 가자 전역에 검문소, 허가증, 통행증, 폐쇄령, 통행금지 등 어마어마한 '통제의 매트릭스(Halper 2000)'가 가동되었다. 팔레스타인인들 전부를 며칠 혹은 몇 주 동안 오도 가도 못하게 만들 수도 있는 장치들이었다.

앰네스티 국제본부는 2003년 8월 현재 점령영역에 3백 개가 넘는 이스라엘 검문소와 방책이 설치되어 있다고 보고했다.

> 검문소에서는 군인들이 자동차나 보행자들을 느리게 검문하는 일이 빈번했다. 그래서 때로 교통흐름이 중단되었고 아무런 설명도 없이 신분증 검사를 거부하는 일도 있었다. 때로 검문소에 사람들이 모여들면 군인들은 이들을 해산시키기 위해 허공에 대고 발포하거나 소음폭탄이나 최루가스를 쏘았다. 자의적인 내부봉쇄는 수시로 일어났다. 군인들이 팔레스타인인들의 이동을 허락하거나 금지하는 사적인 재량을 폭넓게 즐기고 있다는 사실은 내부봉쇄가 엄격한 보안상의 필요에 의거한 합리적 시스템이라는 이스라엘 당국의 주장과 어긋난다(Amnesty International 2003, 19).

앰네스티 국제본부의 보고서에서는 이 영역적 작동방식의 말단 수혜자 입장에 놓인 사람들의 경험도 세세하게 기록해놓았다. "남녀노소 할 것 없이 출근이나 등교, 어린아이의 예방접종, 장례식이나 결혼식 참석 같은 일상적인 활동을 통해 그런 위험에 노출된다. 따라서 많은 이들이 절대 긴요한 일이 아니고서는 외출하지 않는다(2003, 4)."

허가증과 통행증이라는 복잡한 시스템은 권력의 미시적인 영역성을 드러낸다. 이미 그린라인과의 관계에서 언급한 바 있지만 이 경우 침투력이 훨씬 강하다.

통행시스템은 통행권이라는 보편적인 기본권을 모두가 갈망하는 특권으로 바꿔놓았다. 이 특권은 사안에 따라 소수에게만 할당된다. 한 덩어리로 된 특권이 아니라 그 안에 여러 단계가 있기 때문이다. 이스라엘에서 하룻밤 머물러도 되는 통행증이 있는가 하면 어스름이 질 때까지는 돌아와야 하는 통행증도 있고 한 달 내내 쓸 수 있는 통행증도 있다… 호의를 베풀던 손이 모든 것을 거둬버리기도 한다. 몇 달간 1천 명이나 되는 사업가에게 통행증을 발급하다가 그다음 몇 달간은 겨우 3백 명에게만 발급하기도 한다. 가자인의 통행권은 이스라엘과 서안에서 통용될 수도 있지만, 때로 서안에서만 통용되기도 한다. 따라서 사회 전체는 접근권을 가진 사람이 누구인지에 따라, 또한 이동의 자유라는 '특권'을 어느 정도로 가지고 있는지에 따라 분화되고 층화되어 있다(Hass 2002, 8).

한 인권변호사는 엠네스티 국제본부에서 허가증과 통행증 시스템의 경험에 대해 증언했다. "이 도로를 운전하면서 멀리 있는 탱크를 볼 때마다 생각했죠. 내가 살아서 집에 돌아가 아이들을 다시 볼 수 있을까 하고 말이죠. 한 달 동안 허가증을 소지하고 있었지만 만일 군인들이 나를 쏴서 죽게 될 경우 허가증은 내게 혹은 내 가족에게 아무런 소용이 없을 거잖아요(Amnesty International 2003, 17)."

하스는 이 같은 초영역화의 특징으로 '시간의 절도'를 꼽는다. 팔레스타인인들은 "더 이상 아무런 계획도 세울 수 없음을 깨닫게 되었다. 최후의 순간까지도 필요한 통행증을 발급받을 수 있는지 알 수 없기 때문이다. 미리 계획을 세울 수 없게 된 이들은 즉흥적으로 행동하는 능력도 상실했다. 이 즉흥성은 이동과 음식만큼이나 중요한 인권이다(2002, 10)." 하스는 이 같은 경험적 측면들은 의도된 결과임을 암시한다. 하스는 책에서 "간청하고 구걸할 수밖에 없는 상황과 거절당할 가능성, 그리고 뒤이은 분노와 여러 차례의 연락사무소 방문"에 대해 언급한다. "결국 '당신이 우리를 도와주면 우리도 당신을 도와주겠다'고 제안하는 이스라엘 공무원을 찾아가게 되는데, 그 말은 '협력자가 되면 허가증을 얻을 수 있다'는 의미이다(p. 11)."

봉쇄와 통행금지령

영역시스템의 또 다른 측면에는 '봉쇄' 정책이 있다. '내부' 봉쇄란 점령영역을 사실상 걸어 잠그는 것을 말한다. 봉쇄령이 내려지면 모든 허가증이 유예된다. 엠네스티 국제본부는 다음과 같이 보고한다.

> 1996년 3월 최초로 내려진 대대적인 내부봉쇄는 21일간 지속되었다. 1997년에는 서안지역 전체 또는 일부에서 총 27일간 내부봉쇄령이 내려졌고, 1998년에는 40일간 지속되었다. 내부봉쇄령은 이스라엘이… 자율적이라는 허울을 쓴 팔레스타인 구역 주변의 주도로와 지역들을 통제함으로써 팔레스타인인들의 생활을 어떻게 벼랑으로 몰고 갈 수 있는지, 그리고 팔레스타인 경제를 어떻게 무릎 꿇릴 수 있는지 보여준다(2003, 14).

하스는 "봉쇄령은 허가증을 요청하고 거절당하는 관념적이고 관료적인 절차와는 완전히 다르다. 봉쇄는 팔레스타인의 지형지물처럼 삶의 일부가 되었다"고 말한다(2002, 12). 봉쇄령은 서안과 가자지구를 파편화시켜 서로 끊어놓는 효과도 가지고 있다. 한 팔레스타인인은 "우리는 마치 새장 속의 새나 마찬가지"라고 이야기하기도 했다(Smith 2001). 일상생활을 영역화하기 위한 수단으로서 통행금지령을 내려 이동공

간을 집으로만 한정하는 경우도 있다. 또 다시 엠네스티 국제본부의 보
고서에 따르면 "일부 마을은 완전히 봉쇄되었고 도시지역에는 24시간
통행금지가 자주 떨어진다. 통행금지령이 떨어지면 그 누구도 집 밖으
로 나가서는 안 되는데, 때로 이 기간은 연장되기도 한다(2003, 3)." 또
한 2002년 3월과 4월에는 "베들레헴에 연속 40일 동안 통행금지령이
내려졌고(p. 20)", "2002년 7월 9일에는 서로 다른 71개 지역에 살고 있
는 서안인구의 거의 절반을 대상으로 통행금지령이 내려졌다. 팔레스타
인 인구 220만 명 중 90만 명에 달하는 인구를 대상으로 한 것이었다(p.
21)." 통행금지를 어겼을 경우, 즉 집 밖을 나갔을 경우 이에 대한 처벌
은 가혹하다. 목숨을 대가로 해야 할 가능성도 현실적으로 존재한다. 가
자의 알마와시 같은 몇 개 마을 전체는 "군사폐쇄지역으로 선포되었
다… 주민들은 정해진 시간에 도보로만 출입할 수 있었다. 하지만 군대
가 주민전체를 때로 며칠 동안 해당 지역 밖으로 나가거나 들어오지 못
하게 하는 경우도 종종 있다… 보통 통행금지령은 해질 무렵부터 동틀
무렵까지 이어졌다(p. 23)."

정주지와 우회로

하지만 점령영역의 영역적 통제시스템에서 아주 중요한 또 다른 요소는
1967년 이후로 (골란고원과) 서안과 가자에 세워진 유대인들만의 '정주
지'이다. 뉴맨David Newman은 "합법적으로 세워졌든 아니든 간에 이 정
주지들이 독립된 이스라엘 영역과 팔레스타인 영역 사이에 경계를 설정
하는 데 중요한 역할을 했으며 지금도 그러하다"고 힘주어 말했다
(2002, 635). 서안의 절반 이상을 이스라엘에서 소유하고 있다. 특히

1977년 이후 시행되어 1990년대에 가속화된 이스라엘의 정책은 이스라엘 '정착자들'의 작은 거주지를 만들어 민간인주도로 점령영역을 식민화하는 과정과 관련된 것이었다. 1977년에는 서안의 정주지에 사는 이스라엘인들이 5천 명이었지만, 2001년이 되자 서안의 정주지 137곳과 가자지구 7개 정주지에 거주하는 이스라엘인들이 20만 명을 넘어섰다. 이 중 많은 것들이 유대와 사마리아(서안을 일컫는 성서상의 이름들)의 '복원' 이데올로기에 휩쓸린 종교적 근본주의자들이 건설한 것이었다 (Newman 1985). 사실상 예루살렘이나 텔아비브에서 일하는 이스라엘인들의 통근용 숙소인 경우도 있었고, 마알레 아두밈처럼 짧은 시간에 내부동력으로 만들어진 도시들도 있다.

위임통치이전 시기나 위임통치시기에 그랬던 것처럼 이런 정주지의 목적은 '현장에서 사실을' 만들어내는 것이다. 마알레 아두밈의 설계사인 토마스 레이터스도르프Thomas Leitersdorf는 다음과 같이 이야기했다. "그 시절 유대와 사마리아의 전략은 '현장을 장악'하는 것이었다. 무수하게 많은 언덕에 얼마 되지 않은 사람들을 위치시켜 최대한 넓은 지역을 확보하는 것이다. 그 밑바탕에는 '점령영역 안쪽 깊숙이 정착자들을 심을수록 영구적인 국제국경선을 확정할 때 이스라엘은 더 많은 영역을 확보하게 된다. 우리가 이미 그곳에 있었기 때문이다'라는 정치적 사고가 깔려 있었다(Tamir-Tawil 2003, 152)." 실제로 봉쇄령과 통행금지, 허가증 같은 제도들은 정착자들의 이익을 위해 존재한다고 정당화되는 경우가 자주 있다. 따라서 가자에서는 말 그대로 수십만 명의 팔레스타인인들이 정착자 수천 명의 편의를 위해 오도 가도 못하는 일이 밥 먹듯이 일어나는 것이다. 뉴맨은 다음과 같이 적고 있다.

이스라엘 사람들은 그렇게 말하지 않지만 이런 식으로 민간인 정주지를 건설하는 것은 경관 식민화 과정의 일환이다. 이 과정에서 영역은 지배권력에 의해, 혹은 미래의 국가기관과 헤게모니 장악을 열망하는 이들에 의해, 장기적으로 장악된다. 해당 영역에 뿌리를 내리고 이 영역과 유대감을 형성할 수 있는 민간인들을 이식하면 이 과정은 완성된다. 이 사회에서 태어난 미래 세대들은 그곳을 '정상적인 고향'으로 여기게 될 것이다(2002, 636).

복잡다단한 영역전략 속에서 정주지는 다양한 역할을 한다. 먼저 이들 정주지들은 적정 이스라엘의 영역외적 포자胞子로서 점령영역 전역으로 확산될 수 있다. 예를 들어 이스라엘 인권조직인 베첼렘B' Tselem은 「토지장악 : 서안의 이스라엘 정주지 정책Land Grab: Israeli Settlement Policy in the West Bank」이라는 보고서에서 다음과 같이 이야기한다.

점령영역에 있는... 모든 이스라엘 시민들과, 사실상 모든 유대인들은 어디에 있든지 간에 이 영역에 적용되는 군사법이 아니라 이스라엘 민법의 적용을 받는다... 정착자들은 지방 혹은 지역 의회의원들을 선출하고 국회의원선거에 참여하며 세금과 국민연금, 의료보험을 납부하고 이스라엘 공화국이 그 시민에게 보장하는 모든 사회적 권리를 누린다(2002, 52).

즉, 이스라엘인들은 점령영역 안에 있으면서도 영역적 의미를 뚜렷하게 지닌 경계를 넘지는 않은 존재들로 인식된다. 이들은 여전히, 사실상 '안에 있다'. 어떤 점에서 그린라인은 항상 이들을 에워싸고 있다. 당연하게도 팔레스타인인들은 노동자 신분으로서가 아니면 이스라엘인들의 정주지에 들어가지 못한다. 베첼렘은 인구가 희박한 정주지조차 광대한 점령영역을 둘러쌀 수 있다고 전한다.

> 서안 지역의회들이 관할하는 사법영역에는 정주지가 들어서지 않은 넓
> 은 면적의 빈 땅들이 있다(이 영역은 서안의 약 35%에 달한다). 이 지역
> 은 향후 정주지가 확산되거나 산업지역이 들어설 것을 대비에 마련해놓
> 은 예비지구이다… 서안 지역의회의 사법관할구역 안에 있는 여러 공간
> 중에는 군사적인 활동을 위해 이스라엘 방위군이 이용하는 '발포지대'
> 도 있고, 어떤 개발도 금지된 '자연보호구역'도 있다(2002, 70).

때로는 정주지가 팔레스타인인들의 마을을 사실상 에워싸서 마을확
장이 가로막힐 수도 있다. 이 때문에 인구과밀지역은 심각한 피해를 입
는다. 예를 들어 베첼렘에 따르면 "나블루스시의 도심지역 쪽에는 도심
과 아주 인접한 8개 마을과 2개의 난민수용소가 있는데… 거의 모든 방
향에서 정주지에 둘러싸여 도시개발이 가로막혔다(2002, 95)." 개별 정
주지들의 경계선이 서로 연결되어 '블록'을 형성하듯이 그어질 수도 있
다(p. 96). 또한 팔레스타인 땅이 정주지 안에 '독 안에 갇히듯' 갇혀버
릴 수도 있다. "이런 섬과 같은 땅에서는 아무런 건축행위도 허용되지
않는다. 이 땅들은 법적으로는 여전히 팔레스타인인들의 소유이지만,
이 소유주들이 그 땅에 접근하는 것은 거의 불가능하다(Weizman
2002)."

수직성의 지정학

이스라엘 건축가 웨이츠맨Weizman과 동료들은 그 유명한 「수직성의 정
치학The Politics of Verticality」(2002)과 『시민점령 : 이스라엘 건축의 정치

학『A Civilian Occupation: The Politics of Israeli Architecture』(Segal and Weizman 2003)에서 정주지의 영역적 기능과 영향을 철저하게 분석하고 있다. 웨이츠맨은 정주지의 영역적 기능을 다음과 같이 묘사한다. "(유대인 정주지는) 사람들이 거주하기 위한 장소일 뿐만 아니라 거대한 연결망을 갖춘 '민간방어시설'로서 군대의 지역방어계획의 일환이기 때문에 작전에 따라 해당 영역의 감시를 수행한다. 집 안에서 벌어지는 일상적인 행동이나, 빨간타일과 연두빛 잔디 같은 장식에 가려진 평범한 가정집이 영역적 통제라는 목적에 따라 움직일 수 있다(2002)." 영역적 통제라는 기획은 정주지의 물리적 배치에서 드러난다.

> 산악지역의 정주지 형태는 효과적인 시야확보와 공간적 질서를 고려한 기하학 시스템에 따라 결정된다. 그 결과 "모든 곳을 한 눈에 볼 수 있는 요새들"이 만들어지고 다방면으로 활용할 수 있는 시야가 확보된다. 아랍인 마을과 소읍들을 감시할 때는 통제가, 주요 간선도로망을 감시할 때는 전략이, 주변지역과 인접도로를 감시할 때는 자기방어가 요새를 통해 확보된 시야의 주요한 목적이 된다. 정주지는 감시와 권력 사용을 위한 도시의 시각장치라 할 수 있다(2002).

분석 수준을 좀 더 정교하게 했을 때는 영역 프로젝트가 정주지의 내부기하학을 좌우하는 것을 확인할 수 있다. "파놉티콘 요새' 원칙은 바깥 원에 속한 가옥들에 가장 쉽게 적용된다. 안쪽의 원들은 첫 번째 원에 속한 집들 간의 공백 앞에 자리하고 있다. 정상을 둘러싸면서 밖으로 뻗어나간 형태의 가옥배열 때문에 거주자들은 수직축을 따라 시야를 확보할 수 있지만 측면은 보지 못한다. 이런 배열은 두 방향, 즉 내부와 외부

를 지향할 뿐이다(2002)." 실제로 이 같은 영역통제프로젝트는 주택 내
부디자인에서도 나타난다. 웨이츠맨은 내부디자인에 대한 건축지침서
들이 다음과 같은 권고를 하고 있다고 지적한다.

> 침실은 내부의 공동공간을 향하도록 하고 거실은 원경을 향하도록 한다.
> 내부를 향한 시선은 정주지의 부드러운 속내를 보호하고, 외부를 향한
> 시선은 아래쪽 경관을 살핀다. 모름지기 시야는 훈육에 영향을 미치고
> 모든 수준의 디자인 양식, 심지어는 창문의 정확한 위치까지 결정한다
> (2002).

또한 마지막으로 정주자들의 신체 역시 이스라엘의 영역적 통제시스
템에 통합되어 있다. "완전히 다른 시야를 찾고 있는 정주자들의 눈은
부지불식간에 이스라엘 공화국의 전략적 목적과 지정학적 목적을 위해
이용되고 있다(2002)." 끔찍할 정도로 자세하고 복잡한 영역적 배치는
일반적인 분류와 소통, 이행 모형을 훌쩍 뛰어넘는다. 정주지 복합체는
웨이츠맨이 말한 '수직성의 정치'를 구성한다.

영역적 통제시스템에서 가장 눈여겨볼만한 부분은 '우회도로망'이
다. 이 도로는 접근제한시설로(팔레스타인인들은 사용하지 못한다) 정
주지와 적정 이스라엘을, 그리고 정주지 서로를 연결해준다. 이 도로의
총 길이는 340킬로미터가 넘는데, 이를 위해 점령영역 토지 수천 에이
커를 몰수했다. 그 결과 수백 채의 팔레스타인가옥과 올리브 과수원, 기
타 생산력이 있는 농업용지가 파괴되었다(Meehan 1996). 웨이츠맨은
새롭게 나타나고 있는 정치지형을 아래와 같이 독해한다.

우회로를 만들 목적은 이스라엘교통망과 팔레스타인교통망을 가급적이면 서로 교차하지 않고 분리시키는 것이다. (따라서) 우회로는 같은 경관에 2개의 서로 다른 지리가 중첩되며 존재함을 돋보이게 해준다. 교통망이 교차하는 지점에는 임시분리막이 놓여 있다. 이스라엘인들의 밴과 군용차량이 정주지 사이를 빠르게 질주하는 넓은 고속도로 아래 팔레스타인인들이 지나다니는 작은 먼지 길이 파헤쳐져 있는 경우를 가장 흔하게 볼 수 있다… 머런 벤베니스티Meron Benvenisti는 다음과 같이 적고 있다. "또한 실제로 이 나라에서 가장 긴 다리를 건너고 지구상에서 가장 긴 터널을 지나다니는 사람들조차도 자신이 팔레스타인 마을 아래를 지나가고 있다는 사실을, 또한 감히 유대인 전용도로 위를 달리는 몇몇 아랍인 운전자들을 제외하면 이동 중에 아랍인들을 만나볼 수 없다는 사실을, 크게 의식하지 못한다(2002)."

실제로 예루살렘 부시장을 역임한 바 있는 벤베니스티는 새롭게 출현하고 있는 영역적 배열을 "3차원 공간이 6차원 공간(유대인의 공간 3차원과 아랍인의 공간 3차원을 더해 6차원이 됨)"과 충돌하는 과정이라고 설명한 바 있다. 수직성의 지정학은 공중과 지하공간으로 확장된다. 이스라엘은 서안의 상공을 통제한다. 이들은 해당 영역 위를 한시의 오차도 없이 정밀하게 탐지하고 감시하기 위해 상공과 전자기스펙트럼을 장악한다.

오늘날 이스라엘방위대는 서안의 상공을 완전하게 장악하고 있다. 이스라엘은 캠프데이비드에서 팔레스타인 공화국의 존재를 인정했지만 최종합의안을 논의하는 과정에서 그 상공에 대한 통치권을 요구했다… 오슬로와 캠프데이비드에서 협상이 진행되는 동안 이스라엘은 영구합의문에

지하자원관리에 대한 권한 또한 담을 것을 요구했다. 이에 오슬로잠정합의안에는 최초로 기본적인 국가통치권에 위배되는 새로운 형태의 지하통치권을 언급하게 되었다(Weizman 2002).

분리장벽과 경계지역

가장 최근에 이스라엘의 영역적 통제시스템에 추가된 '분리장벽'은 그냥 아무런 수사 없이 '벽'이라고도 부른다(B' Tselem 2003b; Cook 2003; Levy 2003; Perry 2003). 이 장벽은 높이 25피트에 콘크리트와 철강, 철조망으로 만들어진 구조물로서 2002년부터 만들어지기 시작했으며, 전부 완성되면 서안을 구불구불 관통하며 6백 킬로미터가 넘게 이어질 것이다. 그 형태에 있어서는 비틀림과 굴곡, 원형 등 복잡한 생김새 때문에 '노르웨이의 피요르드'와 유사하다는 평가도 받고 있는데(Rappaport 2003), 이렇게 복잡한 모양새는 장벽의 동쪽과 서쪽에 누가, 그리고 무엇이 놓일 것인가를 두고 숱하게 많은 결정들을 내려야 했음을 반영한다. 이 장벽을 건설하는 대외적인 목적은 테러리스트가 적정 이스라엘 지역에 들어오지 못하게 하는 것이다. 하지만 이 장벽은 그린라인과 일치하지 않는다. 일부 지역에서는 점령영역 안으로 깊숙이 들어가 있는 경우도 있다. 이 장벽이 완성되면 수만 명의 팔레스타인인들과 수많은 마을들이 그린라인의 동쪽에, 하지만 동시에 '경계지역'이라는 이름의 초변칙적인 영역에서는 장벽의 서쪽에 놓이게 될 것이다(B' Tselem 2003b). 예를 들어 분리장벽은 바카 샤르비야와 바르타 샤르키야 마을 사람들과 서안에 살고 있는 팔레스타인 형제들을 갈라놓는다. 제닌에 뭔가 사거나 팔러가려면 경계교차점을 지나야 하는데, 그곳이 언제 어디서 나타날지는 알 수 없다. 또한 이들이 (팔레스타인 당국으로부터) 학교나 보건시설 같은 기본서비스를 어떻게 받을 수 있는지도 분명치 않다. 팔레스타인 행정당국은 울타리 건너편에 놓이게 될 것이기 때문이다. 이들과 이스라엘 사이에는 울타리가 없지만 이스라엘에서는 이들을 불법거주민들로 여길 것이다. 이들을 이스라엘에 귀속시키거나 이스라엘 시민으로 전환할 의향은 전혀 없다(Rappaport 2003).

서안 농업지역의 40%에 달하는 면적과 수자원의 3분의 2가 이스라엘 측에 놓이게 되는 것은 우연이 아니다. 어떤 마을은 분리장벽으로 쪼개져서 집은 이편에, 밭과 과수원은 저편에 놓이게 될 것이다. 장벽으로 완전히 둘러싸인 집도 있을 수 있다(Archer 2004). 장벽이 건설되면 문을 완전히 잠가놓고 이스라엘 군부만이 열 수 있도록 할 수도 있다. 베첼렘은 다음과 같이 보고한다.

장벽이 건설되면 경계지역에서 살고 있는 12세 이상의 모든 팔레스타인인들은 민정民政으로부터 '영구거주허가증'을 받아야 한다. 허가증 발급을 거부당한 팔레스타인 주민들은 군사위원회에 심의를 요청할 수도 있다. 만일 군사위원회가 이들의 요청을 거부하면 이들은 자기 집에서 살 수가 없다. 경계지역에 농장을 가진 팔레스타인인들은 '토지에 대한 신청자의 권리를 확인해주는 서류'를 제출해야만 한다. 경계지역의 마을에서 일하는 교사들은 공인된 교사임을 증명하는 증명서를 제출해야 한다. 허가증에는 그 소지자가 다닐 수 있는 특정한 문과, 그 문을 통과할 수 있는 시간대가 명시되어 있어야 한다. 경계지역에서 잠을 자고, 차량

을 들이거나 물품을 운송하기 위해서는 별도의 허가증이 필요하다(B'
Tselem 2003b).

머런 라파포트Meron Rappaport의 말처럼 "팔레스타인인들에게 남은 유
일한 선택은 거대한 축사에서 살면서 축사 입구 근처의 정주지에 지어
지게 될 산업지구에서 노동하는 것이다(2003)."

결론

이 장에서는 이 세상에서 가장 심각하게 영역화된 이스라엘의 통제시스
템이 어떻게 구성되어 있으며 어떻게 전개되어왔는지를 살펴보았다. 이
는 앞 장에서 논한 많은 주제들에 대한 상세한 사례를 제시하기 위함이
었다. 이스라엘의 영역적 통제시스템을 구축하고 재구성하며 작동시키
는 과정에서 우리는 여러 가지 이데올로기와 담론(주권, 민족주의, 재산
권, 식민주의, 종교근본주의, 인권)의 구성적인 역할과, 영역구조 및 다
양한 이동궤적 간의 상호작용(이주, 추방, 축출, 침략, 점령), 광범위한
이질적인 실천들(토지매입, 외교술, 전쟁, 법률해석, 치외법적 폭력), 그
리고 분석과 경험의 '수직적인' 스케일들(신체적, 지역적, 국가적, 광역
적, 국제적)이 유동적으로 절합되고 분절되는 모습을 확인할 수 있었다.
나는 이런 개괄적인 그림을 그리기 위해 여러 학문 분야의 학자와 활동
가들의 견해를 참조했다. 여기서 우리는 이 장의 서두를 열었던 뉴맨의
말을 되새길 필요가 있다. '팔리스라엘리스타인Palisraelestine'을 영역적으
로 분석해보면 "아무리 세상이 '경계 없고 비영역화' 되었다고 하더라

도, 그리고 세상에서 가장 작은 영역이라 하더라도 공간의 정치적 구성
을 이해하기 위해서는 영역적 측면이 아주 중요함을 알 수 있다(2002,
632)."

　이런 평가는 이스라엘의 영역적 통제시스템의 구성과 작동, 그리고
이것이 팔레스타인인들에게 미치는 영향에만 초점을 두고 있다는 점에
서 '일면적'일 수 있음을 인정해야 할 것 같다. 이런 일면적 평가는 여기
서 다루었던 심각한 권력불균형 문제에서 기인하는 것이다. 팔레스타인
인들과 이스라엘인들의 생사가 펼쳐지는 공간을 결정함에 있어서 팔레
스타인인들이 절대적으로 권력을 박탈당한 것은 아니지만, 분명 이들의
역량은 이스라엘 공화국과 비교했을 때 열세에 있음을 부정할 수 없다.
하지만 내가 영역적 통제시스템에 비판적인 이스라엘 학자들과 활동가
들의 해석에 크게 의존하고 있다는 점을 감안하면 내 평가의 일면성은
다소 누그러질 수 있다. 이 영역적 통제시스템은 이 비판적 학자와 활동
가들의 삶도, 이들이 사랑하는 이들의 삶도 모두 가두어버렸다. 팔레스
타인인들과 이스라엘인들 간의 투쟁은 시오니스트/반시오니스트, 종교
/세속, 보수/자유/급진, 청년/노년 이스라엘인들 간의 논쟁 속에 (전적
으로는 아니지만) 어느 정도 녹아 있으며 이 같은 대립은 지중해 남동쪽
땅에서 살아가는 인간들의 존재조건을 꾸준히 재영역화할 것이다. 지금
현재 자리를 잡고 있는 영역적 배치들은 공포와 증오, 잔혹함과 부패, 배
신과 희생의 힘을 보여준다. 하지만 이러한 모든 역경에도 불구하고 여
전히 많은 이들이 희망과 존중, 인간의 존엄을 증진시킬 수 있는 영역적
배치를 만들어내기 위해 힘쓰고 있다.

제5장

깊이보기

앞에서는 영역과 영역성이 일반적으로 생각하는 것보다 더 복잡하지만 동시에 여러 다양한 맥락에서도 영역과 영역성을 파악할 수 있게 해주는 폭넓은 특징들이 있음을 보여주고자 했다. 영역을 파악하고, 그것을 통해 바라보며, 그 주변을 살피는 데는 간학문적 접근법이 유용하다. 개별분과학문에서는 유용한 해석적 자원들을 제공하지만 지나치게 현실과는 동떨어진 관점 때문에 다른 분과학문들의 통찰력을 잘 받아들이지 못하는(한계를 설정하고 선을 넘지 않으려는) 경향이 있다. 앞에서 살펴본 바와 같이 영역은 국경선만이 아니라 앞마당에서도 나타난다. 우리는 개인으로든 집단으로든 숱하게 많은 영역을 돌아다니고, 헤아릴 수 없이 많은 영역화를 마주치며, 그냥 일상생활을 하면서도 수많은 경계의 방어와 회피에 참여하게 된다. 영역은 권력과 의미, 사회적 공간이 혼합되어 나타나는 것이기 때문에, 또한 이들 서로 간의 관계는 우연적이고 경쟁적이거나 불안정한 경우가 많기 때문에, 우리는 개인으로서든 집단으로서든 세상을 구성하고 재구성하는 무한한 과정에 참여하게 된다. 이 책 전반에서 강조한 바와 같이 영역의 중요성이 가장 돋보이는 곳은 인간의 경험을 길들일 때이다. 우리의 모든 일상과 영역적 배열이 서로에게 영향을 미치는 것은 사실이지만, 우리 각자는 영역성이 우리 세상에 각인시켜놓은 무수한 안과 밖에서 서로 다른 위치에 놓여 있다.

앞서 개괄했던 간학문적 접근법도 이렇게 짧은 개론서일 경우 결함이 있을 수밖에 없다. 무엇보다 분명한 것은 제한된 지면에서 여러 분과학문의 관점을 두루두루 다루다 보니 그 어떤 관점도 깊이 있게 다루지는 못할 수 있다는 점이다. 제2장에서 제기한 바와 같이 오늘날은 영역성과 관련된 논쟁과 재이론화 작업을 하기에 가장 좋은 황금기인지도 모른다. 여러 학문 분야에서 그 어느 때보다 많은 학자들이 다종다기한 이론적 자원과 경험사례 연구를 통해 영역성을 다루고 있다. 이 역시 앞에서 제기한 바와 같이 우리 삶의 조건을 결정하는 영역적 배열이 아주 확연히 유동적이라는 사실에서 기인하는지도 모른다. 이 짧은 장에서는 앞에서 다루지 않았던 자료들을 살펴보고자 한다. 정치지리 분야에서 콕스Cox의 책과 스토리Storey의 책은 이 책을 훌륭하게 보완해줄 수 있는 자료들이다.

저서

인류학

Cieraad I ed. 1999 *At Home: An Anthropology of Space* Syracuse University Press, Syracuse.

Coakley P ed. 2003 *The Territorial Management of Ethnic Conflict* Frank Cass, London.

Das V and Poole D eds. 2004 *Anthropology in the Margins of the State* School of American Research Advanced Seminar Series, Santa Fe.

Donna H and Wilson T eds. 1994 *Border Approaches* University Press of America, Lanham, MD.

Pellow D ed. 1996 *Setting Boundaries: The Anthropology of Spatial and Social Organization* Bergin & Garvey, Westport, CT.

건축

Deutsch R 1996 *Evictions: Art and Spatial Politics* MIT Press, Cambridge, MA.

Pearson M and Richards C 1997 *Architecture and Order: Approaches to Social Space* Routledge, London.

Unwin S 2000 *An Architecture Notebook: Wall* Routledge, London.

경계

Berg E and Van Houtum H 2003 *Routing Borders Between Territories: Discourses and Practices* Ashgate, Burlington, VT.

Buchnan A and Moore M eds. 2003 *States, Nations and Borders: The Ethics of Making Boundaries* Cambridge University Press, Cambridge.

Miller D and Hashmi S eds. 2001 *Boundaries and Ethics: Diverse Ethical Perspectives* Princeton University Press, Princeton, NJ.

비판지정학

Herod A, Ó Tuathail G and Roberts S eds. 1998 *Unruly World: Globalization, Governance and Geography* Routledge, London.

Newman D ed. 1999 *Boundaries, Territory and Post-modernity* Frank Cass, London.

Ó Tuathail G and Dalby S eds. 1998 *Rethinking Geopolitics* Routledge, London.

Ó Tuathail G, Dalby S and Routledge P eds. 1998 *The Geopolitics Reader.* Routledge, London.

환경심리학

Altman I 1975 *The Environment and Social Behavior: Privacy, Personal Space, Territory and Crowding* Brooks-Cole, Monterey, CA.

Kirby K 1996 *Indifferent Boundaries: Spatial Concepts of Human Subjectivity* Guilford, New York.

지정학

Agnew J 2003 *Geopolitics: Re-Visioning World Politics* Routledge, London.

Cohen S 2003 *Geopolitics of the World System* Rowman & Littlefield, Lanham, MD.

Derlugian G and Greer S eds. 2000 *Questioning Geopolitics: Political Prospects in a Changing World System* Greenwood Press, Westport, CT.

Kliot D and Newman D eds. 2000 *Geopolitics at the End of the 20th Century : The Changing World Map* Frank Cass, London.

Sempra F 2002 *Geopolitics from the Cold War to the 21st Century* Transactions, New Brunswick, NJ.

국제관계학

Anderson M 1996 *Frontiers, Territory and State Formation in the Modern World* Polity Press, Cambridge.

Huth P 1996 *Standing Your Ground: Territorial Disputes and International Conflict* University of Michigan Press, Ann Arbor.

Kacowicz A 1994 *Peaceful Territorial Change* University of South Carolina Press, Columbia.

O' Leary B, Lustwick I, and Callaghy T eds. 2001 *Right-Sizing the State: The Politics of Moving Borders* Oxford University Press, Oxford.

Walker R and Mendlovitz S eds. 1990 *Contending Sovereignties: Redefining Political Community* Lynne Reiner, Boulder, CO.

특히 미네소타 대학 출판부에서 발행한 '경계' 시리즈가 볼만하다. 다음은 그중 일부이다.

Shapiro M and Alker H, eds. 1996 *Challenging Boundaries: Global Flows,*

Territorial Identities.

Soguk N 1999 *States and Strangers: Refugees and Displacements of Statecraft.*

정치지리

Chisolm M and Smith D eds. 1990 *Shared Space: Divided Space: Essays on Conflict and Territorial Organization* Unwin Hyman, London.

Cox K 2002 *Political Geography: Territory, State and Society* Blackwell, Oxford.

Dikshit R 1997 *Developments in Political Geography: A Century of Progress* Sage, New Delhi.

Glassner M and Fahrer C 2004 *Political Geography* 3rd edn. John Wiley, New York.

Hooson D ed. 1994 *Geography and National Identity* Blackwell, Oxford.

Muir R 1997 *Political Geography: A New Introduction.* John Wiley, New York.

O'Laughlin J ed. 1994 *Dictionary of Geopolitics* Greenwood Press, Westport, CT.

Shelley J et al. 1996 *Political Geography of the United States* Guilford, New York.

Storey D 2001 *Territory: The Claiming of Space* Pearson Education, Harlow, UK.

Taylor P 1989 *Political Geography: World Economy, Nation-State, Locality* 2nd end. Longman Scientific, London.

주제별 문헌

경제적 세계화

Cox K ed. 1997 *Spaces of Globalization: Reasserting the Power of the Local* Guilford Press, New York.

Sassen S 1996 *Losing Control? Sovereinty in an Age of Globalization* Columbia University Press, New York.

Sassen S 1998 *Globalization and its Discontents: Essays on the New Mobility of People and Money* New Press, New York.

북미 원주민

Biolsi T 2001 *Deadliest of Enemies: Law and the Making of Race Relations On and Off Rosebud Reservation* University of California Press, Berkeley.

Fixico D 1998 *The Invasion of Indian Country in the Twentieth Century* University Press of Colorado, Niwot, CO.

Fouberg E 2000 *Tribal Territory, Sovereignty, and Governance: A Study of the Cheyenne River and Lake Traverse Indian Reservations* Garland Press, New York.

Frantz F 1999 *Indian Reservations in the United States: Territory, Sovereignty, and Socioeconomic Change* University of Chicago Press, Chicago.

Harris C 2002 *Making Native Space: Colonialism, Resistance, and Reserves in British Columbia University of British Columbia* Press, Vancouver.

Sutton I ed. 1985 *Irredeemable America: The Indians' Estate and Land Claims* University of New Mexico Press, Albuquerque.

프라이버시

McGrath J 2004 *Loving Big Brother: Performance, Privacy and Surveillance Space* Routledge, London.

McLean D 1995 *Privacy and its Invasion* Praeger, Westport, CT.

Parenti C 2003 *The Soft Cage: Surveillance in America: From Slavery to the War on Terror* Basic Books, New York.

Petronio S 2002 *Boundaries of Privacy: Dialectics of Disclosure* State University of New York Press, Albany, NY.

미국-멕시코 국경

Andreas P 2000 *Border Games: Policing the U.S.-Mexico Divide.* Cornell University Press, Ithaca, NY.

Dunn T 1996 *The Militarization of the U.S.-Mexican Border 1978-1992: Low Intensity Conflict Comes Home* Center for Mexican American Studies, Austin.

Martinez O 1994 *Border People: Life and Society in the U.S.-Mexico Borderlands.* University of Arizona Press, Tucson.

Nevins J 2002 *Operation Gatekeeper: The Rise of the "Illegal Alien" and the Making of the U.S.-Mexicon Boundary* Routledge, New York.

저널

영역성에 대한 글이 실리는 학술저널은 많지만 의미 있는 성과를 내는
데는 다음 저널들이 도움이 될 것이다.

Alternatives

Annals of the Association of American Geographers

Antipode

Diaspora

Environment and Behavior

Environment and Planning D (Society and Space)

Geopolitics

Global Society

International Migration

International Migration Review

International Studies Review

Millennium

Political Geography

Refugees

인터넷

인터넷은 정보(와 오보)를 생산하고 유통시키며 소비하는 방식을 완전
히 바꾸어 놓았다. 영역성이 워낙 도처에 스며들어 있는 중요한 개념이
다 보니 이 주제와 어떤 식으로든 관련된 웹사이트가 헤아릴 수 없이 많

다. 먼저 크건 작건 영역적으로 규정된 수천 가지의 정부기구들이 인터넷상에 존재한다. 물론 대부분 영역성이라는 문제와 관련되어 있음을 직접 보여주지는 않는다. 하지만 그중 일부는 영역과 관련된 공식정책을 살펴보는 데 유용할 수 있다. 예를 들어 국토안보부 산하조직 미국관세국경순찰대의 웹사이트에는 국경관련활동에 대한 실용적인 정보가 풍부하다(www.cbp.gov). 이 웹사이트에서 특히 흥미로운 것은 '이미지 라이브러리'이다. '미국의 국경모음America's Frontline Collection'을 통해 '국경수비대 이미지 라이브러리'와 '은닉수단 이미지 라이브러리' 등에 접근할 수 있다. 이와 유사하게 호주의 이민·다문화·원주민부(www.immi.gov.au)는 불법이민, 국경순찰, 구류시설에 대한 정보를 얻을 수 있는 웹사이트를 운영하고 있다. 인터넷을 통해 영역에 대한 특정논쟁에 관련된 정보를 얻을 수도 있다. 예를 들어 잠무와 카슈미르 지역에 대한 인도 외무부(www.mea.jov.in)의 해석을 파키스탄 정부의 해석(www.infopak.gov.pk/public/kashmir/kashmir.htm)과 비교해볼 수 있다. 쿠르디스탄 역시 수많은 웹사이트에서 다루고 있다. 이라크 쿠르디스탄 지방정부의 공식 웹사이트 krg.org와 akakurdistan.com이 대표적이다.

공식(혹은 준공식) 웹사이트 외에 공식정책에 도전하는 사이트들도 있다. 위와 동일한 접근법을 사용해보면, '인도적인 국경지대Humane Borders(www.humaneborders.org)'와 '랜치 레스큐Ranch Rescue(www.ranchrescue.com)'를 비교해보는 것이 유용할 수 있다. 인도적인 국경지대는 미국-멕시코 국경을 넘는 사람들을 인도적인 차원에서 지원하는 조직이다. 반면 랜치 레스큐는 멕시코 이민자들을 '인간쓰레기 집단'으로 규정하고 '미국인 모두가 중무장을 해야 한다는 데 대해 문제를 제기할 사람이 있는지' 물어보는 집단이다.

이와 유사하게 난민과 망명자에 대한 호주 정부의 정책에 비판적인 조직들도 많다[예를 들어 '레퓨지 오스트레일리아Refugees Australia (refugeesaustralia.org)', '오스트리안 레퓨지 어소세이션The Australian Refugee Association(ausref.net)', '호주난민협회The Refugee Council of Australia (refugeecouncil.org.au)']. 이처럼 인터넷을 통해 여러 가지 영역문제에 대한 상이한 입장들을 확인할 수 있다.

좀 더 학술적으로 접근했을 때 이 주제와 관련하여 폭넓은 정보를 얻을 수 있는 유용한 웹사이트들도 많다. 네덜란드 나이메헨대학교 지리학과의 '경계연구센터Centre for Border Research'에서 운영하는 웹사이트 (www.ru.nl/ncbr)를 통하면 Journal of Borderland Studies를 비롯한 소중한 링크에 접근할 수 있다. 그 외 학술사이트에는 '경계연구 네트워크 Border Research Studies Network(www.crossborder.ifg.dk)', 런던대학교의 '지정학 및 국제관계연구센터 The Geopolitics and International Relations Research Center(www.soas.ac.uk)', 워윅대학교의 '세계화 및 지역화 연구센터Center for the Study of Globalization and Regionalization(www2.warwick. ac.uk/fac/soc/csgr)', 벨파스트에 있는 퀸즈대학교의 '국제국경연구센터The Center for International Borders Research(www.qub.ac.uk/cibr)' 등이 있다. 벨파스트 퀸즈대학교 국제국경연구센터 웹사이트에는 특히 유용한 링크들이 있다.

비교 연구와 관련하여 언급할만한 인터넷 자원의 세 번째 형태는 반영역적 대안alternative anti-territorial이라고 표현하는 것이 가장 적합할 것 같다. 여기에는 '잠입', '도시탐험' 혹은 무단침입을 조장하는 www.urban_ exploration.com('거의 어떤 사람도 접근할 수 없는 금지된 지역의 스릴'을 탐험하는 웹사이트), www.infiltration.org('가면 안 되는 곳을 가기 위한' 웹 사이트), www.thederilectsensation.com('이곳은 미로에서 벗어나는 길에 대해 알려준다'고 주장하는 웹사이트) 같은 곳들이 있다. 이런 사이트들은 보통 세계 곳곳의 관련 프로젝트들과 연결되어 있다. www.squat.freeserve.co.uk와 www.squat.net(www.landlord zone.co.uk와 비교해볼 것) 같은 무단점유 사이트들도 언급해둘 만하다. 그 외 반영역적 성향의 사이트에는 www.noborder.org, www.antimedia.net/xborder, www.borderwatch. net, www.contrast.org 같은 곳들이 있다. 물론 인터넷의 속성과 상대적으로 수명이 짧은 대안사이트들의 특성을 고려했을 때 이 책이 출간될 때쯤 이면 이 목록들이 골동품 취급을 받을 수도 있을 것이다.

참 고 도 서

Acuña R 1996 *Anything but Mexican: A History of Chicanos* Harper & Row, New York.

Agnew J 1993 Representing Space: Space, Scale and Culture in Duncan J and Ley D eds. *Place/Culture/Representation* Routledge, London 251–271.

——1998 *Geopolitics: Re-Visioning World Politics* Routledge, London.

——1999 Mapping Political Power Beyond State Boundaries: Territory, Identity and Movement in World Politics *Millennium* 28, 499–521.

——2000 Commentary *Progress in Human Geography* 24, 91–93.

——and Corbridge S 1995 *Mastering Space: Hegemony, Territory and International Political Economy* Routledge, London.

Aiken S et al. eds. 1998 *Making Worlds: Gender, Metaphor and Materiality* University of Arizona Press, Tucson.

Altman I 1975 *The Environment and Social Behavior: Privacy, Personal Space, Territory and Crowding* Brooks-Cole, Monterey, CA.

Alvarez R 1999 Toward an Anthropology of Borderlands: The Mexican–U.S. Border and the Crossing of the 21st Century in Rosler M and Wendl T eds. *Frontiers and Borderlands: Anthropological Perspectives* Peter Lang, Frankfurt am Main 225–238.

Amnesty International 2003 *Israel and the Occupied Territories. Surviving under Siege: The Impact of Movement Restrictions on the Right to Work* London.

Anderson E 2000 *The Middle East: Geography and Geopolitics* Routledge, London.

Anderson J and O'Dowd L 1999 Borders, Border Regions and Territoriality: Contradictory Meanings, Changing Significance *Regional Studies* 33, 593–604.

Appadurai A 1990 Disjuncture and Difference in the Global Cultural Economy *Public Culture* 2, 1–23.

——1996 Sovereignty Without Territoriality: Notes for a Postnational Geography in Yeager P ed. *The Geography of Identity* University of Michigan Press, Ann Arbor 40–58.

Archer C 2004 A Prison with your own Key all in the Name of Security! *Palestinian Monitor* March 21 (www.palestinemonitor.org).

Ardley R 1966 *The Territorial Imperative* Athenaeum, New York.

Ashley R 1987 The Geopolitics of Geopolitical Space: Toward a Critical Social Theory of International Politics *Alternatives* 12, 403–434.

—— 1988 Untying the Sovereign State: A Double Reading of the Anarchy Problematique *Millennium* 17, 227–262.

Barnard A 1992 Social and Spatial Boundary Maintenance among Southern African Hunter-Gatherers in Casimir M and Rao A eds. *Mobility and Territoriality: Social and Spatial Boundaries among Foragers, Fishers, Pastoralists and Peripatetics* Berg, Oxford 137–152.

Barth F 1969 *Ethnic Groups and Boundaries: The Social Organization of Cultural Difference* Little Brown, Boston.

Bartram D 1996 Foreign Workers in Israel: History and Theory *International Migration Review* 32, 303–326.

Bassin M 2003 Politics from Nature in Agnew J, Mitchell K, and Ó Tuathail G eds. *A Companion to Political Geography* Blackwell, Malden, MA 13–29.

Bauman Z 2004 *Wasted Lives: Modernity and its Outcasts* Blackwell, Malden, MA.

Benda-Beckmann F von 1979 *Property in Social Continuity: Continuity and Change in the Maintenance of Property Relationships through Time in Minangkabau, West Sumatra* Martinus Nijhoff, The Hague.

—— 1999 Multiple Legal Constructions of Socio-Economic Spaces: Resource Management and Conflict in the Central Moluccas in Rosler M and Wendl T eds. *Frontiers and Borderlands: Anthropological Perspectives* Peter Lang, Frankfurt am Main 131–158.

Berland J 1992 Territorial Activities among Peripatetic Peoples in Pakistan in Casimir M and Rao A eds. *Mobility and Territoriality: Social and Spatial Boundaries among Foragers, Fishers, Pastoralists and Peripatetics* Berg, Oxford 375–396.

Bickerton I and Klausner C 1995 *A Concise History of the Arab–Israeli Conflict* 2nd edn. Prentice-Hall, Englewood Cliffs.

Bornstein A 2002a Borders and the Utility of Violence: State Effects on the "Superexploitation" of West Bank Palestinians *Critique of Anthropology* 22, 201–220.

—— 2002b *Crossing the Green Line Between the West Bank and Israel* University of Pennsylvania Press, Philadelphia.

Brawley M 2003 *The Politics of Globalization: Gaining Perspectives, Assessing Consequences* Broadview, Peterborough, ON.

Bregman A *Israel's Wars: A History Since 1947* Routledge, London.

Brenner N 1999 Beyond State Centrism? Space, Territoriality, and Geographical Scale in Globalization Studies *Theory and Society* 28, 39–78.

Brown B 1987 Territoriality in Stokols D and Altman I eds. *Handbook of Environmental Psychology* John Wiley, New York 505–531.

Brown C 1992 *International Relations Theory: New Normative Approaches* Columbia University Press, New York.

B'Tselem 2002 Land Grab: Israel's Settlement Policy in the West Bank (www.btselem.org).

—— 2003a Attacks on Israeli Civilians (www.btselem.org).

—— 2003b Behind the Barrier: Human Rights Violations as a Result of Israel's Separation Barrier (www.btselem.org).

—— 2003c New Orders in Barrier Enclaves: 11,400 Palestinians Need Permits to Live in their Homes (www.btselem.org).

Buzan B 1996 The Timeless Wisdom of Realism in Smith S, Booth K, and Zalewski M eds. *International Relations Theory: Positivism and Beyond* Cambridge University Press, Cambridge 47–65.

Casimir M 1992 The Determinants of Rights to Pasture: Territorial Organization and Ecological Constraints in Casimir M and Rao A eds. *Mobility and Territoriality: Social and Spatial Boundaries among Foragers, Fishers, Pastoralists and Peripatetics* Berg, Oxford 153–204.

—— and Rao A eds. 1992 *Mobility and Territoriality: Social and Spatial Boundaries among Foragers, Fishers, Pastoralists and Peripatetics* Berg, Oxford.

Clark I 1989 *The Hierarchy of State: Reform and Resistance in the International Order* Cambridge University Press, Cambridge.

Cohen A 1985 *The Symbolic Construction of Community* Ellis Horwood, Chichester.

Cohen S 1973 *Geography and Politics in a World Divided* Oxford University Press, New York.

—— 1994 Geopolitics in the New World Order: A New Perspective on an Old Discipline in Danko G and Wood W eds. *Reordering the World: Geopolitical Perspectives for the 21st Century* Westview, Boulder, CO 15–48.

Connolly W 1996 Tocqueville, Territory and Violence in Shapiro M and Alker H eds. *Challenging Boundaries: Global Flows, Territorial Identities* University of Minnesota Press, Minneapolis 141–164.

Cook J 2003 A Cage for Palestinians *International Herald Tribune* May 27.

Cusimano M ed. 2000 *Beyond Sovereignty* Bedford, Boston.

Dalby S and Ó Tuathail G 1996 The Critical Geopolitics Constellation: Problematizing Fusions of Geographical Knowledge and Power *Political Geography* 15, 451–456.

Darby P 2003 Reconfiguring "the International": Knowledge Machines, Boundaries, and Exclusions *Alternatives* 28, 141–166.

Davis U 1987 *Israel: Apartheid State* Zed, London.

De Genova N 1998 Race, Space and the Reinvention of Latin America in Mexican Chicago *Latin American Perspectives* 102, 87–116.

Decker S and Van Winkle B 1996 *Life in the Gang: Family Friends and Violence* Cambridge University Press, Cambridge.

Delaney D 1998 *Race, Place and the Law 1836–1948* University of Texas Press, Austin.

Deutsch J-G et al. eds. 2002 *African Modernities: Entangled Meanings in Current Debate* Heinemann, Portsmouth, NH.

Dieckhoff A 2003 *Invention of a Nation: Zionist Thought and the Making of Modern Israel* Columbia University Press, New York.

Dikshit R 1975 *The Political Geography of Federalism: An Inquiry into Origins and Stability* John Wiley, New York.

Dodds K and Atkinson D eds. 2000 *Geopolitical Traditions: A Century of Geopolitical Thought* Routledge, London.

Dodge T 2003 *Inventing Iraq* Columbia University Press, New York.

Domosh M and Seager J 2001 *Putting Women in Place: Feminist Geographers Make Sense of the World* Guilford, New York.

Donnan H and Wilson T 1999 *Borders: Frontiers of Identity, Nation and State* Berg, Oxford.

Doty R 2001 Desert Tracts: Statecraft in Remote Places *Alternatives* 26, 523–543.

Egan T 2004 Risky Dream and a Rising Toll in the Desert at the Mexican Border *New York Times* May 23.

Falah G 1996 The 1948 Israeli–Palestinian War and its Aftermath: The Transformation and De-signification of Palestine's Cultural Landscape *Annals of the Association of American Geographers* 86, 256–285.

—— 2003 Dynamics and Patterns of the Shrinking of Arab Lands in Palestine *Political Geography* 22, 179–209.

Farsoun S 1997 *Palestine and the Palestinians* Westview, Boulder, CO.

Finnie D 1992 *Shifting Lines in the Sand: Kuwait's Elusive Frontier with Iraq* Harvard University Press, Cambridge, MA.

Flynn D 1997 "We Are the Border": Identity, Exchange, and the State along the Bénin–Nigeria Border *American Ethnologist* 24, 311–330.

Forsberg T 1996 Beyond Sovereignty, Within Territoriality: Mapping the Space of Late-Modern (Geo)politics *Cooperation and Conflict* 31, 355–386.

Frazier D 1998 *The U.S. and Mexican War: 19th-Century Expansionism and Conflict* Macmillan, New York.

French L 2002 From Politics to Economics at the Thai–Cambodian Border: Plus ça change ... *International Journal of Politics, Culture and Society* 15, 427–470.

George J 1994 *Discourses of Global Politics: A Critical (Re)introduction to International Relations* Lynne Reiner, Boulder, CO.

Giddens, A 1991 *Modernity and Self-Identity: Self and Society in the Late Modern Age* Blackwell, Cambridge.

Glazer D 2003 Zionism and Apartheid: A Moral Comparison *Ethnic and Racial Studies* 26, 403–421.

Glossop R 1993 *World Federalism? A Critical Analysis of Federal World Government* McFarland, Jefferson, NC.

Goffman E 1971 *Relations in Public: Microstudies of the Public Order* Basic Books, New York.

Gottmann J 1973 *The Significance of Territory* University of Virginia Press, Charlottesville, VA.

Greenwald E 2002 *Reconfiguring the Reservation: The Nez Perces, Jicarilla Apaches and the Dawes Act* University of New Mexico Press, Albuquerque.

Griggs N 2002 Atzlan and Amalgamation *The New American*, May 6, 16–21.

Grosby S 1995 Territoriality: The Transcendental, Primordial Feature of Modern Societies *Nations and Nationalism* 1, 143–162.

Gupta A and Ferguson J 1997a Beyond "Culture": Space, Identity and the Politics of Difference in Gupta A and Ferguson J eds. *Culture, Power, Place* Duke University Press, Durham, NC 33–51.

—— 1997b Discipline and Practice: The Field as Site, Method and Location in Anthropology in Gupta A and Ferguson J eds. *Anthropological Locations: Boundaries and Grounds of a Field Science* University of California Press, Berkeley.

Halper J 2000 Palestine: Dismantling the Matrix of Control *Peacework* February (www.afsc.org/pwork).

———2002 Bantustans and Bypass Roads: The Rebirth of Apartheid? *Global Dialogue* 4, 35–44.

Hanieh A 2003 Israel's Clampdown Masks System of Control *Middle East Report* February 14 (www.merip.org).

Hartshorne R 1950[1969] The Functional Approach in Political Geography reprinted in Kasperson R and Minghi J eds. *The Structure of Political Geography* Aldine, Chicago 34–49.

Harvey D 1985 The Geopolitics of Capitalism in Gregory D and Urry J eds. *Social Relations and Spatial Structures* St. Martins, New York 129–163.

———2000 *Spaces of Hope* University of California Press, Berkeley.

Hasenclever A et al. eds. 1997 *Theories of International Regimes* Cambridge University Press, Cambridge.

Haskell T 1977 *The Emergence of Professional Social Science* University of Illinois Press, Urbana.

Hass A 1999 *Drinking the Sea at Gaza: Days and Nights in a Land under Siege* Metropolitan Books, New York.

———2002 Israel's Closure Policy: An Ineffective Strategy of Containment and Repression *Journal of Palestine Studies* 31, 5–20.

Heffernan M 2000 Fin de Siècle, Fin du Monde? On the Origins of European Geopolitics in Dodds K and Atkinson D eds. 2000 *Geopolitical Traditions: A Century of Geopolitical Thought* Routledge, London 27–51.

Held D and McGrew A 2002 *Globalization/Anti-Globalization* Polity, Cambridge.

Herek G and Berrill K eds. 1992 *Hate Crimes: Confronting Violence against Lesbians and Gay Men* Sage, Newbury Park, CA.

Hiro D 2001 *Neighbors not Friends: Iraq and Iran after the Gulf Wars* Routledge, New York.

Home R 2003 An "Irreversible Conquest"? Colonial and Postcolonial Land Law in Israel/Palestine *Social and Legal Studies* 12, 291–310.

Hudson Y ed. 1999 *Globalism and the Obsolescence of the State* E. Mellen, Lewiston, NY.

Hussein H and McKay F 2003 *Access Denied: Palestinian Land Rights in Israel* Zed, London.

James P 1972 *All Possible Worlds: A History of Geographical Ideas* Odyssey, Indianapolis.

Kantor M 1998 *Homophobia: Description, Development, and Dynamics of Gay Bashing* Praeger, Westport, CT.

Kasperson R and Minghi J eds. 1969 *The Structure of Political Geography* Aldine, Chicago.

Kearney 1998 Transnationalism in California and Mexico at the End of Empire in Wilson T and Donnan H eds. *Border Identities* Cambridge University Press, Cambridge 117–142.

Kearns G 2003 Imperial Geopolitics in Agnew J, Mitchell K, and Ó Tuathail G eds. *A Companion to Political Geography* Blackwell, Malden, MA 173–186.

Kedar A 2001 The Legal Transformation of Ethnic Geography: Israeli Law and the Palestinian Landholder 1948–1967 *New York University Journal of International Law and Politics* 33, 923–1000.

—— 2003 On the Legal Geography of Ethnographic Settler States: Notes Towards a Research Agenda in Holder J and Harrison C eds. *Law and Geography* Oxford University Press, Oxford 401–444.

Khalidi R 1997 *Palestinian Identity: The Construction of Modern National Consciousness* Columbia University Press, New York.

Kimmerling B 1983 *Zionism and Territory: The Socio-Territorial Dimensions of Zionist Politics* Institute of International Studies, Berkeley.

—— 1989 Boundaries and Frontiers of the Israeli Control System: Analytical Conclusions in Kimmerling B ed. *The Israeli State and Society: Boundaries and Frontiers* State University of New York Press, Albany.

—— and Migdal J 2003 *The Palestinian People: A History* Harvard University Press, Cambridge, MA.

Klein J 1990 *Interdisciplinarity: History, Theory and Practice* Wayne State University Press, Detroit.

Krasner S 1983 *International Regimes* Cornell University Press, Ithaca.

—— 1999 *Sovereignty: Organized Hypocrisy* Princeton University Press, Princeton, NJ.

—— 2001 Rethinking the Sovereign State Model *Review of International Studies* 27, 17–42.

Lapid Y 2001 Identities, Borders, Orders: Nudging International Relations Theory in a New Direction in Albert M, Jacobson D and Lapid Y eds. *Identities, Borders, Orders: Rethinking International Relations Theory* University of Minnesota Press, Minneapolis 1–20.

Latham M 2000 *Modernization as Ideology: American Social Science and "Nation Building" in the Kennedy Era* University of North Carolina Press, Chapel Hill, NC.

Lefebvre H 1991 *The Production of Space* Blackwell, Oxford.

Levy G 2003 The Occupation's Latest Wrinkle is a Separation Fence and its Permanent Gates: A Visit at "Open Sesame" Time *Ha'aretz* August 8.

Ley D 1983 *A Social Geography of the City* Harper & Row, New York.

Little R 1996 The Growing Relevance of Pluralism in Smith S, Booth K and Zalewski M eds. *International Relations Theory: Positivism and Beyond* Cambridge University Press, Cambridge 66–86.

Livingstone D 1993 *The Geographical Tradition: Episodes in the History of a Contested Enterprise* Blackwell, Oxford.

Lukes S 1986 *Power* New York University Press, New York.

Lyman S and Scott M 1967 Territoriality: A Neglected Sociological Dimension *Social Problems* 12, 236–249.

Maghroori R 1982 Introduction to Major Debates in International Relations in Maghroori R and Ramberg B eds. *Globalism versus Realism: International Relations' Third Debate* Westview, Boulder, CO 9–22.

Mandaville P 1999 Territory and Translocality: Discrepant Idioms of Political Identity *Millennium* 28, 653–673.

Martinez R 2001 *Crossing Over: A Mexican Family on the Migrant Trail* Metropolitan Books, New York.

Mbembe A 2000 At the Edge of the World: Boundaries, Territoriality, and Sovereignty in Africa *Public Culture* 12, 259–284.

—— 2003 Necropolitics *Public Culture* 15, 11–40.

McDonnell J 1991 *The Dispossession of the American Indian 1887–1934* Indiana University Press, Bloomington.

McDowell L and Sharp J eds. 1997 *Space, Gender and Knowledge: Feminist Readings* Arnold, London.

Meehan M 1996 The By-pass Roads Destroy Hopes for Future Palestinian Autonomy *Washington Report on the Middle East* April 8–9.

Migra A 1992 Roma Territorial Behaviour and State Policy: The Case of the Socialist Countries of East Europe in Casimir M and Rao A eds. *Mobility and Territoriality: Social and Spatial Boundaries among Foragers, Fishers, Pastoralists and Peripatetics* Berg, Oxford 259–279.

Migration News 2001 INS: Border Deaths, Trafficking vol. 8, July.

Minghi, J 1963[1969] Boundary Studies in Political Geography reprinted in Kasperson R and Minghi J eds. *The Structure of Political Geography* Aldine, Chicago 140–159.

Moore S 1986 *Social Facts and Fabrications: "Customary Law" on Kilimanjaro 1880–1980* Cambridge University Press, Cambridge.

Morrill R 1981 *Political Redistricting and Geographical Theory* Association of American Geographers, Washington.

Newman D ed. 1985 *The Impact of Gush Emunim: Politics and Settlement in the West Bank* St. Martin's, New York.

—— 2002 The Geopolitics of Peacemaking in Israel-Palestine *Political Geography* 21, 629–646.

—— 2003 Boundaries in Agnew J, Mitchell K and Ó Tuathail G eds. *A Companion to Political Geography* Blackwell, Malden, MA 123–137.

Niemann M 2003 Migration and the Lived Spaces of Southern Africa *Alternatives* 28, 115–140.

Ó Tuathail G 1994 Displacing Geopolitics: Writing on the Maps of Global Politics *Society and Space* 12, 525–546.

—— 1996 *Critical Geopolitics* University of Minnesota Press, Minneapolis.

Ohmae K 1999 *The Borderless World: Power and Strategy in the Interlinked Economy* Harper, New York.

Ortiz V 2001 The Unbearable Ambiguity of the Border *Social Justice* 28, 96–112.

Paasi A 2000a Territorial Identities as Social Constructs *Hagar* 1, 91–113.

Paasi A 2000b Commentary *Progress in Human Geography* 24, 93–95.

—— 2003 Territory in Agnew J, Mitchell K and Ó Tuathail G eds. *A Companion to Political Geography* Blackwell, Malden, MA 109–122.

Padilla F 1992 *The Gang as an American Enterprise* Rutgers University Press, New Brunswick, NJ.

Palafox J 2000 Opening up Borderland Studies: A Review of U.S.–Mexico Militarization Discourse *Social Justice* 27, 56–72.

Pappe I 2004 *A History of Modern Palestine: One Land, Two Peoples* Cambridge University Press, Cambridge.

Parker G 1998 *Geopolitics: Past, Present and Future* Pinter, London.

Peretz D 1993 *Palestinian Refugees and the Middle East Peace Process* United States Institute of Peace Press, Washington.

Perry N 2003 Is It a Fence? Is It a Wall? No, It's a Separation Barrier. *Electronic Intifada* August 1 (www.electronicintifada.net).

Purdum T et al. 2003 *A Time of Our Choosing: America's War in Iraq* Times Books, New York.

Rabinowitz D 2001 The Palestinian Citizens of Israel, the Concept of a Trapped Minority and the Discourse of Transnationalism in Anthropology *Ethnic and Racial Studies* 24, 64–85.

Rappaport M 2003 A Wall in their Heart *Yedioth Aharonoth* May 23.

Ratzel F 1896[1969] The Laws of the Spatial Growth of States in Kasperson R and Minghi J eds. *The Structure of Political Geography* Aldine, Chicago 17–28 (originally published in German).

Research Unit for Political Economy 2003 *Behind the Invasion of Iraq* Monthly Review Press, New York.

Reuveny R 2003 Fundamentalist Colonialism: The Geopolitics of Israeli–Palestinian Conflict *Political Geography* 22, 347–380.

Rösler M and Wendl T 1999 *Frontiers and Borderlands: Anthropological Perspectives* Peter Lang, Frankfurt am Main.

Ross D 1991 *The Origins of American Social Science* Cambridge University Press, Cambridge.

Routledge P 1996 Critical Geopolitics and Terrains of Resistance *Political Geography* 15, 509–531.

Royster J 1995 The Legacy of Allotment *University of Arizona Law Review* 27, 1–78.

Ruggie J 1993 Territoriality and Beyond: Problematizing Modernity in International Relations *International Organization* 47, 139–174.

Sack R 1986 *Human Territoriality: Its Theory and History* Cambridge, Cambridge University Press.

—— 1997 *Homo Geographicus: A Framework for Action, Awareness and Moral Concern* Johns Hopkins University Press, Baltimore.

—— 2003 *A Geographical Guide to the Real and the Good* Routledge, New York.

Said E 2001 Palestinians Under Siege in Carey R ed. *The New Intifada: Resisting Israel's Apartheid* Verso, London 27–44.

Sauer C 1927 Recent Developments in Cultural Geography in Hayes E ed. *Recent Developments in the Social Sciences* J A Lippincott, Philadelphia.

Schimato T and Webb J 2003 *Understanding Globalization* Sage, London.

Scholte J A 1996 Beyond the Buzzword: Towards a Critical Theory of Globalization in Kofman E and Youngs G eds. *Globalization: Theory and Practice* Pinter, London.

Segal R and Weizman E eds. 2003 *A Civilian Occupation: The Politics of Israeli Architecture* Verso, London.

Sibley, D 1995 *Geographies of Exclusion* Routledge, London.

Sifry M and Cerf C eds. 2003 *The Iraq War Reader: History, Documents and Opinions* Touchstone, New York.

Silltoe P 1999 Beating the Boundaries: Land Tenure and Identity in the Papua New Guinea Highlands *Journal of Anthropological Research* 55, 331–360.

Smith C 2001 Closure: The Daily Reality of Israel's Occupation *Middle East Report* August 27 (www.merip.org).

Smith S 1995 The Self-Images of a Discipline: A Genealogy of International Relations Theory in Booth K and Smith S eds. *International Relations Theory Today* Pennsylvania State University Press, University Park, PA 1–37.

Soguk N 1996 Transnational/Transborder Bodies: Resistance, Accommodation, and Exile in Refugee and Migration Movements on the U.S.–Mexico Border in Shapiro M and Alker H eds. *Challenging Boundaries: Global Flows, Territorial Identities* University of Minnesota Press, Minneapolis 285– 326.

—— and Whitehall G 1999 Wandering Grounds: Transversality, Identity, Territoriality and Movement *Millennium* 28, 675–698.

Soja E 1985 The Spatiality of Social Life: Towards a Transformative Retheorization in Gregory D and Urry J eds. *Social Relations and Spatial Structures* St. Martins, New York 91–27.

—— 1989 *Postmodern Geographies: The Reassertion of Space in Critical Social Theory* Verso, London.

Storper M and Scott A 1986 *Production, Work and Territory* Allen & Unwin, Boston.

—— and Walker R eds. 1989 *The Capitalist Imperative: Territory, Technology and Industrial Growth* Blackwell, Oxford.

Strathern A and Stewart P 1998 Shifting Places, Contested Spaces: Land and Identity Politics in the Pacific *Australian Journal of Anthropology* 9, 209–224.

Tamir-Tawil E 2003 To Start a City from Scratch: An Interview with Architect Thomas M. Leitersdorf in Segal R and Weizman E eds. *A Civilian Occupation: The Politics of Israeli Architecture* Verso, London 151–161.

Taylor C 1989 *Sources of the Self* Harvard University Press, Cambridge, MA.

Taylor P 1994 The State as Container: Territoriality in the Modern World-System *Progress in Human Geography* 18, 151–162.

—— 1995 Beyond Containers: Internationality, Interstateness, Interterritoriality *Progress in Human Geography* 19, 1–15.

Taylor R 1988 *Human Territorial Functioning* Cambridge University Press, Cambridge.

Tesche B 2003 *The Myth of 1648: Class, Geopolitics and the Making of International Relations* Verso, London.

Tocancipá-Falla J 2000–01 Civilization and the Politics of Territorial Boundaries in Columbia *Cambridge Anthropology* 22, 36–61.

Torpey J 2000 *The Invention of the Passport: Surveillance, Citizenship and the State* Cambridge University Press, Cambridge.

US Department of State 2004 USINFO.STATE.GOV/gi/archive/2004/May

Van Valkenburg S 1940 *Elements of Political Geography* Prentice-Hall, New York.

Walker R 1984 The Territorial State and the Theme of Gulliver *International Journal* 39, 529–552.

―― 1989 History and Structure of the Theory of International Relations *Millennium* 18, 163–183.

―― 1993 *Inside/Outside: International Relations as Political Theory* Cambridge University Press, Cambridge.

―― and Mendlovitz S eds. 1990 *Contending Sovereignties: Redefining Political Community* Lynne Reiner, Boulder, CO.

Weizman E 2002 The Politics of Verticality (www.opendemocracy.com/debates).

Wilson T and Donnan H eds. 1998 *Border Identities: Nation and State at International Frontiers* Cambridge University Press, Cambridge.

―― 1999 Nation, State and Identity at International Borders in Wilson T and Donnan H eds. *Border Identities: Nation and State at International Frontiers* Cambridge, Cambridge University Press, 1–30.

Yetman D and Búrquez A 1998 A Case Study in Ejido Privatization in Mexico *Journal of Anthropological Research* 54, 73–95.

Yiftachel O 1998 Democracy or Ethnocracy: Territory and Settler Politics in Israel/Palestine *Middle East Report* Summer 8–13.

―― 2000 "Ethnocracy" and its Discontents: Minorities, Protests, and the Israeli Polity *Critical Inquiry* 26, 725–756.

―― 2002a Territory as the Kernel of the Nation: Space, Time, and Nationalism in Israel/Palestine *Geopolitics* 7, 215–248.

―― 2002b the Shrinking Space of Citizenship: Ethnographic Politics in Israel *Middle East Report* Summer 38–45.

찾아보기